药用植物识别图鉴

（第三版）

曾庆钱　　主编

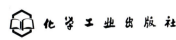
·北京·

内容简介

本图鉴共收载了华南地区常见药用植物兼民间草药1164种。这些药用植物按照植物分类系统和植物学名顺序编排，每种药用植物均附有色彩斑斓的写真照片。与图对应的包含了植物中文名、拉丁学名、科名、别名、识别要点、药用部位、药材名、功能主治八项信息。本图鉴版式新颖、图片清晰、内容精练、图文并茂，同时兼具信息量大、便于携带和查阅的特点，具有较高的知识性、实用性和科普鉴赏的价值。

本书适合医药等专业的师生作为野外实习参考用书，也可为医药、园艺、农林、生物专业人士以及广大中草药爱好者提供认知和鉴别南方药草的快捷、直观指引。

图书在版编目（CIP）数据

药用植物识别图鉴/曾庆钱主编． —3版． —北京：化学工业出版社，2022.6（2024.9重印）

ISBN 978-7-122-40931-7

Ⅰ．①药…　Ⅱ．①曾…　Ⅲ．①药用植物-识别-图谱　Ⅳ．①Q949.95-64

中国版本图书馆CIP数据核字（2022）第041566号

责任编辑：蔡洪伟　于　卉
文字编辑：丁　宁　陈小滔
责任校对：边　涛
装帧设计：史利平

出版发行：化学工业出版社
　　　　　（北京市东城区青年湖南街13号　邮政编码100011）
印　　装：北京宝隆世纪印刷有限公司
787mm×1092mm　1/16　印张23¼　字数501千字
2024年9月北京第3版第2次印刷

购书咨询：010-64518888
售后服务：010-64518899
网　　址：http://www.cip.com.cn

编写人员及单位

编写人员单位　广东省中药研究所

　　　　　　　　深圳大学

　　　　　　　　广东食品药品职业学院

　　　　　　　　中国医药健康产业股份有限公司

主　　　编　曾庆钱

副　主　编　程永现　黄　勇

编　写　人　员（按姓名笔画排列）

　　　　　　　　毛明辉　刘　瑶　吴江祝

　　　　　　　　陈卫明　欧阳浦月　郑　艳

　　　　　　　　郑良豹　袁　亮　晏永明

　　　　　　　　黄　勇　黄意成　崔旭盛

　　　　　　　　曾庆钱　蔡岳文　蔡树坚

第三版前言

　　药用植物是医学上用于防病、治病的植物。中国是世界上药用植物种类最多、栽培历史最久远的国家。随着我国农业产业结构的调整和中药现代化进程的加快，中药材产业得以迅猛发展。

　　药用植物识别是中药学及相关专业学生的一项必备技能，是指在植物分类学知识的基础上，结合眼看、手摸、鼻闻、口尝的方法正确识别药用植物并能加以利用。正确识别药用植物是合理开发和利用药用植物的基础，同时也是保护药用植物资源的前提条件。野外综合实训是增强药用植物识别能力的一个重要环节，由于野外植物种类繁多而实训时间有限，需要有针对性强、方便携带和查阅的指导用书。因此，编者根据多年的教学和中药材生产的实践经验，在2008年出版的《药用植物识别技术》《药用植物野外识别图鉴》和2015年出版的《药用植物识别图鉴》（第二版）的基础上，完成了《药用植物识别图鉴》（第三版）的编写和修订工作。该图鉴前两版出版后获得了较好的反响，曾获得2010年中国石油和化学工业优秀出版物奖（教材奖）二等奖。本书收录了广东、海南、广西、云南、湖南、福建、江西及香港、澳门等地区1164种常见药用植物，以图文混排、相互参照的版面逐一简洁介绍其植物名、识别要点、药用部位、药材名、功能主治等。图鉴中的蕨类植物按秦仁昌系统，裸子植物按郑万钧系统，被子植物按恩格勒系统编著而成，科属以下按植物学名顺序排列，介绍了药用植物基础知识、采集和识别的方法，并增加了部分药用植物生产应用和本草相关的文化故事等，是一本实用性很强且又不乏趣味性的识别药用植物的指导用书。

　　本书是编者在承担国家级精品课程"药用植物识别技术"的建设和第三、四次国家中药资源普查项目过程中的经验积累和知识沉淀。教材的编写突出了实用性、科学性，书中文字精练、图片清晰，并且便于携带和查阅。本书不仅可作为高等院校中药学、中医学、药学、药用植物学类专业教材或野外实训教材，也可供临床中医生以及所有中草药爱好者学习和识别药用植物之用。同时也可供农、林、牧、环境保护等科技工作者学习参考。

　　由于编者的水平和编写时间有限，准备和推敲尚有不足，书中难免有疏漏之处，敬请广大读者提出宝贵意见，以便再版时得以修正。

编者

2022年8月

目录

第一章

药用植物学基础知识

一、药用植物

药用植物，是指可以利用其植株的全部或部位（根、茎、叶、花、果实、种子等）直接使用，或经过加工、提取作为制药工业的原料，在医学上用于防病、治病的植物。从广义上来讲，此类植物甚至还包括用作营养剂、调味、色素添加剂，及农药和兽医用药的植物。

中国人对药用植物的最初认识和记载，大概就是"神农尝百草"的古老传说。这个传说在一定程度上反映了最早人类对药物的认识过程：在长期的生活经验中，经过反复尝试、试验，甚至付出生命的代价，古人逐渐认识了这些具有药用价值的植物，并将其作为知识传承记载下来，经历一代代的继承和发扬，最终才有了今天我们所见的中医中药的规模。

中国可以说是世界上应用药用植物历史最久远的国家，在古代的药物中，植物类占大多数，所以古代把记载药物的书籍称为"本草"，把药学称为"本草学"。在现存年代最早的《神农本草经》中，载药365种，其中植物药就有237种。而到目前为止，我国共统计有药用资源种类达12807种，其中药用植物为11146种，占总数的87%，其中藻、菌、地衣类低等植物有459种，苔藓、蕨类、种子植物类（包括裸子植物和被子植物）高等植物有10687种。这些药用植物隶属于383科，2309属。

二、我国药用植物资源的分布

药用植物的分布和生产，离不开一定的自然条件。我国地域辽阔，自然地理状况复杂，水土、气候、日照、生物分布差别很大，生态环境亦各不相同。由于不同的药用植物对光照、温度、水分、空气等气候因子及土壤条件的要求不同，各地药用植物资源分布也具有明显的不同。

不少药用植物只能分布在一定的地区，即便是分布较广，也由于自然条件的不同，各地所产其质量优劣不一样，其治疗效果更有显著差异，使得中药材生产地域性较强，并形成了一个道地药材的概念，如东北的人参、五味子，河南的地黄、山药，山东的金银花，四川的黄连、川芎，广东的砂仁、广藿香、白木香、高良姜、肉桂等，都是著名的道地药材。

我国各主要区域适宜发展的药用植物种类如下。

（1）东北地区：本区在气候上处于寒温带和中温带，中药资源野生蕴藏量大、珍贵药材较多，是我国野山参和园参的最主要产地，其他野生药用植物资源有五味子、刺五加、赤芍、牛蒡子、地榆、桔梗等。

（2）华北地区：本区在气候上大部分处于暖温带，中药资源丰富，有传统的道地药材如四大怀药的地黄、牛膝、菊花、山药，还有其他野生药用资源如远志、酸枣仁、丹参、柴胡、葛根等。

（3）华东地区：本区多丘陵和平原，处于亚热带气候，药用植物种类较多，也有一批著名的道地药材如浙贝母、杭菊花、玄参、建莲、木瓜、郁金、延胡索等。

（4）西南地区：本区地形多为山地、丘陵和高原，处于亚热带气候，自然条件较复杂，生物种类繁多，是我国中药材的主要产地，其中道地药材有川芎、川附子、川牛膝、川黄连、大黄、三七、天麻、杜仲等。野生药材资源有茯苓、半夏、天冬、续断等。

（5）华南地区：本区处于亚热带和热带，气温较高、全年湿度也较大，较著名的道地药材有广药中的广藿香、橘红、高良姜、砂仁等，由于自然环境利于植物生长，较利于南药的栽培和引种，如马钱子、益智、檀香、白豆蔻等。

（6）内蒙古地区：本区地形以山丘和平原为主，药用植物占本区药材的大部分，如黄芪、防风、赤芍、知母都是本区著名的大宗药材，其他如甘草、远志、龙胆等也是较为知名的药材。

（7）西北地区：本区地形较复杂，高原、高山和盆地相间分布，还有沙漠和戈壁环境。气候特点以干旱为主，日温差较大。一些中药材如枸杞子、肉苁蓉、红花、锁阳都有较大的蕴藏量，在全国占有重要地位。

（8）青藏地区：本区气候特点是平均气温较低，日温差较大，降水也较少。本区多高山中药材，如冬虫夏草、大黄、胡黄连、贝母、甘松等。

（9）海洋地区：我国海岸线总长约超过3.2万千米，由南到北气候逐渐从热带向亚热带再过渡到暖温带。在其中蕴藏了丰富的海洋药用生物（约700种），其中海藻类有100多种，主要的海洋药用植物有海藻、裙带菜、昆布等。

三、药用植物的器官形态

以高等植物中的种子植物为例，药用植物通常由根、茎、叶、花、果实、种子等部分组成，这些部分统称为植物器官。在一般情况下，各器官皆具有不同的形态、构造与生理功能。根、茎、叶为营养器官，分别有吸收、贮藏、输导、同化作用，并皆能使植物获得营养和生长。花、果实、种子为繁殖器官，保证了植物种族繁衍的作用和功能。

（1）根：通常是植物体生长在土壤中的营养器官，植物体所需要的水分、无机盐靠根（图1-1）从土壤中吸收。主要有吸收、输导、固着、支持、贮藏、繁殖等功能。有些

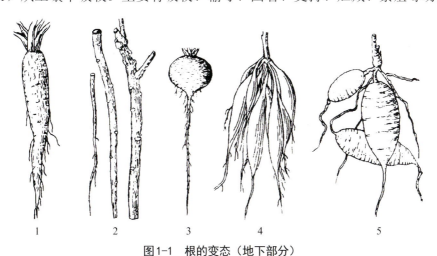

图1-1 根的变态（地下部分）

1—圆锥根；2—圆柱根；3—圆球根；4—块根（纺锤状）；5—块根（块状）

植物的根还具有合成氨基酸、生物碱、生物激素及橡胶的作用。药用的根类药材有：人参、三七、桔梗、大黄、何首乌、巴戟天、牛大力等。

（2）茎：是种子植物重要的营养器官，通常生长在地面以上，但有些植物的茎或部分茎生长在地下（图1-2和图1-3）。茎有输导、支持和繁殖的功能。许多植物的茎，如苏木、沉香、降香、钩藤都是主要的中药。

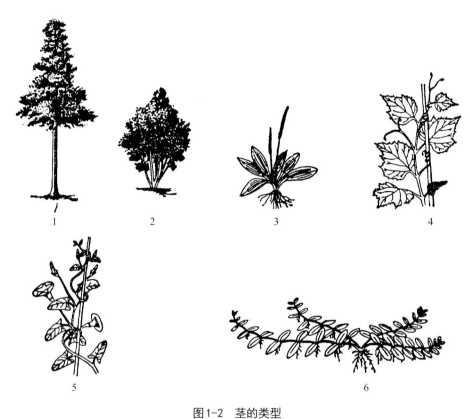

图1-2 茎的类型

1—乔木；2—灌木；3—草本；4—攀缘藤本；5—缠绕藤本；6—匍匐茎

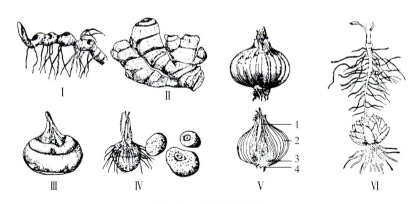

图1-3 地下茎的变态

Ⅰ—根茎（玉竹）；Ⅱ—根茎（姜）；Ⅲ—球茎（荸荠）；Ⅳ—块茎（半夏；左新鲜品，右除外皮的药材）；
Ⅴ—鳞茎（洋葱）（1—顶芽；2—鳞片叶；3—鳞茎盘；4—不定根）；Ⅵ—鳞茎（百合）

（3）叶：是植物进行光合作用、制造有机养料的重要器官。叶（图1-4和图1-5）还具有气体交换、蒸腾、贮藏和繁殖等作用。叶的形态是多种多样的，其对于中草药的识别鉴定具有十分重要的意义。许多植物的叶，如大青叶、艾叶、桑叶、枇杷叶、布渣叶等都是常用的中药。

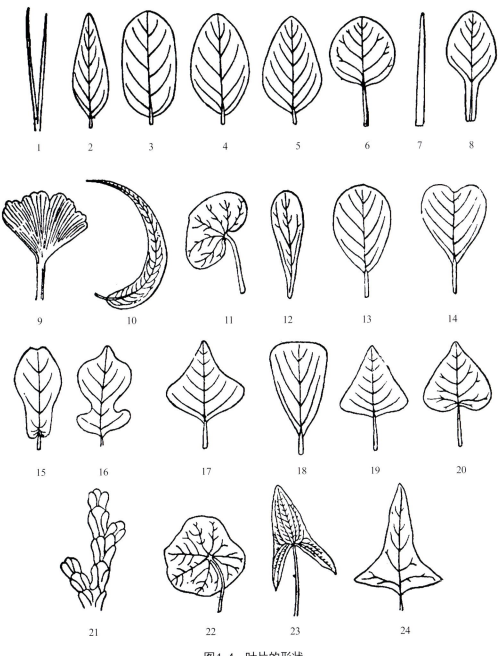

图1-4　叶片的形状

1—针形；2—披针形；3—矩圆形；4—椭圆形；5—卵形；6—圆形；7—条形；8—匙形；9—扇形；
10—镰形；11—肾形；12—倒披针形；13—倒卵形；14—倒心形；15，16—提琴形；17—菱形；
18—楔形；19—三角形；20—心形；21—鳞形；22—盾形；23—箭形；24—戟形

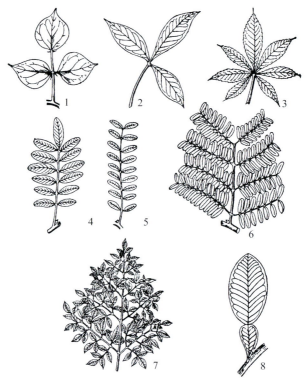

图1-5 复叶的类型

1—羽状三出复叶；2—掌状三出复叶；3—掌状复叶；4—单（奇）数羽状复叶；
5—双（偶）数羽状复叶；6—二回羽状复叶；7—三回羽状复叶；8—单身复叶

（4）花：是种子植物特有的繁殖器官，通过传粉、受精，形成果实和种子。花是由花芽发育而成，花梗（图1-6）和花托属于枝的部分，着生在花托上的花萼、花瓣、雄蕊和雌蕊均是变态叶。许多植物的花，如木棉花、山银花、鸡蛋花、菊花、红花、槐花、合欢花、厚朴花等都是常用的中药。

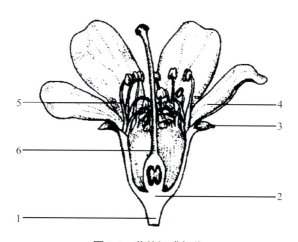

图1-6 花的组成部分

1—花梗；2—花托；3—花萼；4—花冠；5—雄蕊；6—雌蕊

花冠的类型见图1-7。

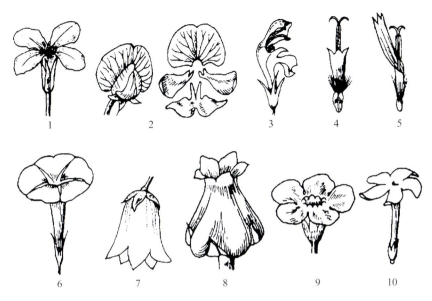

图1-7　花冠的类型

1—十字形花冠；2—蝶形花冠；3—唇形花冠；4—管状花冠；5—舌状花冠；6—漏斗状花冠；
7—钟状花冠；8—坛（壶）状花冠；9—辐（轮）状花冠；10—高脚碟状花冠

（5）果实：是被子植物独有的繁殖器官，一般是由受精后雌蕊的子房发育形成的，包括果皮和种子两部分。果实类型有单果、聚合果（图1-8）和聚花果（图1-9）3大类，单果又可分为肉质果（图1-10）和干果（图1-11）两类。许多植物的果实或果实的一部分都能入药，如八角茴香、化橘红、陈皮、佛手、使君子、五味子、豆蔻、补骨脂等都是常用的中药。

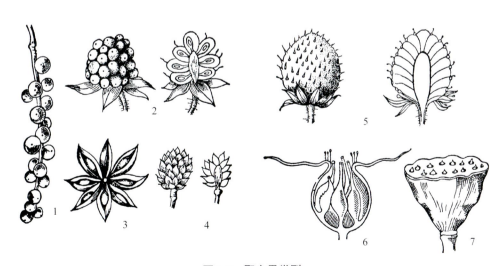

图1-8　聚合果类型

1—聚合浆果（五味子）；2—聚合核果（悬钩子）；3—聚合蓇葖果（八角茴香；芍药）；
4,5,6—聚合瘦果（毛茛；草莓；蔷薇果）；7—聚合坚果（莲）

图1-9　聚花果

1—菠萝；2,3—桑椹；4—无花果（隐花果）

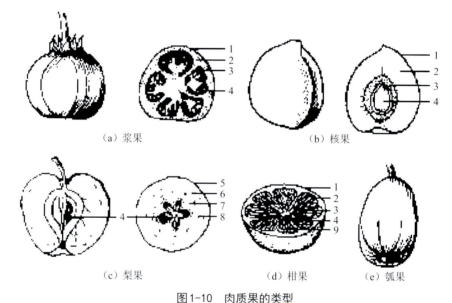

（a）浆果　　　　　　　　（b）核果

（c）梨果　　　　　（d）柑果　　　（e）瓠果

图1-10　肉质果的类型

1—外果皮；2—中果皮；3—内果皮；4—种子；5—周皮；6—花托的皮层；
7—花托的髓部；8—花托的维管束；9—毛囊

　　（6）种子：是由胚珠受精后发育而成，是种子植物特有的繁殖器官。种子（图1-12）由种皮、胚和胚乳三部分组成，有的种子还有外胚乳。种子的形状、大小、色泽、表面纹理等随着植物种类不同而异。许多植物的种子，如柏子仁、桃仁、莲子、决明子、葶苈子等都是常用的中药。

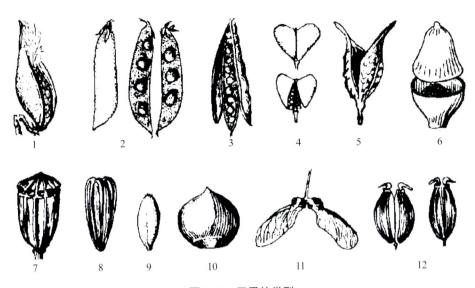

图1-11 干果的类型

1—蓇葖果；2—荚果；3—长角果；4—短角果；5—蒴果（瓣裂）；6—蒴果（盖裂）；
7—蒴果（孔裂）；8—瘦果；9—颖果；10—坚果；11—翅果；12—双悬果

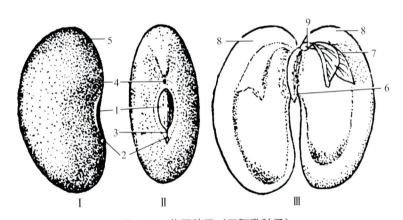

图1-12 菜豆种子（无胚乳种子）

Ⅰ，Ⅱ—菜豆种子外形；Ⅲ—菜豆种子的构造剖面
1—种脐；2—合点；3—种脊；4—种孔；5—种皮；6—胚根；7—胚芽；8—子叶；9—胚茎

9

第二章

药用植物识别方法

　　我国幅员辽阔，药用植物资源非常丰富。俗话说，"认识的是药，不认识的是草"，可见，正确识别药用植物是合理开发、利用药用植物的基础，同时也是保护药用植物资源的前提条件。如何正确识别药用植物呢？植物学家在长期的实践过程中，形成了一套植物分类的理论，即植物系统分类方法，将各种植物按照其形态、各部分器官的结构以及繁殖、发育方式的不同分成不同的大类，如苔藓植物、蕨类植物、种子植物等，在每一大类中，又可以把具有相同特征的植物归属于不同的几个类群，如苔藓植物里又分为苔类和藓类，种子植物中又可分为裸子植物和被子植物两大类等。根据这种分类方法，我们把最后不能和任何一个其他类的植物归为一个类群的植物称为一个"种"，"种"是植物分类的一个最基本的单位，我们认识一个植物，就是要识别它是哪个"种"。

　　在普通人眼中，看似相同的一些植物，为什么专业人士就能辨别出它们之间的不同呢？这是因为专业人士经过了系统的学习，具有识别药用植物的能力。识别药用植物的一般方法可以概括为"眼看""手摸""鼻闻""口尝"这四个方面。掌握这些方法，便能轻松地识别野生植物。

一、眼看

　　"眼看"就是用眼睛仔细地观察植物的全株及叶、茎、花、果等部位的特征，这是认识药用植物的最重要的手段。

　　用眼睛观察的内容依次是：植株的性状和整体大小；植物的叶部特征（包括叶的类型及叶面、叶背、叶形、叶缘、叶尖、叶基、叶序、脉序等特征）；叶或叶柄断面的特征（是否有乳汁、胶质等分泌物）；茎和茎的断面特征（包括茎的外观、质地、类型及皮孔的分布等）；花的特征（包括花或花序的类型、花的颜色、苞片和花萼的形态、花冠形态、雌蕊、雄蕊的形态和排列方式、子房的位置等）；果实和种子的特征（包括果实和种子的形态、类型等）。一些小型草本植物还可以拔出根来观察其根，尤其是变态根的形态，如麦冬、淡竹叶，其块根是识别该植物的重要特点。

　　植物的生长环境、营养条件、气候条件等因素会影响植物的形态，尤其是茎、叶的形态，故在野外观察植物时还要结合该植物的生长环境，一般来说，同种植物生长在向阳、干燥的环境，其叶色、叶形会与生长在阴湿环境的有一定差异；而植物的花、果实和种子的特征相对稳定，一般不易受环境影响，故在识别药用植物时，尽量寻找有花或果的植株，并且特别注意观察这些部位的特征。很多药用植物的名字都是根据其植株的某个部位的特征而命名的，如鸭脚木的叶为掌状复叶，形似鸭脚；假鹰爪的花形似鹰爪；金钱草的叶形似钱币等，抓住这些主要特征，可以轻松识别药用植物。

二、手摸

　　除了用眼观察外，有时还需要用手触摸药用植物的茎、叶等部位，尤其是在识别茎和叶的质地、表面和断面特征时，用手触摸、揉捏、撕扯等手段非常重要。对一些用眼看着相似，难以辨别的植物，用手触摸、揉捏后会很容易区别开来，例如：锡叶藤的叶片看起来和许多植物的叶片相似，但用手摸过之后就会对其粗糙的质地印象深刻；五指毛桃的叶片手摸感觉非常粗糙；白鹤藤的叶背面用眼看是白色，而用手摸则会感觉到丝绸般的柔软、光滑；线纹香茶菜和同属的几个种看起来很相似，如果用手揉捏叶片会看到有黄色的汁液流出。

三、鼻闻

一些植物的叶片、花、果实、茎皮或根部因为含有某种挥发性成分而发出特有的气味，这些气味也是药用植物的识别特征之一，如鱼腥草的叶片和根都有强烈的鱼腥味；八角茴香的叶片和果实都有强烈的芳香味；薄荷的枝叶会闻到很浓的薄荷味；广藿香的枝叶有很浓烈的特异香气。在用眼观察和用手触摸之后，还可以通过鼻子闻气味来辨别药用植物，需要注意的是，由于很多挥发性成分是积累在植物细胞里的，只有在细胞被破坏时才被释放出来，因此，在闻气味的时候，一般要将植物的叶片、果皮、茎皮刮破、揉碎后再闻。

四、口尝

口尝就是用口舌来尝植物的味道，有些植物的某些器官特有的味道也是该植物的重要识别特征，如酸藤子的叶片、果实都有酸味；肉桂的茎皮、姜的叶、底下茎都有辛辣味；余甘子的果实嚼了之后先苦后甜等。需要注意的是，由于很多药用植物都有一定的毒性，这一手段一般应在有经验的人指导下进行，通常只尝微量并且不要吞咽是不容易引起中毒的，但对某些毒性较大或生物碱含量高的植物，如钩吻、洋金花、海芋、天南星、半夏、巴豆、白木香（种子）等植物切勿尝试。

常见药用植物的识别要点以及形态特征与科、属的关系参见表2-1和表2-2。

表2-1　常见药用植物的一般识别方法和识别要点

识别方法	识别部位		识别特征（要点）
眼看	性状		草本、木本、木质藤本、草质藤本
	株形		高大、矮小
	叶	类型	单叶、掌状复叶（如人参、三七、鸭脚木）、奇数羽状复叶（如降香黄檀、金樱子、月季、龙芽草）、偶数羽状复叶（如决明、酸豆）、二回羽状复叶（如云实、苏木、儿茶）、三出复叶（如密花豆、野葛）、三回羽状复叶（如南天竹、幌伞枫）、单身复叶（如柚、葫芦茶、石柑子）
		叶片形状	针形（如马尾松）、条形（如菖蒲）、披针形（如薄荷）、倒披针形（如百合）、椭圆形（如高山榕）、圆形（如广金钱草）、心形（如鱼腥草）、倒心形（如酢浆草）、卵形（如梅叶冬青）、倒卵形（如马齿苋）、三角形（如杠板归）、肾形（如积雪草）、盾形（如粪箕笃）
		叶尖	圆形、钝形、楔形、急尖、渐尖、渐狭、尾状、芒尖、短尖、微凹、微缺、倒心形等
		叶基	楔形、钝形、圆形、心形、耳形、箭形、戟形、渐狭、偏斜、盾形、穿茎、抱茎等
		叶缘	全缘、波状、皱缩状、锯齿状、重锯齿状、牙齿状、圆齿状、缺刻状等

续表

识别方法	识别部位		识别特征（要点）
眼看	叶	托叶	形态、颜色、着生部位；是否有托叶痕
		叶色	叶片、叶面或叶背的颜色
		叶序	对生（如薄荷）、互生（如桑）、轮生（如夹竹桃、萝芙木）、簇生（如枸杞的侧生短枝、庐山小檗、银杏）、基生（如车前、蒲公英、紫花地丁）
		脉序	羽状网脉（如枇杷、栀子）、掌状网脉（如八角枫、圆叶千金藤、福建莲座蕨）、平行脉（如麦冬）、弧形脉（如车前）、二叉脉（如银杏）、离基三出脉（如樟、肉桂）
	茎	外形	四方形（如益母草、紫苏、罗勒）、三角形（如莎草）、圆形（如鱼腥草）
		类型	不同木质化茎：木质茎（如木本植物、木质藤本植物）、草质茎（如草本植物、草质藤本植物）、肉质茎（如景天科植物）；地上茎 [直立茎（如女贞）、缠绕茎（如鸡屎藤、野葛）、攀援茎（如薜荔、扶芳藤）、匍匐茎（如广金钱草、连钱草、积雪草）]；地下茎 [根状茎（如白茅、鱼腥草、石菖蒲）、块茎（如莎草、天麻、泽泻）、鳞茎（如百合、贝母）]；变态茎 [茎刺（如酸橙、佛手、穿破石）、茎卷须（如栝楼、绞股蓝）、钩状茎（如钩藤）、叶状茎（如竹叶蓼、天门冬）]
		茎皮	颜色、皮孔的有无（如梅叶冬青、萝芙木、羊角拗、女贞）、皮孔的分布特点、是否有皮刺（如玫瑰、月季、金樱子、木棉）
	花	花序类型	总状（如菘蓝、草豆蔻）、穗状（如车前）、伞形（如蛇床、五加、三加、马利筋）、伞房（如麻叶绣线菊、山楂）、头状（如野菊、一点红）、轮伞（如益母草、薄荷）、隐头花序（如薜荔、无花果）、荑荑花序（如桑、构树）、肉穗花序（如天南星科）
		苞片、花萼	苞片的有无（如鱼腥草）、颜色（如天南星科）、形状；花萼的形态、数目
		花冠对称性	辐射对称（如桃、枸杞）、两侧对称（如扁豆）、不对称（如白花败酱）
		花冠类型	十字形（如菘蓝）、蝶形（如扁豆、木豆）、钟状（如桔梗）、漏斗状（如白花曼陀罗、牵牛）、管状（如菊花花序中央的花）、舌状（如菊花的边花）、高脚碟状（如长春花、龙船花）、唇形（如益母草、南丹参）、辐状或轮状（如少花龙葵、酸浆）
		雄蕊类型	四强雄蕊（如菘蓝、萝卜）、二强雄蕊（如唇形科、马鞭草科）、单体雄蕊（如木芙蓉、地桃花、吊灯花）、二体雄蕊（如扁豆、木豆、刺桐）、多体雄蕊（如金丝桃、木棉）、离生雄蕊（如苹果、桃金娘）、聚药雄蕊（如菊科）
		雌蕊类型	单雌蕊（如桃、李）、复雌蕊（如曼陀罗、连翘）、多心皮雌蕊 [木兰科（如五味子、八角茴香）、毛茛科（如甘木通、威灵仙）、睡莲科（如睡莲）]
	果实	外部特征	是否有翅、突起、刺、油腺点等结构
		果实类型	干果 [蓇葖果（如马利筋、鸡蛋花）、荚果（如决明、苏木、儿茶）、角果（如萝卜、菘蓝）、蒴果（如磨盘草、蓖麻、巴豆、穿心莲）、瘦果（如荞麦、向日葵）、颖果（如小麦）、坚果（如益母草、核桃）、翅果（如杜仲）、胞果（如青葙）、双悬果（如蛇床）]；肉质果 [浆果（如枸杞）、核果（如梅、桃）、梨果（如山楂、枇杷）、柑果（如柑）、瓠果（如瓜蒌、木鳖）]；聚合果（如八角茴香、莲）；聚花果（如桑、五指毛桃）
	种子	外部特征	形态、颜色；是否有冠毛、刺、钩等结构
	根	变态类型	贮藏根 [块根（如麦冬、何首乌）、圆锥根（如人参、萝卜）、圆球根（如豆薯）、圆柱根（如丹参）]、攀援根（如络石、薜荔）、气生根（如小叶榕）、寄生根（如桑寄生、槲寄生）、水生根（如慈姑）、支持根（如薏苡）
手摸	叶	表面	绒毛、刺、柔毛；粗糙、光滑
		质地	革质、草质、膜质
		折断或揉碎	白色乳汁（如构树、五指毛桃、薜荔）、无色或有色汁液（如线纹香茶菜、醴肠、博落回、乌桕、夹竹桃）；丝状物（如杜仲）
	茎	形态	木质、草质；四方形、三角形、圆形
		表皮	是否有刺（如刺桐、马缨丹）、毛（如肖野牡丹）

识别方法	识别部位	识别特征（要点）
鼻闻	叶	芳樟味（如樟树、肉桂、阴香等樟科植物）、芸香味（如柚、佛手、降真香等芸香科植物）、艾蒿香（如艾、野菊、青蒿等菊科蒿属植物）、鱼腥味（如鱼腥草）、蒜味（如蒜香藤）、臭味（如鸡屎藤、马缨丹）等
	茎或茎皮	芳樟味（如肉桂、樟树等）、檀香味（如檀香）
	花和果实	香味（如白兰花、桂花、女贞、柚、橘等）、臭味（如臭茉莉、臭牡丹、路边青）
口尝	叶、茎皮、果	清凉（如薄荷）、甜（如甜叶菊、华山矾）、苦（如三叉苦、穿心莲、苦丁茶等）、酸（如马齿苋、酢浆草、酸藤子等）、酸而涩（如山楂）、辛辣（如胡椒、九里香）等

表2-2　植物主要形态特征与常见药用植物科、属的关系

木本	桑科、小檗科、木兰科、樟科、杜仲科、蔷薇科（部分）、豆科（部分）、芸香科、楝科、冬青科、鼠李科、大戟科（部分）、锦葵科、瑞香科、胡秃子科、桃金娘科、五加科、杜鹃花科、紫金牛科、木犀科、马钱科、夹竹桃科、马鞭草科（部分）、玄参科（部分）、茜草科（部分）、棕榈科
草本	三白草科、金粟兰科、商陆科、睡莲科、毛茛科、十字花科、景天科、虎耳草科、大戟科（部分）、堇菜科、伞形科、报春花科、龙胆科、马鞭草科（部分）、唇形科、茄科、玄参科（大部分）、爵床科、茜草科（部分）、败酱科、桔梗科、菊科、泽泻科、禾本科（大部分）、莎草科、天南星科、百部科、百合科、石蒜科、鸢尾科、姜科、兰科
木质藤本	胡椒科、马兜铃科、防己科、葡萄科、萝藦科、忍冬科忍冬属
草质藤本	旋花科、葫芦科、薯蓣科
枝刺	豆科、芸香科、蔷薇科、茄科、胡颓子科、鼠李科、桑科、茜草科
皮刺	蔷薇科、芸香科（两面针）
卷丝	葡萄科、葫芦科、西番莲科
对生叶	金粟兰科、苋科、石竹科、毛茛科、瑞香科、桃金娘科（大部分）、木犀科、夹竹桃科、萝藦科、茜草科、马鞭草科、唇形科、忍冬科、玄参科、爵床科、紫葳科、菊科
复叶	毛茛科、小檗科、楝科、木棉科、五加科、芸香科、豆科、紫葳科、无患子科、蔷薇科、马鞭草科
托叶	堇菜科、牻牛儿苗科、杨柳科、榆科、蔷薇科、锦葵科、茜草科
叶刺	仙人掌科、豆科、鼠李科、小檗科、冬青科、菊科
单性花	桑科、大戟科、葫芦科、苦木科、天南星科、裸子植物
隐头花序	桑科榕属
轮伞花序	唇形科
肉穗花序	天南星科
伞形花序	五加科、伞形科
十字花冠	十字花科
蝶形花冠	豆科
唇形花冠	唇形科、马鞭草科、玄参科、爵床科
单体雄蕊	锦葵科
多体雄蕊	金丝桃科、木棉科
二强雄蕊	唇形科、玄参科、马鞭草科、爵床科
四强雄蕊	十字花科
离生心皮	三白草科、毛茛科、木兰科、景天科、番荔枝科、夹竹桃科、萝藦科

子房下位	桃金娘科、葫芦科、苹果亚科、五加科、伞形科、茜草科、菊科、石蒜科、鸢尾科、姜科、兰科
荚果	豆科
角果	十字花科
柑果	芸香科柑橘属
梨果	蔷薇科
瓠果	葫芦科
双悬果	伞形科
颖果	禾本科
坚果	胡桃科、瑞香科、壳斗科、唇形科、莎草科

第三章

各大类药用植物基本概况和一般特征

一、药用蕨类植物

蕨类植物曾经是地球历史上盛极一时的植物，但现在它们中的大型种类已成为煤层的一个重要部分，现存的约有12000种，广泛分布于热带和亚热带地区。我国的蕨类植物约有2600种，其中已知可供药用的有300多种。

蕨类植物一般生长在阴湿环境，其一般特征是：绝大多数为草本；根通常为须根状的不定根；少数有直立茎，多为根状茎，匍匐生长或横走；多为基生叶，刚长出的幼叶一般呈卷曲状。叶的形态有小型叶和大型叶两种。小型叶没有叶柄，仅有一条不分枝的叶脉，如石松、卷柏等的叶；大型叶有叶柄，有多分枝的叶脉，有单叶和复叶之分，如：贯众、石韦等。有的叶片在叶背或叶的边缘能产生孢子，这样的叶叫孢子叶，也叫能育叶；而不能产生孢子的叶叫不育叶，也叫营养叶。

蕨类植物是靠孢子来繁殖的，其药用的部位一般是其根状茎及共根，也有些是用全草。

二、药用裸子植物

裸子植物是与恐龙同时代的植物，现存的裸子植物大约有800种。我国有裸子植物236种，已知有药用的为100多种，其中以松科植物最多。

裸子植物与蕨类植物相比要高大得多，其生长也远离了潮湿的环境。裸子植物的一般特征是：多为常绿乔木、灌木，少数为落叶性（如银杏、金钱松）；叶多为针形、条形、鳞片型，极少为扁平形的阔叶。有种子，但胚珠裸露，常有多胚现象。

裸子植物的药用部位一般为其叶、树皮、树干分泌物和种子；药用成分主要是黄酮类、生物碱类、萜类及挥发油、树脂等。

三、药用被子植物

被子植物是植物界进化最高级、种类最多、分布最广的类群，也是药用植物种类最多的类群，其主要特征是：具有真正的花；胚珠有子房包被，子房在受精后发育成果实可保护种子并帮助种子散布；具有双受精现象和三倍体的胚乳，使新植物体具有更强的生命力等。被子植物除了乔木和灌木外，更多的是草本，被子植物根据其各部分器官的特点不同，可分为双子叶植物和单子叶植物两大类。

1. 双子叶植物

双子叶植物的基本特征是：种子内的胚具有2片子叶；根多为直根系；叶一般具有网状脉；花的各部分基数为5或4，即花萼、花瓣或花冠的裂数、雄蕊、雌蕊的心皮等一般为5或4，或者5或4的倍数。此外，双子叶植物还具有一些内部结构特点，如：花粉粒一般具有3个萌发孔；茎内的维管束呈环状排列，有形成层，所以茎可以不断长粗。

双子叶植物的药用部位有根、茎、茎皮、叶、花蕾、花、果实、种子以及全草。

2. 单子叶植物

单子叶植物的基本特征是：种子内的胚具有1片子叶；根多为须根系；叶一般具平行脉或弧形脉；花的各部分基数为3，花粉粒具有单个萌发孔；茎内维管束呈星散排列，无形成层，所以单子叶植物的茎不能无限加粗。

单子叶植物的药用部位一般为根、叶、花、种子及全草。

上述双子叶、单子叶植物的特征也不是绝对的，其中会有交错现象，如双子叶植物中的车前科、菊科等的植物有须根系，樟科、毛茛科、小檗科等植物有3基数的花；睡莲科、罂粟科等有1片子叶；单子叶植物的天南星科、百合科、薯蓣科等有网状脉等。因此，识别植物的时候，不能仅凭一两个特征就判断其是否是双子叶或单子叶植物，要结合其他特征，必要时还要借助显微镜的观察。

第四章

药用植物的利用

一、药用部位

不同的药用植物药用部位不同，也是中药材分类的一种，通常分为全草类，根及根茎类，茎木、树（根）皮类，叶类，花类，果实、种子、孢子类，树脂及其他内含物类等。

二、药用植物的化学成分

药用植物中所含的化学成分较为复杂，通常有糖类、氨基酸、蛋白质、油脂、蜡、酶、色素、维生素、有机酸、鞣质、无机盐、挥发油、生物碱、苷类、萜类、内酯等，其中所含有效化学成分主要是来自植物次生代谢的产物。每一种中药都可能含有多种成分，这些成分直接或间接用于食品、医药、工业原料上。

（1）生物碱：是一类复杂的含氮有机化合物，具有特殊的生理活性和医疗效果。许多药用植物中都含有生物碱，如麻黄、黄连、茶叶、苦参等。

（2）苷类：又称配糖体。由糖和非糖物质结合而成。不同类型的苷元有不同的生理活性，具有多方面的功能。皂苷在药用植物中分布较广，如人参、远志、知母、七叶一枝花等都含有皂苷。

（3）挥发油：又称精油，是具有香气和挥发性的油状液体，由多种化合物组成的混合物，具有生理活性，在医疗上有多方面的作用，如止咳、平喘、发汗、解表、祛痰、驱风、镇痛、抗菌等。药用植物中挥发油含量较为丰富的有种子植物如薄荷、白芷、肉桂、茴香等。

（4）单宁（鞣质）：多元酚类的混合物。存在于多种植物中，如茶叶、五倍子、土茯苓、苦楝子、槟榔等。

（5）其他成分：如糖类、氨基酸、蛋白质、酶、有机酸、油脂、蜡、树脂、色素、无机物等，各具有特殊的生理功能。

三、传统的药材加工制作

将中草药制作成饮片的过程，被称为炮制。将药材通过净制、切制或炮炙操作，制成一定规格的饮片，以适应各种治疗需要，保证用药安全、有效。在《中国药典》一部附录"药材炮制通则"中，记载了净制、切制、炮制、水飞、制霜等方法。

净制是中药最基本的一个工序，即净选加工。净选是指中药材在切制、炮炙和调配、制剂前，应选取规定的药用部位，除去非药用部位；在净选的同时将药物大小分档，便于火制和水制时控制工艺质量，保证炮制均匀，防止太过与不及；除去非药用部位，净制除去质次效差、毒性大、副作用强的部位，便于调剂准确，制剂的安全有效；除去杂质异物：清除采集、加工、运输、贮存中混入的泥砂、异物及虫蛀霉变等变异的药物。以上这些使原始药材达到药用的纯净度要求的炮制工序，即净制。

净制之后，还有切制，即将净选加工后的药材用一定的刀具切制成片、丝、段、块等形状。经过处理之后的药材称为饮片，更易于进一步加工制作，也利于贮存保管。

药材净选加工，切制成饮片之后，又有炒法、炙法、煅法、蒸煮法、复制法等各种炮制方法。

不同的药物，有不同的炮制目的；在炮制某一具体药物时，又往往具有几方面的目的。总的来说，炮制主要目的是改变药物的气味和质地，改变药物性味，扩大药物用途，降低或消除有毒药物的毒副作用等，使药物更好地适应临床用药的要求。

四、药用植物的应用

我国药用植物资源分布广泛，药用植物的种类和蕴藏量极为丰富，素有"世界药用植物宝库"之称。全国中药资源普查统计表明：我国现有中药资源种类12807种，其中药用植物资源种类包括383科，2309属，11146种，常用药用植物近500种，我国家种的药用植物就有300多种，种植面积已达9000多万亩。

在我国，从古代开始，一般的普通家庭早已利用中草药植物来进行养生、保健，特别是到了现代，随着认识的扩展，人们对青草药的应用也是多种多样。以岭南地区为例，家喻户晓的凉茶，就是充分利用本地草药的特性，煲煮饮用，以达到清热祛湿等作用。凉茶的材料多为草本，如金银花、仙草等，都是家庭最常见的凉茶材料。一些著名的凉茶，如夏桑菊，就是以夏枯草、桑叶、菊花为主要材料制作而成，有清热解毒、明目下火等功效。广东的家常饮食也少不了这些药用植物的身影，每一个广州主妇都能煲出一手好汤，对于不同时期的药材也有讲究，春夏季节选用一些清润、养脾胃的药材，如淮山、茯苓、陈皮等，秋冬季节则可以选用一些滋补性的药材，如人参、冬虫夏草、沙参等。

除了这些传统做法之外，近年来，随着人们生活水平不断改善以及自然养生的风行，药用植物的保健作用逐渐被认识和重视，直接带动了药用植物资源的开发利用。药用植物的应用主要体现在以下几方面。

1. 中药材新品种选育

种质资源在药材优良品质形成过程中起着关键性作用，是培育优良品种的遗传物质基础。药用植物野生资源丰富，丰富的遗传变异是药用植物优良新品种选育的基础，为优良品种培育提供了大量的优良变异，为选育优质、高产、抗性药用植物新品种提供了丰富的种质资源。药用植物育种是改善药材品质的重要途径，选择具有优良品质的种质资源，有助于更好地开发利用药用植物资源。

2. 中药新药研发

药用植物资源是我国制药的优势，也是新药研究开发的基础。我国药用植物资源的新药源、有效成分和利用部位不断被开发，如利用雷公藤为原料研制成雷公藤片；从喜树中分离出具有抗胃癌作用的喜树碱和10-羟喜树碱；从三尖杉、粗榧中分离出抗癌成分三尖杉酯碱和高三尖杉酯碱，对治疗淋巴系统恶性肿瘤有较好的疗效；从广西美登木、蜜花美登木、云南美登木中分离出具有抗癌活性的美登新、美登普林和美登布丁三种大环生物碱；从红豆杉属植物中提取抗肿瘤成分的紫杉醇制成复方红豆杉胶囊；利用黄毛豆腐柴制成具有治疗骨质增生的健骨注射液；利用草珊瑚开发出复方草珊瑚含片等。

3. 健康食品开发

部分药用植物可以作为蔬菜、水果、饮品和调料等。蔬菜有紫苏、薄荷、藿香、艾蒿和芫荽等；水果有金樱子、覆盆子、欧李等；饮品有玫瑰花、金银花、柠檬、菊花等；调料有砂仁、丁香、豆蔻、肉桂、小茴香、花椒、八角茴香和姜等。药用植物还可以作为提取天然色素、天然甜味剂和苦味剂的原料，如紫苏种子和叶可以用于提取天然色素紫苏红，栀子可用于提取色黄素，广泛用于果汁、口香糖等食品生产中。

4. 香料香精提取

以药用植物为基础开发出芳香类产品是药用植物较高经济价值开发的一条新途径，药用植物的根茎（姜黄）和茎皮（肉桂）、含树脂类木材（沉香）、叶（香叶）、花（菊花）、果实（砂仁）、树脂（苏合香）等均可用作香料香精，其中沉香、苏合香和安息香等是我国应用历史较为久远的香料。薄荷脑、薄荷油、艾油、桂油、八角茴香油、肉桂油、天然樟脑等是香精和香水的主要来源香料油。

5. 天然化妆品开发

药用植物多具有抗氧化、抗菌、促进血液循环的作用，药用植物在化妆品行业中日益受到重视。《千金面脂方》和《玉容散》均把白芷作为制作面脂的主药，白术、白芷、白及、白蔹、白芍、白茯苓、白僵蚕和珍珠粉等一定程度上有杀菌、改善皮肤微循环和新陈代谢的作用，从而起到美白、祛斑、抗衰老的美容功效。

6. 园林景观塑造

药用植物在园林建设中发挥了很大的作用，满足绿化、美化和香化多种功能需要，满足游览者的嗅觉和感官感受，同时还能杀菌、驱虫、净化空气和保健，如丁香能吸收 SO_2、HF、Cl_2 及光化学烟雾，薄荷、茴香、薰衣草等能驱除蚊蝇等昆虫，玫瑰花的香味能抑制结核杆菌、肺炎杆菌、葡萄球菌等的生长繁殖。在城市绿地建设、生态园区建设、观光型温室建造中中草药专类景观越来越多，有效利用了部分药用植物观赏价值的同时，也为中医药文化的教育、普及与传承起到了推动作用。药用植物在园艺疗法中也有很多的应用，上海闵行体育公园建成了国内首个保健型芳香植物园，园内分为"降血压"和"助睡眠"功能区。

7. 饲料添加剂开发

利用药用植物制成饲料添加剂，如用松针叶、艾草、侧柏等，经快速烘焙，粉碎过筛成为饲料添加剂，富含维生素和微量元素，具有促进动物生长和发育、增强动物体质、预防疾病、提高畜禽生产性能等作用。

8. 中兽药开发

中兽药是以天然动植物和矿物质为原料炮制加工而成的饮片及其制剂，在中兽医药学理论的指导下可预防及治疗动物疾病，提升其生产性能。中兽药在我国畜牧养殖业中的应用具有悠久的历史，当前食品卫生安全问题日益受到重视，中兽药的使用也越来越受到人们的关注，中兽药成为近年来的新兴产业。长期不当使用抗生素会导致动物机体产生一系列毒副作用，而中兽药可从抗病毒、抗菌抑菌、抗应激、抗氧化和调节动物机体免疫功能等方面多靶点发挥治疗疾病的作用，而且不会对人类食品安全构成威胁，已被广泛应用于动物临床。常用的中兽药制剂包括大黄末、五倍子末、藿香正气散、清暑散、银翘散、黄连解毒散、清瘟败毒散、荆防败毒散、麻杏石甘散、玉屏风散等。

9. 植物源农药开发

植物源农药是利用植物资源开发出的新型农药。它是指用于防治农、牧、渔、草及卫生等领域有害生物的植物及以植物源活性成分如生物碱类化合物、黄酮类化合物、萜类化合物、挥发油或合成植物源活性成分制备的农药制剂。因为原料来自植物，又被称为"中草药农药"。植物源农药的主要成分来源于自然，环保、可降解，一般不会污染环境和农产品，具有低毒、低残留、对非靶标生物及环境安全的优点，且害虫难以对其产生抗体，越来越受到重视，发展前景广阔。当然它目前也存在一些缺点，如见效慢、残效期短等。植物源农药的主要类别有杀虫剂、杀菌剂、杀线虫剂、除草剂、杀螺剂和杀鼠剂等。截至2019年底，我国在登记有效期内的植物源农药有苦参碱、鱼藤酮、印楝素、藜芦碱、除虫菊素、烟碱、苦皮藤素、桉油精、大蒜素、蛇床子素、丁子香酚、香芹酚等28种。

10. 其他

从药用植物中开发的其他健康产品，如中草药牙膏、芳香用品、消毒剂和洗涤用品等。

第五章

药用植物标本的采集、制作和保存方法

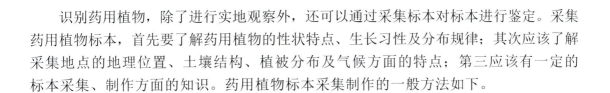

识别药用植物，除了进行实地观察外，还可以通过采集标本对标本进行鉴定。采集药用植物标本，首先要了解药用植物的性状特点、生长习性及分布规律；其次应该了解采集地点的地理位置、土壤结构、植被分布及气候方面的特点；第三应该有一定的标本采集、制作方面的知识。药用植物标本采集制作的一般方法如下。

一、标本采集

1. 采集工具

野外采集药用植物标本时，需要携带的物品有：采集箱（薄铁片制、普通药箱大小）或采集袋（塑料编织袋）、枝剪、高枝剪、砍刀、小镐、掘铲、野外记录本、标本号牌（硬纸质，其上穿有挂线）、放大镜、米尺、铅笔、大小纸袋（采集地衣、苔藓等小型标本以及收集脱落的花、果、种子用）以及相关参考书。其他野外用品如药品、手电筒、望远镜等也需准备。

野外记录本式样（17cm×11cm）

```
采集日期____年___月___日
采集人_____采集号_____
产地_____省___县____
生境_____海拔___米
习性___乔木___灌木___草本___藤本
体高_____胸径_____厘米
根_____茎_____
叶_____
花_____
果实_____
用途_____
土名_____科名_____
学名_____
附记_____
标本份数_____
```

标本号牌的式样（5cm×3cm）

```
采集人
采集号
地点
```

2. 采集方法

采集药用植物标本的原则是：采集带有花、果、叶的标本以及药用部分，以便分类鉴定和药材鉴别。但不同类别的药用植物其具体要求也有不同：如草本药用植物标本要带根，对超过1m高的植物，可分别采集带花、果的上段、中段和带根的下段，三段合挂一份标本号牌，记录全草高度；药用部分为根或树皮，应采一小块根或树皮与枝条同挂一份标本牌号；木本植物一般剪取长度约30cm的枝条；大型叶片如苏铁等，可分别采集上、中、下三部分；雌雄异株的药用植物采集时要分别编号，注明雌雄；对桑寄生、菟丝子等寄生植物，采集时应注意连同寄主一并采集；蕨类植物要采有孢子囊的叶片；药用藻类、菌类、地衣、苔藓等小型植物，采集标本时要用纸袋分别放好再放入采集箱内，以免损坏。

在同一定点采集的多份同种植物，其每份标本上都要挂同一号牌，上面的采集编号要与野外记录本上的编号一致；号牌须紧系标本的中部，以防脱落。

3. 野外采集记录的方法

采集药用植物时，需注意观察其生长环境以及花、叶的颜色、气味及乳汁的有无等腊叶标本无法显示的特征，并做详细记录，野外记录的内容和格式参见"野外记录本式样"。野外记录和标本号牌应用铅笔书写，以防遇水打湿。

二、腊叶标本的制作

1. 标本的压制

准备好标本夹（一般为木条钉成，40cm×50cm），在标本夹上铺几层吸水草纸或旧报纸，再放上经整理、修剪后的标本，使花、叶展平，使1～2片叶的叶背朝上。修剪枝叶时要注意保留叶柄。标本与标本之间须隔数张吸水纸，落下来的花、果用纸袋装好，写上采集号，和标本放在一起，以后贴在台纸上；若果实或花较大，可在花或果的周围垫上草纸，使花、果更快干燥，也使夹板平整；肉质的球茎、鳞茎、果实可切开压制。标本与草纸间隔放好后，加上夹板，用粗绳适当用力将大夹板捆起，放在通风处。

初次压制时，每天需换纸1～2次，防止标本发霉，换纸时要整理标本，展平枝叶。第三日换干纸后，可稍用力将标本夹捆紧后置于日光下晾晒。换下的湿纸，经日晒或火烤干后可以重复使用。一般干燥天气10多天，潮湿天气20多天，标本即可干燥。

2. 标本的装订和保存

将干燥的标本移到台纸（40cm×30cm的卡纸）的中央，台纸的左上角和右下角分别留出贴野外记录签和定名签的位置，然后用纸条或线将叶片和植物粗壮部分穿订牢固在台纸上。标本经过分类鉴定后，将定名签贴在台纸右下角，野外记录签贴在左上角，最后可加贴一张薄而韧性强的封面衬纸，以免标本互相摩擦损坏，即为一份完整的标本。

装订好的标本按科、属顺序放入标本柜中密闭保存。野外采回的标本往往带有害虫、虫卵或霉菌孢子，故在标本入柜之前，需用硫酰氟（SO_2F）或溴代甲烷（CH_3Br）等进行熏蒸消毒，注意消毒后要打开窗户通风数日方可进入。

三、浸制标本的制作

浸制标本的形态逼真，易观察、鉴别，对藻类、菌类等小型标本尤为实用。常用方法如下。

1. 一般的保存法

用10%～15%的福尔马林溶液浸材保存。

2. 植物体绿色保存法

可选下列两种之一。

（1）将醋酸铜的粉末缓慢加入50%的冰醋酸溶液中直到饱和，然后按1∶4加水稀释，加热至约85℃，放入被处理的植物，观察标本的颜色变为黄绿色再变成绿色，至原有色泽重现时，停止加热。取出标本用水漂洗干净，即可浸入5%福尔马林水溶液中保存。

（2）饱和的硫酸铜溶液750mL加入40%的福尔马林500mL，加水250mL混合。标本浸入8～14日，取出标本用水洗净后，再浸入5%的福尔马林溶液中保存。此法适用于植物体较柔弱，不能加热或表面有蜡质，不易浸渍着色的标本。

3. 红色标本保存法

将洗净果实浸入处理液（福尔马林4mL，硼酸3g，水400mL配成）中，1～3天待果实变深褐色时取出，用注射器在果实上、下注入少量保存液（10%亚硫酸20mL，硼酸10g，水580mL配成），再浸在此保存液中，果实会逐渐恢复原有红色。

4. 深红和紫色标本保存法

可用40%福尔马林450mL，95%乙醇2800mL，和水20000mL配制保存液，静置沉淀，取上层清液备用；按上法处理和浸制。

第六章

药用植物文化故事

一、本草传说

1. 神农尝百草

远古时期，人们不认识草药，也不了解药性，对疾病不知道该如何救治；而且瘟疫经常流行，伤亡无数。神农（神农是炎帝的号，是中国上古时期姜姓部落的首领）为了解决这两个问题，开始到野外遍尝百草。神农首创医药的记载最早见于《淮南子·修务训》："神农乃始教民，尝百草之滋味，当时一日而遇七十毒，由此医方兴焉"。神农尝百草，有了药而医学勃兴。后来《史记·补三皇本纪》中记载："神农氏以赭鞭鞭草木，始尝百草，始有医药"。据说当神农在野外遇到茂盛的草木时，就用神鞭抽打，直到打出汁液，再以身试药，以辨别其性味，然后才有中药。其间，经常会遇到有毒的药用植物。宋代郑樵的《通志》中讲，神农尝百药之时，"……皆口尝而身试之，一日之间而遇七十毒……其所得三百六十物……后世承传为书，谓之《神农本草》。"宋代刘恕《资治通鉴外纪》总结道："民有疾病，未知药石，炎帝始味草木之滋，尝一日而遇七十毒，神而化之，遂作方书，以疗民疾，而医道立矣"。

这一过程经历了漫长的历史时期和无数次的反复实践，积累下来许多药物知识，被篆刻记载下来，这就是《神农本草经》，其所记载的365味中药，每味都按药名、异名、性味、主治病症、生长环境等分别阐述，大多数为临床常用药物，朴实有验，沿用至今。其中上品药物120味，可以养生延年；中品药物120味，可以养性补虚；下品药物125味，可以治病疗伤。神农亲验本草药性，是中药的重要起源，因誓言要尝遍所有的草，最后因尝断肠草而逝世。后人为了纪念神农氏的恩德和功绩，铭记追忆他拯救百姓亲尝百草而中剧毒的奉献精神，敬奉他为"药王神"，并建药王庙四时祭祀。

据考证，早在8000年前我们的祖先就开始用一些植物来治病了，到夏商周时期医药领域取得了重大进步，神农创医药之说，正是原始社会进入农耕时期千百万劳动人民创造医药的反映。

2. 时珍编纲目

李时珍（1518—1593），字东璧，号濒湖，湖广蕲州（今湖北蕲春）人，是中国医学史上的重要人物，被誉为"医中之圣"。李时珍出生于一个医学世家，祖父、父亲都是医生。受家庭的影响，李时珍从小对医学知识就有接触，但是，在科举至上的传统社会，读书人的首要选择是进入仕途。因此，李时珍的父亲希望他通过科举出人头地，不要像他一样行医。1532年李时珍十四岁，中了秀才。之后三次参加乡试，均落第。无奈之下，李时珍只好放弃科举，转而习医。

在跟随父亲行医的过程中，李时珍的医学知识得到了积累，二十六岁时开始独立行医。在行医的过程中，李时珍发现本草医籍的一些错误，萌生了编一部新本草的念头，并开始付诸实践。

在编写《本草纲目》的过程中，最使李时珍头痛的就是由于药名混杂，往往弄不清药物的形状和生长的情况。过去的本草书，虽然作了反复的解释，但是由于有些作者没有深入实际进行调查研究，而是在书本上抄来抄去，所以越解释越糊涂，而且矛盾百出，使人莫衷一是。例如药物远志，南北朝著名医药学家陶弘景说它是小草，像麻黄，但颜色青，开白花；宋代马志却认为它像大青，并责备陶弘景根本不认识远志。又如狗脊一药，有人说它像萆薢，有人说它像菝葜，有人又说它像贯众，说法很不一致。

他参阅了大量的前代典籍，并且实地考察了许多药物。李时珍了解药物，并不满足于走马看花式的调查，而是一一采视，对着实物进行比较核对。他既"搜罗百氏"，又"采访四方"，深入实际进行调查，这样弄清了不少似是而非的药物。用他的话来说，就是"一一采视，颇得其真""罗列诸品，反复谛视"。不论是在四处采访中，还是在自己的药圃里，李时珍都非常注意观察药物的形态和生长情况。后人为此写了"远穷僻壤之产，险探麓之华"的诗句，反映他远途跋涉，四方采访的生活。

李时珍自1565年起，先后到武当山、庐山、茅山、牛首山及湖南、湖北、安徽、河南、河北等地收集药物标本和处方，并拜渔人、樵夫、农民、车夫、药工、捕蛇者为师，参考历代医药等方面书籍925种，考古证今、穷究物理。经过27年的长期努力，于明神宗万历六年（1578年）完成《本草纲目》初稿，时年61岁。以后又经过10年三次修改，前后共计40年。

《本草纲目》的出版历程十分曲折。李时珍于万历二十一年（公元1593年）去世。万历二十五年（1597年），也就是李时珍逝世后的第三年，《本草纲目》在金陵（今南京）正式刊行。

《本草纲目》共有52卷，载有药物1892种，其中载有新药374种，收集医方11096个，约190万字，分为16部，60类。每种药物分列释名、集解、正误、修治、气味、主治、发明、附方等项。附图1000多幅，成了我国药物学的空前巨著。其中纠正前人错误甚多，在动植物分类学等许多方面有突出成就，并对其他有关的学科（生物学、化学、矿物学、地质学、天文学等）也做出贡献。这部书17世纪初传入日本和朝鲜，以后又陆续翻译成拉丁文、法文、俄文、德文、英文等多种文字，流传到世界各地，达尔文称赞它是"中国古代的百科全书"。

二、本草交流

我国古代丝绸之路形成于汉代，是以输出丝绸、瓷器、茶叶等，输入香料、药材、农产品等为主要目的的贸易大通道。历史上称丝绸之路的发展与丝绸、香料、药材和其他经济植物产品密切相关，为东西方文明的交流构建了历史大通道，发展至今成为"一带一路"的国际交流大通道。《魏书·西域传》记载：梁武帝天监十七年（公元518年），由波斯（今伊朗）运来郁金、苏合香、青木、胡椒、香附子、没食子、绿盐、雄黄等多种药材。《本草经集注》收载有苏合香、沉香、薰陆香、鸡舌香、詹糖香、枫香等西域香料及槟榔等南药。《南方草木状》记载了从东南亚传入我国的豆蔻花、蒟酱、益智仁、槟榔、鸡骨香、沉香、母丁香、苏木、人面子等东南亚地区所产药材，都是我国传统进口的南药。

1. 陆上丝绸之路

陆上丝绸之路起源于西汉（公元前202年—8年），是汉武帝派张骞出使西域开辟的以首都长安（今西安）为起点，经甘肃、新疆，到中亚、西亚，并连接地中海各国的陆上通道。东汉时期丝绸之路的起点在洛阳。它的最初作用是运输中国古代出产的丝绸。

公元前139年张骞出使西域，便见证了从四川通往身毒（今印度）和大夏（今阿富汗北部）的贸易交往，2000多年前，一带一路连接沟通着东方两大文明发源地——中国和南亚八国，南亚八国包括印度、巴基斯坦、阿富汗、尼泊尔、孟加拉国、不丹、斯里兰卡和马尔代夫。印度热带药用植物种类丰富，已知4500种。诃子、缅茄、人面子、胡椒、檀香、姜黄、小豆蔻、锡兰肉桂、木香、胡黄连、马蹄香、番红花、肉豆蔻、乳香等，都是历来我国从西南丝路进口的南药药材。这些药材进口的同时，一些印度传统医药的组方和治疗方法也同时引入中国传统医药之中。12世纪时，佛教传入西双版纳，傣族群众在本土医学的基础上吸收了佛教医学理论，创立了独特的傣医药理论体系和诊疗技术，并代代传承至今。

2. 海上丝绸之路

海上丝绸之路是古代中国与外国交通贸易和文化交往的海上通道，也称"海上陶瓷之路"和"海上香料之路"。海上丝绸之路萌芽于商周，发展于春秋战国，形成于秦汉，兴于唐宋，是已知最为古老的海上航线。海上丝绸之路有东海起航和南海起航两条，一是东海航线，春秋战国时期，齐国在胶东半岛开辟了"循海岸水行"直通辽东半岛、朝鲜半岛、日本列岛直至东南亚的黄金通道，唐代山东半岛和江浙沿海的中韩日海上贸易逐渐兴起，宋代宁波成为中韩日海上贸易的主要港口；二是南海航线，又称南海丝绸之路，起点主要是广州和泉州，先秦时期，岭南先民在南海乃至南太平洋沿岸及其岛屿开辟了以陶瓷为纽带的交易圈，唐代的"广州通海夷道"，是中国海上丝绸之路的最早叫法，是当时世界上最长的远洋航线，明朝时郑和下西洋更标志着海上丝绸之路发展到了极盛时期，南海丝绸之路从中国经中南半岛和南海诸国，穿过印度洋，进入红海，抵达东非和欧洲，成为中国与外国贸易往来和文化交流的海上大通道，并推动了沿线各国的共同发展。

公元1405—1433年，郑和率庞大船队七次下西洋，访问了30多个国家和地区，带回的大量商品中有多种香料药材，如龙涎香、胡椒、肉豆蔻、降真香、安息香、檀香、沉香、丁香、没药、苏合香、紫胶、硫黄、冰片、乌木、黄藤、阿魏及犀牛角等。这些药材大部分至今仍是我国主要进口的南药。

三、本草情诗

冯梦龙 　你说我，负了心，无凭枳实，激得我蹬穿了地骨皮，愿对威灵仙发下盟誓。细辛将奴想，厚朴你自知，莫把我情书也当破故纸。想人参最是离别恨，只为甘草口甜甜地哄到如今，黄连心苦苦嘱为伊耽闷，白芷儿写不尽离情字，嘱咐使君子，切莫做负恩人。你果是半夏当归也，我情愿对着天南星彻夜地等。

辛弃疾 给妻子的信："云母屏开，珍珠帘闭，防风吹散沉香。离情抑郁，金缕织硫黄。柏影桂枝交映，从容起，弄水银堂。连翘首，惊过半夏，凉透薄荷裳。一钩藤上月，寻常山夜，梦宿沙场。早已轻粉黛，独活空房。欲续断弦未得，乌头白，最苦参商，当归也！茱萸熟，地老菊花黄。"妻回信："槟榔一去，已过半夏，岂不当归耶？谁使君子，效寄生缠绕它枝，令故园芍药花无主矣。妾仰观天南星，下视忍冬藤，盼不见白芷书，茹不尽黄连苦！豆蔻不消心上恨，丁香空结雨中愁。人生三七过，看风吹西河柳，盼将军益母。"

四、本草趣名

以形态命名：牛膝、白头翁、金毛狗脊、两面针、七叶一枝花、八角莲、连翘。

以人名命名：张公鱼、刘寄奴、何首乌、徐长卿。

以数字命名：一见喜、两面针、三七粉、四块瓦、五倍子、六股筋、七星剑、八角茴、九龙吐珠、十大功劳、百舌鸟、千层塔、万丈深。

以生肖命名：鼠曲草、牛膝、虎掌草、兔儿伞、龙胆草、蛇王藤、马钱子、淫羊藿、猴耳环、鸡冠苗、狗肝菜、猪牙皂。

以药物功能命名：调经草、益智仁、散血草、疗毒草、止泻木皮、定心散、胃友、扭筋草。

以阴阳命名：阴香皮、阳雀花。

以五行命名：木蝴蝶、火麻仁、土人参、金蛤蟆、水蜈蚣、木槿、金钱草。

以四季命名：春不见、迎春花、夏天无、秋海棠、秋桑、冬青子、冬葵。

以方位命名：东方狗脊、南天竹子、西施舌、西洋参、北沙参。

以颜色命名：赤茯苓、青黛、黄花倒水莲、白头翁、黑大豆、紫菀、佩兰、白芷、紫苏、白芍。

以味道命名：甜石莲、酸水草、苦地胆、苦参、辣蓼草、甘草、辛夷、咸秋石、三叉苦、臭茉莉、木香、藿香。

以气象命名：风茄子、雨伞草、雪里青、雷丸。

以地名命名：广藿香、广陈皮、川黄柏、化橘红、浙贝母、建泽泻、苏薄荷、湘莲。

第七章

药用植物图谱

蛇足石杉　　*Huperzia serrata* (Thunb.ex Murray) Trev.

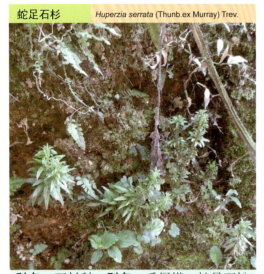

科名：石杉科　　别名：千层塔、蛇足石松

识别要点　多年生土生植物。茎直立或斜生，叶螺旋状排列，疏生，平伸，狭椭圆形，向基部明显变狭，通直。叶缘具粗齿是本种的识别特征。

药用部位　全草　　**药材名**　千层塔

功能主治　散瘀消肿，解毒，止痛。用于跌打损伤，淤血肿痛，内伤吐血；外用治痈疖肿毒，毒蛇咬伤，烧烫伤。

垂穗石松　　*Lycopocdium cernuum* (L.) vasc.et Franco

科名：石松科　　别名：筋骨草、小伸筋

识别要点　多年生草本。须根白色，主茎直，基部茎匍匐。主茎上的叶螺旋状排列，稀疏；侧枝上的叶密集。孢子囊穗单生于小枝顶端，孢子四面体球形。

药用部位　全草　　**药材名**　铺地蜈蚣

功能主治　祛风，舒筋络，活血，止血。用于风湿拘疼麻木，吐血，跌打损伤，水火烫伤。

江南卷柏　　*Selaginella moellendorffii* Hieron.

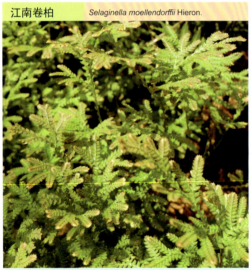

科名：卷柏科　　别名：百叶草、地柏

识别要点　草本。具根状茎和游走茎，其上生鳞片状淡绿色的叶。孢子叶穗紧密，四棱柱形，单生于小枝末端。

药用部位　全株　　**药材名**　地柏枝

功能主治　清热利尿，活血消肿。用于传染性肝炎，胸腰挫伤，水肿。

卷　柏　　*Selaginella tamariscina* (Beauv.) Spring

科名：卷柏科　　别名：长生草、九死还魂草

识别要点　多年生草本。全株呈莲座状。主茎直立，下生众多须根。叶小，叶干后卷缩，二型。孢子囊穗生于枝顶。

药用部位　全草　　**药材名**　卷柏

功能主治　活血通经。用于血瘀经闭，痛经，跌打撞伤。炭用：收敛止血，用于吐血，崩漏，便血，脱肛。

翠云草 *Selaginella uncinata* (Desv.) Spring

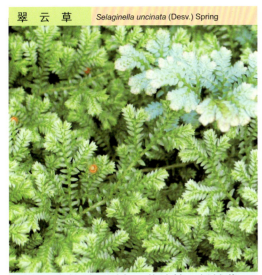

科名：卷柏科　**别名**：蓝地柏、绿绒草

识别要点　多年生草本。主茎伏地蔓生，分枝处常生不定根。主茎叶2列，侧枝叶密生4列，孢子囊穗单生于枝顶，四棱形。

药用部位　全草　　**药材名**　翠云草

功能主治　清热利湿，解毒，凉血止血。用于湿热黄疸，痢疾，水肿，风湿痹痛；外用治荨麻疹，乳痈，外伤出血及水火烫伤。

笔管草 *Equisetum debile* Roxb.

科名：木贼科　**别名**：节节草、纤弱木贼

识别要点　多年生草本。营养茎和孢子囊茎相似，簇生，节间多中空，叶退化，轮生。孢子囊穗短棒状，顶端有小突尖。

药用部位　全草　　**药材名**　土木贼

功能主治　利湿清热，明目。用于目赤胀痛，急性黄疸型肝炎，淋病。

瓶尔小草 *Ophioglossum vulgatum* L.

科名：瓶尔小草科　**别名**：一支枪

识别要点　多年生小草本。有不分枝的肉质根。叶单生，总柄埋土中，肉质。孢子囊从总柄顶端发出。

药用部位　全草　　**药材名**　瓶尔小草

功能主治　清热解毒，消肿止痛。用于毒蛇咬伤，疔疮肿痛；外用治急性结膜炎。

福建莲座蕨 *Angiopteris fokiensis* Hieron.

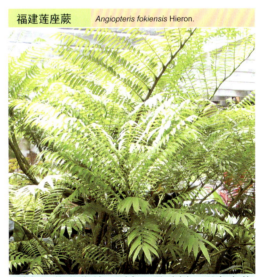

科名：莲座蕨科　**别名**：马蹄树、观音座莲

识别要点　多年生草本。根状茎块状。孢子囊群棕色，连续排列于近叶缘处，二回羽状复叶。

药用部位　带叶柄的根状茎

药材名　马蹄蕨

功能主治　祛瘀止血，解毒。用于功能性子宫出血；外用治蛇咬伤，创伤出血。

紫萁	*Osmunda japonica* Thunb.

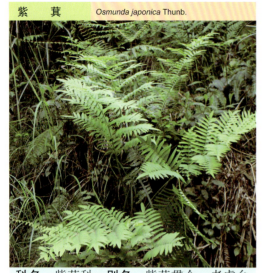

科名： 紫萁科　　**别名：** 紫萁贯众、老虎台

识别要点 根状茎短粗，或成短树干状而稍弯。叶簇生，直立；叶片为三角广卵形，纸质，叶脉两面明显。孢子叶沿中肋两侧背面密生孢子囊。

药用部位 根状茎、幼叶上的细毛

药材名 紫萁、老虎台衣

功能主治 清热解毒，止血。用于痢疾，崩漏，白带；幼叶上的绵毛，外用治创伤出血。

华南紫萁	*Osmunda vachellii* Hook.

科名： 紫萁科　　**别名：** 大凤尾蕨

识别要点 多年生草本。根状茎粗壮。叶簇生其顶部，厚纸质，两面无毛，叶二型，孢子叶条形卷缩。

药用部位 根茎　　**药材名** 华南紫萁

功能主治 清热解毒，止血生肌。用于外感风热；外用治腮腺炎，外伤出血。

芒萁	*Dicranopteris dichotoma* (Thunb.) Bernh.

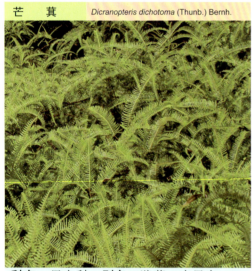

科名： 里白科　　**别名：** 狼萁、小里白

识别要点 蔓生草本。根状茎细长。叶疏生，幼时沿羽轴及叶脉有锈黄色毛。孢子囊群着生于每组侧脉的上侧小脉中部。

药用部位 全草或根状茎　　**药材名** 芒萁

功能主治 清热利尿，散瘀止血。用于痔疮，血崩，鼻衄，毒蛇咬伤，痈肿。

里白	*Hicropteris glauca* (Thunb.) Ching

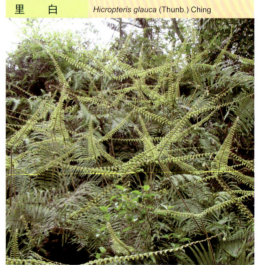

科名： 里白科　　**别名：** 大叶卢萁、正里白

识别要点 草本。根状茎横走。有鳞片，叶疏生。孢子囊群生于分叉侧脉的上侧1小脉，在主脉两侧各排成1行。

药用部位 根茎　　**药材名** 里白

功能主治 止血。用于鼻出血或外伤各种出血症，跌打损伤，筋伤骨折，扭伤。

海金沙 *Lygodium japonicum* (Thunb.) Sw.

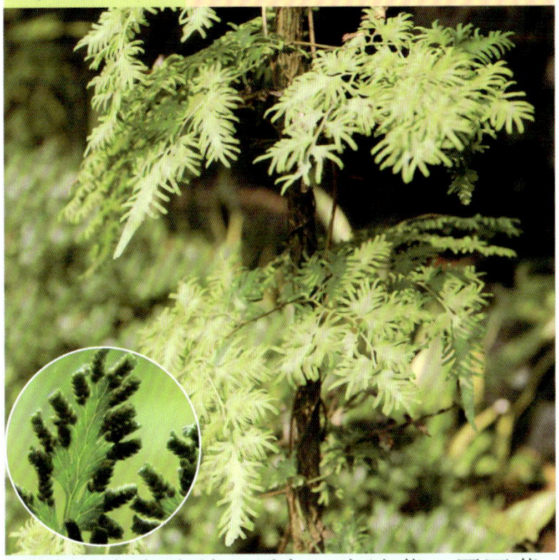

科名：海金沙科　**别名：**金沙藤、罗网藤

识别要点　缠绕草本。不育羽片三角形。能育羽片卵状三角形，边缘有孢子囊穗，孢子囊藏于叶边的一个反折的小瓣内。

药用部位　孢子及藤茎

药材名　海金沙

功能主治　清热利湿，利尿通淋。用于热淋，血淋，尿道涩痛，小便不利。

金毛狗 *Cibotium barometz* (L.) J.Sm.

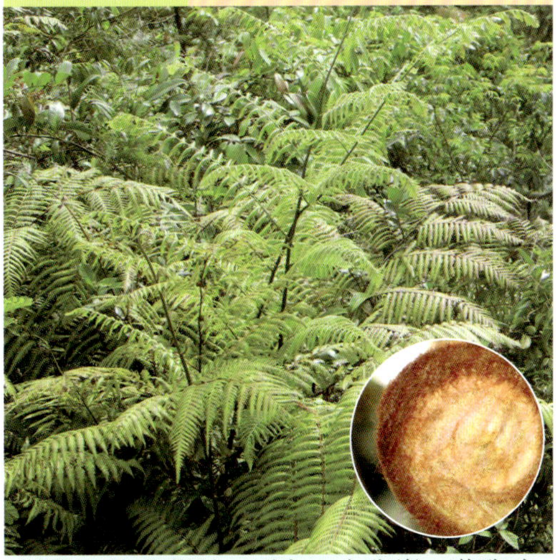

科名：蚌壳蕨科　**别名：**金狗脊、黄狗头

识别要点　草本。叶柄基部和根状茎上密被金黄色线形长茸毛，有光泽。孢子囊群生于侧脉顶端，囊群盖成熟后形如蚌壳。

药用部位　根茎和茸毛　**药材名**　狗脊

功能主治　补肝肾，强筋骨，壮腰膝，祛风湿。用于腰肌劳损；其茸毛治外伤出血。

桫椤 *Alsophila spinulosa* (Wall. ex Hook) Tryon.

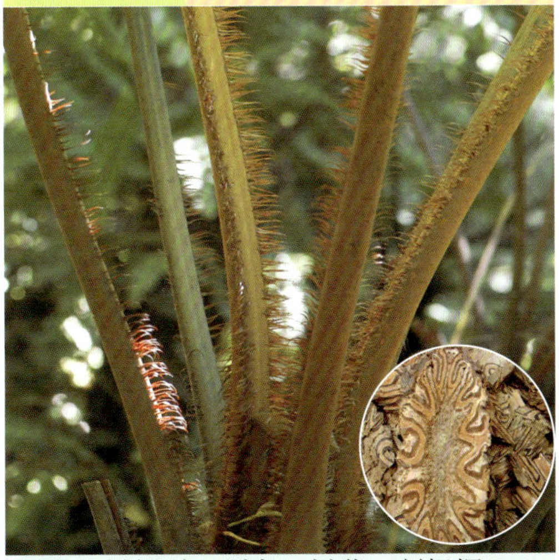

科名：桫椤科　**别名：**树蕨、刺桫椤

识别要点　灌木状树形蕨类。叶聚生于茎端；叶柄棕色，具锐刺；叶片长矩圆形，三回羽状深裂；孢子囊群靠近中脉着生。

药用部位　茎　**药材名**　飞天蠄蟧

功能主治　祛风利湿，活血祛瘀。用于风湿关节痛，跌打损伤。

黑桫椤 *Cyathea podophylla* (Hook.) Copel.

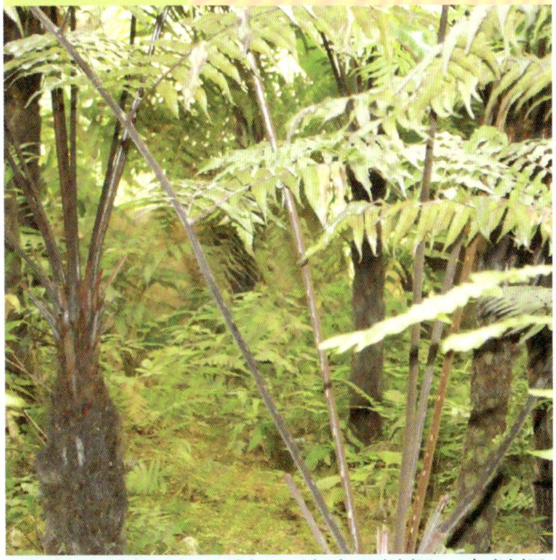

科名：桫椤科　**别名：**结脉黑桫椤、鬼桫椤

识别要点　灌木状。植株有短主干，或树状主干高达数米，顶部生出几片大叶。叶柄红棕色，略光亮，孢子囊群无盖，隔丝短。

药用部位　茎　**药材名**　黑桫椤

功能主治　祛风除湿，活血止痛。用于风湿关节痛、跌打损伤等。

乌蕨　　*Odontosoria chinensis* J. Sm.

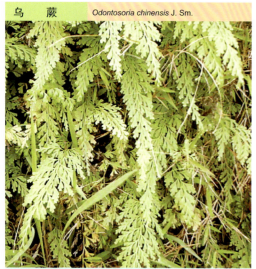

科名：鳞始蕨科　别名：乌韭、大叶金花草

识别要点　多年生草本。根状茎短而横走，密生赤褐色钻状鳞片。孢子囊群顶生，囊群盖杯形或浅杯形，向外开裂。

药用部位　全草　　**药材名**　金花草

功能主治　清热解毒，祛暑利湿，凉血止血。用于扁桃体炎，腮腺炎，肝炎，跌打损伤，外伤出血；外用治烧伤，烫伤。

蕨　　*Pteridium aquilinum* (L.) Kuhn.

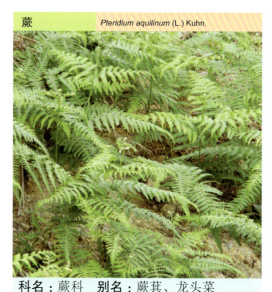

科名：蕨科　别名：蕨萁、龙头菜

识别要点　草本。根状茎被茸毛。叶幼时拳卷，成熟后展开，革质。孢子囊在小羽片或裂片背面边缘集生成孢子囊群。

药用部位　根茎，叶　　**药材名**　蕨萁

功能主治　收敛止血。用于痢疾。

傅氏凤尾蕨　　*Pteris fauriei* Hieron.

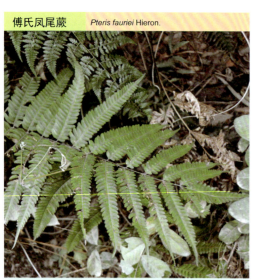

科名：凤尾蕨科　别名：金钗凤尾蕨

识别要点　草本。根状茎短。叶簇生，叶片卵形，二回羽状深裂。孢子囊线形，深裂片边缘延伸。

药用部位　叶　　**药材名**　傅氏凤尾蕨

功能主治　清热利湿，祛风定惊，敛疮止血。用于痢疾，泄泻，黄疸，小儿惊风，外伤出血，水火烫伤。

井栏边草　　*Pteris multifida* Poir.

科名：凤尾蕨科　别名：凤尾草、凤尾蕨

识别要点　草本。根状茎密被鳞片。叶二型，不育羽片有锯齿。能育羽片狭线形，全缘。孢子囊群线形，沿叶缘着生。

药用部位　全草　　**药材名**　凤尾草

功能主治　清热利湿，凉血止血，消肿解毒。用于咽喉肿痛；外用治痈肿，湿疹。

半边旗　*Pteris semipinnata* L.

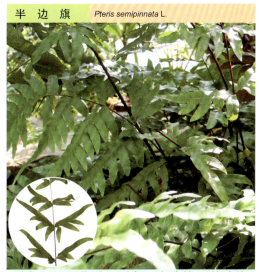

科名：凤尾蕨科　**别名：**半边梳、单边旗

识别要点　多年生草本。叶柄基部着生鳞片，叶片二回，半边羽状深裂，生孢子的裂片边缘有锯齿，孢子囊沿裂片边缘着生。

药用部位　全草　　**药材名**　半边旗

功能主治　清热解毒，凉血止血，消肿止痛。用于目赤肿痛，细菌性痢疾，急性肠炎；外用治跌打肿痛。

蜈蚣草　*Pteris vittata* L.

科名：凤尾蕨科　**别名：**蜈蚣蕨、长叶甘草蕨

识别要点　草本。根状茎密被鳞片。叶丛生，能育叶全缘，不育叶有小齿。孢子囊群生于能育羽片的边缘。

药用部位　全草　　**药材名**　蜈蚣草

功能主治　清热利湿，解毒消肿。用于湿热腹痛；外用治蜈蚣咬伤，无名肿毒。

扇叶铁线蕨　*Adiantum flabellulatum* L.

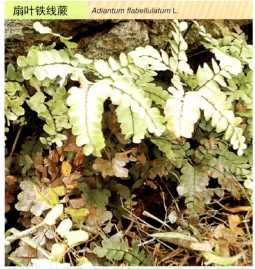

科名：铁线蕨科　**别名：**过坛龙、大猪毛七

识别要点　草本。根状茎密被鳞片。叶簇生，有光泽，叶片扇形。孢子囊群盖半圆形或长圆形。

药用部位　全草　　**药材名**　乌脚枪

功能主治　清热利湿，解毒，祛瘀消肿。用于感冒发热，肝炎，痢疾，肠炎，尿路结石。

鞭叶铁线蕨　*Adiantum caudatum* L.

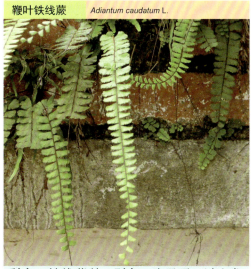

科名：铁线蕨科　**别名：**岩虱子、过山龙

识别要点　草本。叶簇生，叶片披针形，叶轴顶部常延伸成鞭状，顶端着地生根。孢子囊生于裂片顶部。

药用部位　全草　　**药材名**　鞭叶铁线蕨

功能主治　清热解毒，利水消肿。用于痢疾，水肿，小便淋浊。

水蕨　*Ceratopteris thalictroides* (Linn.) Brongn.

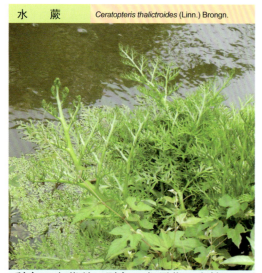

科名：水蕨科　**别名：**龙须菜、水柏

识别要点　植株多汁柔软，水湿条件不同，形态差异较大。叶簇生，二型。孢子囊沿能育叶的裂片主脉两侧的网眼着生。

药用部位　全草　　**药材名**　水蕨

功能主治　活血，解毒。用于痞积，痢疾，胎毒，跌打损伤。

乌毛蕨　*Blechnum orientale* L.

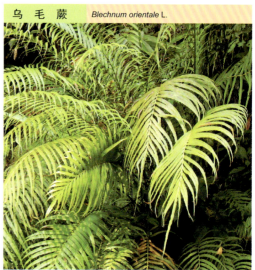

科名：乌毛蕨科　**别名：**龙船蕨、赤头蕨

识别要点　草本。根状茎木质，密被线形有光泽的鳞片。叶簇生，基部密被鳞片，羽片互生，叶脉多而密，孢子囊群线形。

药用部位　根状茎及叶柄残基　　**药材名**　贯众

功能主治　杀虫，清热解毒，凉血止血。用于蛔虫，湿热斑疹，血热衄血。

胎生狗脊　*Woodwardia prolifera* Hook. et Arm.

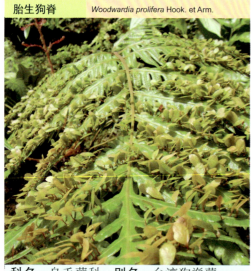

科名：乌毛蕨科　**别名：**台湾狗脊蕨

识别要点　植株高 1～1.2m，根状茎粗短而横走，密生红棕色披针形鳞片。叶上面常有由芽孢长成的小苗。

药用部位　根茎　　**药材名**　狗脊

功能主治　祛风除湿。用于腰腿痛，四肢麻木，筋骨疼痛。

贯众　*Cyrtomium fortunei* J.Sm.

科名：鳞毛蕨科　**别名：**神箭根、小晕头鸡

识别要点　草本。叶柄基部密被大鳞片。叶簇生，叶柄有疏鳞片，羽片上侧稍呈尖耳状突起，叶脉网状。孢子囊群散生。

药用部位　根茎　　**药材名**　小贯众

功能主治　清热解毒，凉血息风，散瘀止血，驱虫。用于感冒，斑疹，跌打损伤。

毛叶肾蕨 *Nephrolepis brownii (Desvaux) Hovenkamp & Miyamoto*

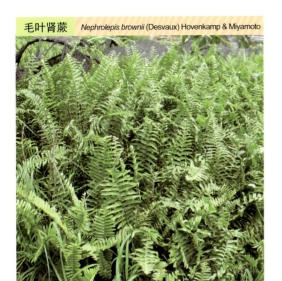

科名：肾蕨科　**别名：**毛绒肾蕨

识别要点　根状茎短而直立，有鳞片伏生，具横走的匍匐茎，鳞片披针形或卵状披针形，边缘棕色并有睫毛，中部红褐色，有光泽。

药用部位　全草　　**药材名**　毛叶肾蕨

功能主治　消积化痰。用于小儿疳积，食滞。

肾　蕨 *Nephrolepis cordifolia (L.) Presl*

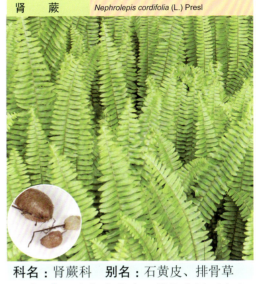

科名：肾蕨科　**别名：**石黄皮、排骨草

识别要点　多年生草本。根状茎短而直立，下部生匍匐茎，匍匐茎上生近圆形的块茎。孢子囊群在中脉上侧各1行。

药用部位　块茎　　**药材名**　肾蕨

功能主治　清热利湿，清肺止咳，解毒消肿。用于肺热咳嗽，外用治乳痈。

华南骨碎补 *Davallia formosana Hayata.*

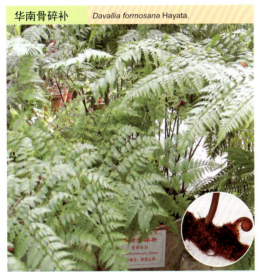

科名：骨碎补科　**别名：**硬碎补、小碎补

识别要点　多年生草本。根状茎横走，肉质，密被棕色、膜质、发亮的鳞片，鳞片披针形。孢子囊群近边缘着生。

药用部位　根茎　　**药材名**　骨碎补

功能主治　补肝肾，续筋骨，活血止痛。用于肾虚腰痛，风湿病，跌打损伤。

阴石蕨 *Humata repens (L.f.) Diels*

科名：骨碎补科　**别名：**平卧阴石蕨

识别要点　多年生草本。根茎横生，密被淡棕色披针形鳞片。叶革质，孢子囊群生于末回裂片上缘，囊群盖半圆形。

药用部位　根茎　　**药材名**　红毛蛇

功能主治　祛风解痉，利水化湿，续筋接骨。用于风湿痹痛，湿热黄疸，淋病。

圆盖阴石蕨 *Humata tyermanni Moore.*

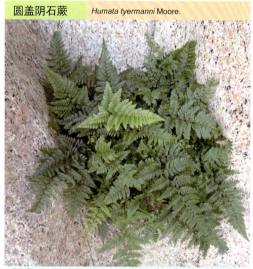

科名：骨碎补科　别名：白毛蛇、岩蚕

识别要点　小型附生蕨类。根状茎长而横走，密被绒状狭披针形膜质鳞片。孢子囊群近叶缘着生于叶脉顶端，囊群盖圆形。

药用部位　根茎　**药材名**　草石蚕

功能主治　祛风活血，消肿止痛。用于风湿骨痛，跌打损伤。

抱 树 莲 *Drymoglossum pilosselloides*（L.）C.Presl

科名：水龙骨科　别名：抱石莲、飞莲草

识别要点　多年生附生草本。根状茎细长，匍匐，鳞片密集，细小、卵形，边缘撕裂状。叶疏生，叶柄基部有节，被鳞片。

药用部位　全草　**药材名**　抱树莲

功能主治　清热解毒，止血消肿。用于黄疸，淋巴结结核，腮腺炎，肺结核咯血，血崩，乳腺癌，跌打损伤。

江南星蕨 *Microsorium fortunei (Moore) Ching.*

科名：水龙骨科　别名：大叶骨牌草、七星剑

识别要点　草本。叶片披针形，孢子囊群大、圆形，沿中脉两侧排列成较整齐的一行或有时为不规则的两行，靠近中脉。

药用部位　全草　**药材名**　大叶骨牌草

功能主治　清热利湿，凉血解毒，消肿止痛。用于黄疸，白带，风湿性关节炎，淋证，尿路结石，痢疾，蛇虫咬伤，疔毒痈疽。

星 蕨 *Microsorium punctatum (Linn.) Copel.*

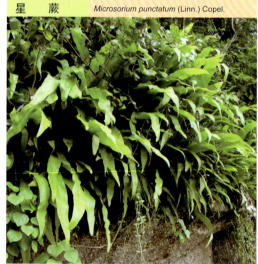

科名：水龙骨科　别名：二郎剑、尖凤尾

识别要点　根茎粗短而横生，疏被阔卵形鳞片。叶近簇生，纸质，淡绿色，阔披针形。孢子囊群不规则散生。

药用部位　全草　**药材名**　星蕨

功能主治　清热利湿，解毒。用于淋证，小便不利，跌打损伤，痢疾。

石 韦 *Pyrrosia lingua* (Thunb.) Farwell

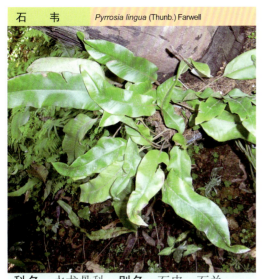

科名： 水龙骨科　　**别名：** 石皮、石兰

识别要点　根状茎长而横走，密被鳞片。叶远生，主脉下面稍隆起，侧脉在下面明显隆起。孢子囊群近椭圆形，布满整个叶片下面。

药用部位　全草　　**药材名**　石韦

功能主治　清湿热，利尿通淋。治刀伤、烫伤、脱力虚损。

槲 蕨 *Drynaria fortunei* (Kze.) J.Sm.

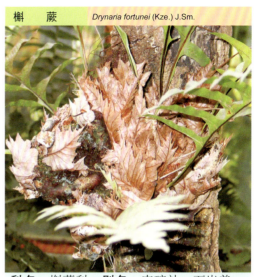

科名： 槲蕨科　　**别名：** 肉碎补、石岩姜

识别要点　草本。根状茎密被鳞片。营养叶干膜质状，覆盖在根状茎上，孢子叶从营养叶中抽出，孢子囊群生在叶背小脉交点上。

药用部位　根茎　　**药材名**　骨碎补

功能主治　祛风湿，强筋骨，理跌打。用于肾虚久泻及腰痛，风湿痹痛，齿痛，耳鸣。

崖姜蕨 *Pseudodrynaria coronans* (Wall. ex Mett.) Ching

科名： 槲蕨科　　**别名：** 穿石剑

识别要点　草本。根状茎横走，常盘结成垫状，密被鳞片，其间混生须根。叶一型，无柄，孢子囊群位于小脉交叉处。

药用部位　根茎　　**药材名**　崖姜

功能主治　补肝肾，强筋骨，活血止痛。用于肝肾亏虚之腰腿疼痛，跌打挫伤。

满 江 红 *Azolla imbricata* (Roxb.) Nakai

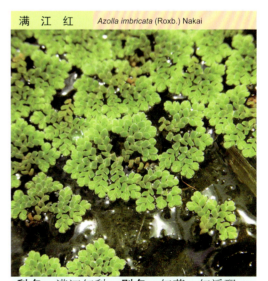

科名： 满江红科　　**别名：** 红苹、红浮飘

识别要点　小型漂浮植物，呈卵形或三角状。根状茎细长横走，侧枝腋生，假二歧分枝，向下生须根。

药用部位　全草　　**药材名**　满江红

功能主治　解表透疹，祛风利湿。用于风湿关节痛，荨麻疹，皮肤瘙痒，水肿，小便不利。

苏 铁　　*Cycas revoluta* Thunb.

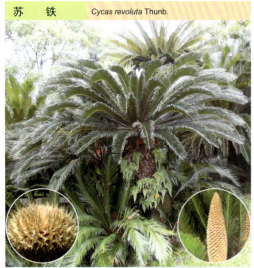

科名：苏铁科　**别名：**铁树、凤尾松

识别要点　常绿灌木。密被宿存的叶基和叶痕。叶基部有刺，雌雄异株，雄球花圆柱形，小孢子叶楔形，大孢子叶扁平。

药用部位　叶　**药材名**　苏铁

功能主治　收敛止血，解毒止痛。用于各种出血，胃炎，高血压，神经痛。

银 杏　　*Ginkgo biloba* L.

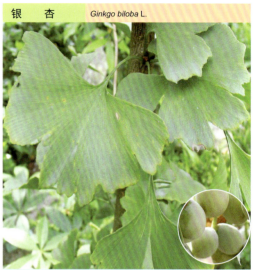

科名：银杏科　**别名：**白果、公孙树

识别要点　落叶大乔木。枝有长枝短枝之分。叶具长柄，在长枝上散生，在短枝上簇生，叶片扇形，二叉分枝细脉。

药用部位　种子、叶　**药材名**　白果、银杏叶

功能主治　种子：敛肺止咳，止带缩尿。用于喘咳痰多，白带，尿频。叶：敛肺，平喘，活血化瘀。用于肺虚咳喘，冠心病，心绞痛，高脂血症。

雪 松　　*Cedrus deodara* (Roxb.) G. Don

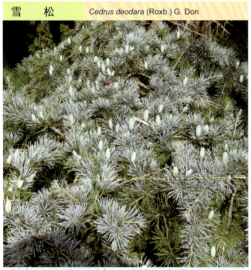

科名：松科　**别名：**香柏、宝塔松

识别要点　乔木。枝平展或微下垂，叶在长枝上辐射伸展，球果成熟前淡绿色，微有白粉，熟时赤褐色，种子近三角状。

药用部位　叶　**药材名**　香柏

功能主治　收敛止血，解毒止痢。用于吐血，尿血，崩漏，腹泻。

马 尾 松　　*Pinus massoniana* Lamb.

科名：松科　**别名：**青松、松树

识别要点　常绿乔木。树皮呈不规则的块裂。小枝常轮生，具宿存鳞片状叶枕，针叶2针一束。雌雄同株。种子有翅。

药用部位　固体树脂　**药材名**　松香

功能主治　祛风行气，活血止痛。用于痈疖疮疡，胃痛，湿疹，外伤出血，跌打损伤，慢性肾炎。

| 杉　木 | *Cunninghamia lanceolata* (Lamb.) Hook. |

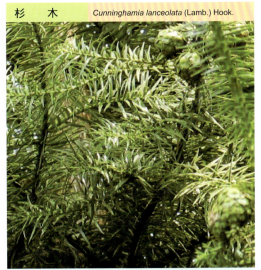

科名：杉科　　**别名**：杉树、刺杉

识别要点　常绿乔木。树皮纵裂成薄片，内皮红褐色。叶在侧枝上排成二列，条状披针形，雌雄同株。球果具窄翅。

药用部位　木材，叶和杉节　　**药材名**　杉木

功能主治　祛风止痛，散瘀止血。用于治疗气管炎，关节痛；外用治跌打损伤。

| 侧　柏 | *Platycladus orientalis* (L.) France |

科名：柏科　　**别名**：扁柏、侧柏叶

识别要点　常绿乔木。小枝扁平，排成垂直平面。叶鳞片状，叶背中部有腺槽。种子球熟后木质而硬厚，无翅。

药用部位　种子　　**药材名**　侧柏

功能主治　养心调神，润肠通便。用于虚烦失眠，心悸怔忡，阴虚盗汗，肠燥便秘。

| 圆　柏 | *Sabina chinensis* (L.) Antotoine |

科名：柏科　　**别名**：桧柏叶

识别要点　常绿乔木。叶二型，对生或轮生，在成年树上的叶鳞片状，交互对生，菱状卵形。球果近圆球形，有白粉。

药用部位　叶　　**药材名**　圆柏

功能主治　祛风散寒，活血消肿，解毒散结。用于外感风寒，尿路感染。外用治荨麻疹，风湿关节痛。

| 鸡 毛 松 | *Podocarpus imbricatus* Bl. |

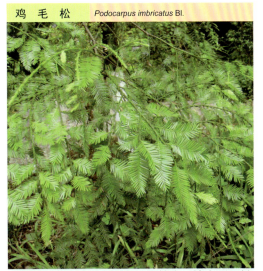

科名：罗汉松科　　**别名**：假柏木、岭南罗汉松

识别要点　乔木。树皮鳞片状脱落。叶二型，螺旋状排列，下延生长。雌雄异株，雄球花穗状；雌球花单个或成对。

药用部位　果、根皮　　**药材名**　假柏木

功能主治　果：益气补中，用于心胃气痛。根：活血止痛，用于跌打损伤。

小叶罗汉松 *Podocarpus macrophyllus* (Thunb.) D. Don

科名：罗汉松科　别名：短叶罗汉松、江南侧柏叶

识别要点　常绿小乔木。叶密生，革质，狭披针形，花单性，雄花组成茉黄花序。种子核果状，卵圆形淡紫色。

药用部位　枝叶　　**药材名**　小叶罗汉松

功能主治　凉血止血，止咳祛痰。用于血热吐血，咯血，便血，肺热咳嗽。

竹　柏 *Podocarpus nagi* (Thunb.) Zoll et Mor.

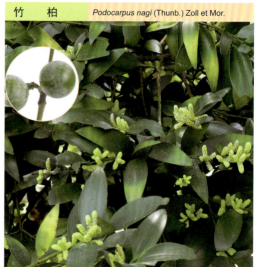

科名：罗汉松科　别名：铁甲树、罗汉柴

识别要点　常绿乔木。叶交互对生或近对生，排成两列，无中脉而有多数细脉。雌雄异株，雄球花穗状簇生于叶腋，雌球花单生叶腋。

药用部位　叶　　**药材名**　竹柏

功能主治　止血，化瘀。用于外伤出血，骨折。

三　尖　杉 *Cephalotaxus fortunei* Hook. f.

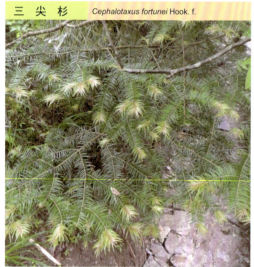

科名：三尖杉科　别名：藏杉、三尖松

识别要点　乔木。树皮褐色或红褐色，裂成片状脱落，枝条较细长，稍下垂，树冠广圆形。叶披针状条形，种子椭圆状卵形或近圆球形。

药用部位　根　　**药材名**　三尖杉根

功能主治　抗癌，活血，止痛。用于直肠癌，跌打损伤。

海南粗榧 *Cephalotaxus hainanensis* Li

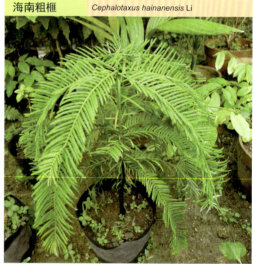

科名：三尖杉科　别名：红壳松、薄叶篦子杉

识别要点　乔木。树皮裂成片状脱落，叶条形，排成两列，雄球花的总梗长约4毫米。种子通常微扁，倒卵状椭圆形或倒卵圆形。

药用部位　树枝、树皮　　**药材名**　海南粗榧

功能主治　抗癌。用于恶性淋巴瘤，白血病。

穗花杉　*Amentotaxus argotaenia* (Hance) Pilger

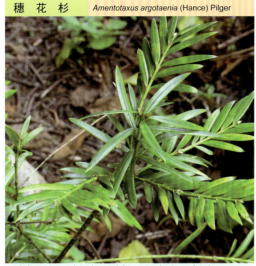

科名：红豆杉科　**别名：**硬壳虫、杉枣

识别要点　灌木或小乔木。树皮裂成片状脱落，叶基部扭转列成两列，条状披针形。种子椭圆形，成熟时假种皮鲜红色。

药用部位　种子、根及树皮　　**药材名**　穗花杉

功能主治　种子驱虫，消积；主虫积腹痛；小儿疳积；根活血，止痛，生肌，用于主跌打损伤，骨折。

南方红豆杉　*Taxus mairei* (Lemee et Levl) S.Y.Hu

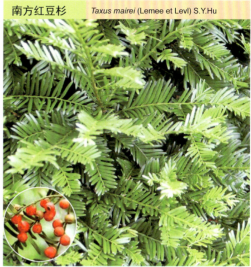

科名：红豆杉科　**别名：**美丽红豆杉

识别要点　常绿小乔木。叶狭披针形。花单性，雄花组成葇荑花序，雌花由一鳞片包藏一胚珠构成。种子核果状。

药用部位　枝叶、种子　　**药材名**　南方红豆杉、血榧

功能主治　枝叶：凉血止血，止咳祛痰。用于血热吐血，咯血，便血，肺热咳嗽。种子：驱虫消积，润肺止咳。主食积腹胀；小儿疳积，虫积；肺燥咳嗽

买麻藤　*Gnetum montanum* Markgr.

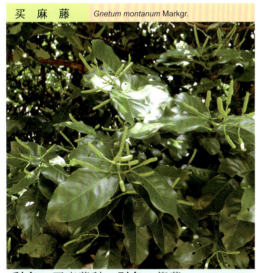

科名：买麻藤科　**别名：**倪藤

识别要点　木质藤本。叶对生，椭圆形，窄椭圆形或倒卵形，全缘。种子长椭圆形，成熟时假种皮黑棕色。

药用部位　根、叶　　**药材名**　买麻藤

功能主治　清热解毒，消肿。根用于鹤膝风；叶用于跌打损伤，风湿骨痛。

小叶买麻藤　*Gnetum parvifolium* (Warb.) C.Y.Cheng

科名：买麻藤科　**别名：**驳骨藤、脱节藤

识别要点　木质藤本。叶对生。4～6月开绿色小花，雌雄同株，雄球花序具环状总苞。种子成熟时假种皮黑棕色。

药用部位　带叶藤茎　　**药材名**　小叶买麻藤

功能主治　祛风除湿，活血散瘀。用于风湿骨痛，毒蛇咬伤。外用治骨折。

杨梅　　*Myrica rubra* Sieb. et Zucc.

科名：杨梅科　　**别名：**树梅、山杨梅

识别要点　常绿乔木。单叶互生，下面疏布金黄色腺体。雌雄异株，穗状花序。核果球形，成熟后深红色，紫红色或白色。

药用部位　树皮及果实　　**药材名**　杨梅

功能主治　树皮：活血止痛，用于跌打损伤，红肿疼痛。果：和胃止呕，生津止渴。用于烦渴，吐泻，痢疾。

黄杞　　*Engelhardtia roxburghiana* Wall.

科名：胡桃科　　**别名：**黑油换、黄泡木、假玉桂

识别要点　小乔木。树皮暗褐色深纵裂。全株被橙黄色腺鳞。偶数羽状复叶。花单性同株，少异株，圆锥花序。坚果球形。

药用部位　树皮　　**药材名**　黄杞皮

功能主治　行气，化湿，导滞。用于脾胃湿滞，胸腹胀闷，湿热泄泻。

胡桃　　*Juglans regia* Linn.

科名：胡桃科　　**别名：**核桃、播罗斯

识别要点　乔木。奇数羽状复叶。雄性茉萸花序下垂，雌性穗状花序通常具 1～3（～4）雌花。果实近于球状。

药用部位　果实、叶　　**药材名**　胡桃肉、胡桃叶

功能主治　补肾，固精强腰，温肺定喘。用于肾虚喘嗽，腰痛。

化香树　　*Platycarya strobilacea* Sieb. et Zucc.

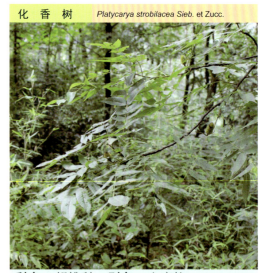

科名：胡桃科　　**别名：**山麻柳

识别要点　落叶灌木或小乔木。单数羽状复叶互生，叶无柄。花单性，雌雄同株，穗状花序，伞房状排列。

药用部位　叶　　**药材名**　化香树

功能主治　解毒，止痒，杀虫。用于疮疖肿毒，阴囊湿疹，顽癣。

枫　杨	*Pterocarya stenoptera* C. DC.

科名：胡桃科　　**别名**：元宝树、枫柳

识别要点　大乔木。羽状复叶，无小叶柄，雄性茉荑花序单独生于去年生枝条上。雌性茉荑花序顶生，果实长椭圆形具果翅。

药用部位　树皮、枝、叶　　**药材名**　枫杨

功能主治　祛风止痛，敛疮。外治风湿痛，龋齿痛，皮肤病。有毒！

垂　柳	*Salix babylonica* L.

科名：杨柳科　　**别名**：柳树、清明柳

识别要点　落叶乔木。小枝细长，下垂。单叶互生，叶片条状披针形，边缘具细锯齿。花单性，雌雄异株。蒴果。

药用部位　枝、叶、树皮　　**药材名**　垂柳

功能主治　清热解毒，祛风利湿。用于慢性气管炎等；外用治痈疽肿毒。

板　栗	*Castanea mollissima* Bl.

科名：壳斗科　　**别名**：毛栗壳

识别要点　落叶乔木。幼枝被灰褐色绒毛。叶边缘有锯齿，齿端芒状。穗状花序。壳斗球形，带刺，坚果 2 个半球形。

药用部位　果实　　**药材名**　栗

功能主治　养胃健脾，补肾强筋，活血止血。用于反胃，腰脚软弱，吐衄。

锥　栗	*Castanopsis chinensis* Hance.

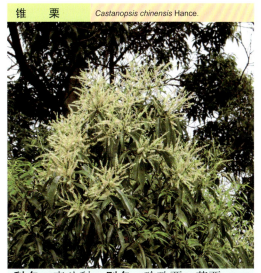

科名：壳斗科　　**别名**：珍珠栗、茶栗

识别要点　落叶乔木。叶成2列，披针形；雄花序穗伏，生于枝条下部叶腋；雌花序穗状，生于上部叶腋；壳斗球形。

药用部位　壳斗、叶和种子　　**药材名**　锥栗

功能主治　补肾助阳，补脾健胃。用于肾虚，痿弱，消瘦。

多 穗 柯　*Lithocarpus polystachyus* Rehder

科名：壳斗科　别名：甜茶、多穗石柯

识别要点　常绿乔木。树皮灰褐色，小枝无毛。单叶互生，卵状披针形至近椭圆形，全缘，下面有灰白色鳞秕，无毛。雌花序常顶生。坚果仅中央和壳斗愈合，果脐深陷。

药用部位　叶　**药材名**　多穗石柯叶

功能主治　清热解毒，化痰，祛风，降压。用于湿热泻痢，肺热咳嗽，痈疽疮疡，皮肤瘙痒，高血压。

黑 弹 树　*Celtis bungeana* Bl.

科名：榆科　别名：棒棒树、棒子木

识别要点　乔木。树皮灰色，光滑；小枝褐色，有光泽。叶互生，革质，长圆形，边缘上部有锯齿，有时近全缘。花杂性。

药用部位　树皮或枝条　**药材名**　棒棒木

功能主治　祛痰，止咳，平喘。用于支气管哮喘，支气管炎。

假 玉 桂　*Celtis cinnamomea* Lindl.

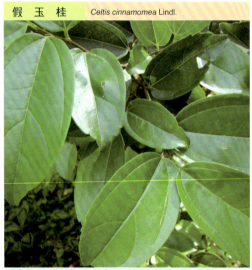

科名：榆科　别名：樟叶朴、华南朴

识别要点　常绿乔木。叶基部一对侧脉延伸达叶长的四分之三，似三条主脉，叶面光亮。果宽卵状，成熟时黄色、橙红色。

药用部位　叶、根皮、花　**药材名**　香胶木根皮

功能主治　活血消肿，止血。用于跌打损伤，肿痛，外伤出血。

菲律宾朴树　*Celtis philippinensis* Blanco.

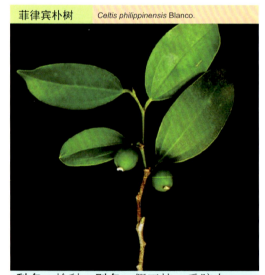

科名：榆科　别名：假玉桂、香胶木

识别要点　乔木。小枝有皮孔。叶革质，长圆形，基部钝，有时稍不对称，具三出脉。聚伞圆锥花序，果卵球形。

药用部位　根皮、叶　**药材名**　香胶木

功能主治　祛瘀散结，消肿止血。

朴 树　*Celtis teranda* subsp. *sinensis* (er.) Y.C.Tang

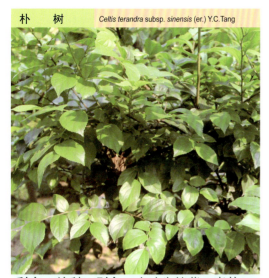

科名：榆科　**别名**：小叶牛筋草、青朴

识别要点　落叶乔木。叶革质，三出脉，表面无毛。雄花簇生于枝下部的叶腋，雌花单生于枝上部叶腋。核果红褐色。

药用部位　根或茎皮　**药材名**　朴树

功能主治　活血调经，清热解毒。用于月经不调，荨麻疹，肺痈。

山 黄 麻　*Trema orientalis* (L.) Bl.

科名：榆科　**别名**：山麻木、九层麻

识别要点　落叶小乔木。树皮光滑，多皮孔。叶互生，基部三出脉明显，边缘有小锯齿。聚伞花序成对腋生。核果卵圆形。

药用部位　根、叶　**药材名**　山黄麻根、山黄麻叶

功能主治　散瘀，消肿，止血。用于跌打瘀肿，外伤出血。

杜 仲　*Eucommia ulmoides* Oliver

科名：杜仲科　**别名**：扯丝皮、丝连皮

识别要点　落叶乔木。茎具皮孔，叶撕开有胶丝。花单性，雌雄异株，雌花单生。翅果扁平。

药用部位　树皮　**药材名**　杜仲

功能主治　补肝肾，强筋骨。用于腰膝酸痛，高血压病，头晕目眩，筋骨痿软。

见血封喉　*Antiaris toxicaria* (Pers.) Lesch.

科名：桑科　**别名**：加布、剪刀树、箭毒木

识别要点　大乔木。通常具板状根，小枝幼时被粗长毛。叶互生，椭圆形。花单性，雌雄同株。果肉质，梨形。

药用部位　皮、汁　**药材名**　见血封喉

功能主治　强心麻醉，催吐，有剧毒。用于高血压，心脏病，乳腺炎。

面包树 *Artocarpus communis* J. R. Forst. et G. Forst.

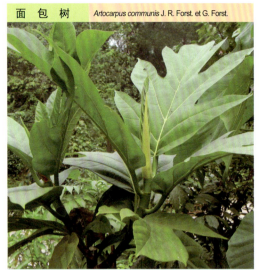

科名：桑科　　**别名：**面包果树

识别要点　常绿乔木。树干粗壮。单叶互生，革质，阔卵形。雌雄同株，雌花丛集成球形；雄花集成穗状。聚花果。

药用部位　果实、叶、树皮　　**药材名**　面包树

功能主治　养胃利胆，清热消肿，止血止泻。

波罗蜜 *Artocarpus heterophyllus* Lam.

科名：桑科　　**别名：**木波罗、将军木

识别要点　常绿乔木。具乳汁。单叶，螺旋状排列，托叶抱茎，叶厚革质。花单性。聚花果圆柱形，外皮瘤状突起。

药用部位　果仁　　**药材名**　波罗蜜

功能主治　滋养益气，生津止渴，通乳。用于产后乳少或乳汁不通，虚弱。

红桂木 *Artocarpus nitidus* ssp. *lingnanensis* (Merr.) Jarr.

科名：桑科　　**别名：**胭脂树

识别要点　常绿乔木。有乳汁。叶互生，托叶佛焰苞状，早落，叶片无毛，全缘。花单性，雌雄同株。聚花果熟时肉质。

药用部位　果实　　**药材名**　桂木干

功能主治　生津止血，开胃化痰。用于热渴，吐血，衄血，喉痛，食欲不振。

藤构 *Broussonetia kaempferi* Sieb. et Zucc.

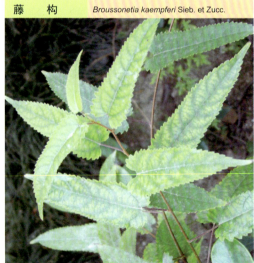

科名：桑科　　**别名：**葡蟠、小构树、黄疸藤

识别要点　藤状灌木。枝蔓生或攀援，有乳汁。叶边缘有锯齿，上有糙伏毛，下有细毛，三出脉。花单性，雌雄同株。

药用部位　根　　**药材名**　谷皮藤

功能主治　清热解毒。用于跌打损伤。

构 树　　*Broussonetia papyrifera* (L.) Vent.

科名：桑科　　**别名**：楮实子、榖实

识别要点　乔木。有乳汁。单叶互生，叶全缘、不规则浅裂，叶片边缘有粗锯齿，叶上面粗糙，下面密生柔毛，三出脉。雌雄异株。

药用部位　果实　　**药材名**　楮实子

功能主治　补肾，强筋骨，明目，利尿。用于腰膝酸软，肾虚目昏，阳痿，水肿。

大 麻　　*Cannabis sativa* Linn.

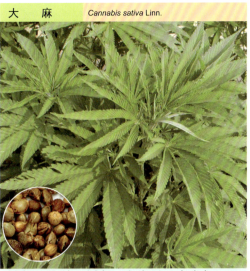

科名：桑科　　**别名**：白麻子、火麻仁

识别要点　草本。高1～3米，枝具纵沟槽，密生灰白色毛。叶掌状全裂，裂片线状披针形。雄花序花黄绿色，雌花绿色。

药用部位　果实　　**药材名**　火麻仁

功能主治　润燥滑肠通便。用于血虚津亏之肠燥便秘。

号 角 树　　*Cecropia peltata* L.

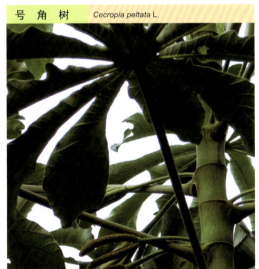

科名：桑科　　**别名**：蚁栖树、聚蚁树

识别要点　乔木。呈盾状的掌状裂叶，叶片外形像早期留声机的筒状喇叭，雌雄异株，花序为腋生。

药用部位　嫩叶　　**药材名**　号角树

功能主治　清热解毒。用于肺炎，水肿。

构 棘　　*Cudrania cochinchinensis* (Lour.) Cornet

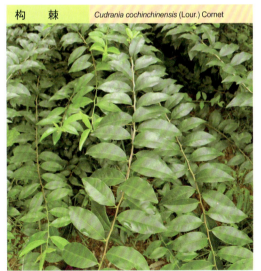

科名：桑科　　**别名**：金蝉蜕壳、山荔枝

识别要点　常绿灌木。枝具锐刺。叶互生，革质。花淡黄色，头状花序单生或成对腋生，雌雄异株。聚花果肉质，球形。

药用部位　根　　**药材名**　穿破石

功能主治　活血祛瘀，行气消痞。用于血瘕，疝癖，癖块。

柘 树　*Cudrania tricuspidata* (Carr.) Bur. ex Lavallee.

科名：桑科　**别名：**奴柘、灰桑、黄桑

识别要点　小乔木。全株含乳汁，有硬棘刺。单叶对生，叶阔卵形。花单性，雌雄异株，头状花序，聚花果近球形。

药用部位　根、皮　**药材名**　穿破石

功能主治　清热凉血，通络。用于崩漏，阳痿，跌打损伤。

高 山 榕　*Ficus altissima* Bl.

科名：桑科　**别名：**马榕、鸡榕

识别要点　常绿乔木。有少数气根，顶芽被银白色毛。叶互生，革质，网脉在背面较明显。花序单生或成对腋生，卵球形。

药用部位　气生根　**药材名**　高山榕

功能主治　清热解毒，活血止痛。用于跌打损伤。

垂 叶 榕　*Ficus benjamina* L.

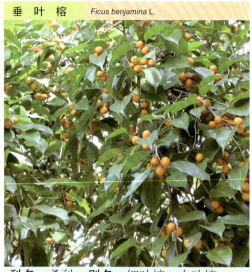

科名：桑科　**别名：**细叶榕、小叶榕

识别要点　乔木。叶互生，具尾尖，光滑，网脉明显。托叶小，披针形。聚花果。

药用部位　枝叶　**药材名**　垂叶榕

功能主治　行气，消肿，散瘀。用于跌打肿痛。

无 花 果　*Ficus carica* Linn.

科名：桑科　**别名：**明目果、野枇杷

识别要点　落叶灌木。叶互生，厚纸质，广卵圆形，常3～5裂，边缘具不规则钝齿，基生侧脉3～5条。聚花果梨形。

药用部位　果实、液、叶、乳　**药材名**　无花果

功能主治　健胃清肠，消肿解毒。用于肠炎，痢疾，便秘，痔疮。

印度橡胶树 *Ficus elastica* Roxb.ex Hornem.

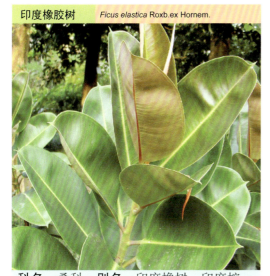

科名：桑科　**别名**：印度橡树、印度榕

识别要点　常绿乔木。茎光滑，有乳汁。叶片厚革质，侧脉多而明显平行，托叶披针形，包被顶芽，脱落后有环状遗迹。

药用部位　树胶　**药材名**　印度榕

功能主治　止血，利尿。用于外伤出血和胆病。

水同木 *Ficus fistulosa* Reinw. & Blume.

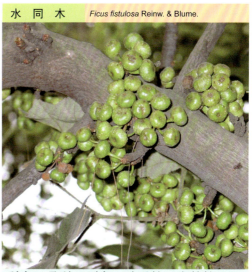

科名：桑科　**别名**：哈氏榕、空管榕

识别要点　小乔木。叶互生，纸质，倒卵形至长圆形，表面无毛。聚花果生于老枝上，近球形，成熟橘红色。

药用部位　根　**药材名**　水桐木

功能主治　清热利湿，活血止痛。用于湿热小便不利，跌打肿痛。

粗叶榕 *Ficus hirta* Vahl

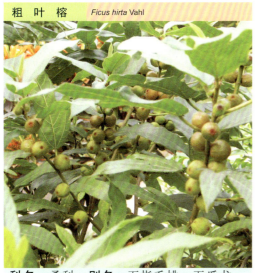

科名：桑科　**别名**：五指毛桃、五爪龙

识别要点　灌木或小乔木。具乳汁。枝叶和花托密被金黄色刚毛。叶全缘或3～5深裂。聚花果。

药用部位　根　**药材名**　五指毛桃

功能主治　健脾化湿，补肺化痰，行气舒筋。用于肺痨咳嗽，盗汗。

对叶榕 *Ficus hispida* L.f.

科名：桑科　**别名**：牛奶树、牛奶子

识别要点　小乔木。具乳汁，幼枝被糙毛。叶对生。聚花果，成熟时淡黄色。

药用部位　根、叶　**药材名**　对叶榕

功能主治　疏风解热，行气散瘀，消积化痰。用于感冒，气管炎，跌打肿痛。

| 榕 树 | *Ficus microcarpa* L. |

科名：桑科　**别名：**细叶榕、榕树须

识别要点　乔木。有乳汁。枝上有气生根，长而下垂，黑色。单叶互生，革质光亮。聚花果腋生，近球形。

药用部位　气生根、叶　**药材名**　榕须、榕树叶

功能主治　清热利湿，活血散瘀。用于流行性感冒，疟疾，跌打损伤。

| 琴 叶 榕 | *Ficus pandurata* Hance |

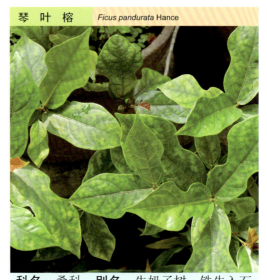

科名：桑科　**别名：**牛奶子树、铁牛入石

识别要点　落叶灌木。有乳汁。叶互生，纸质，提琴形或倒卵形，下面脉上有疏毛或具小突点。聚花果梨形，顶端有脐状突起。

药用部位　根或叶　**药材名**　琴叶榕

功能主治　祛风除湿，化瘀通乳，舒筋活络。用于黄疸，疟疾，乳痈，跌打损伤。

| 薜 荔 | *Ficus pumila* L. |

科名：桑科　**别名：**王不留行、凉粉果

识别要点　攀援灌木。有乳汁。茎有气生根。叶二型，不结果枝上叶小而薄，结果枝上叶大而厚。聚花果顶端平截。

药用部位　花序　**药材名**　薜荔

功能主治　补肾固精，活血，催乳。用于遗精，阳痿，乳汁不通。

| 舶 梨 榕 | *Ficus pyriformis* Hook et Arn |

科名：桑科　**别名：**梨果榕、水石榴

识别要点　灌木。小枝被糙毛。叶纸质，倒披针形；托叶披针形，红色。聚花果单生叶腋，梨形，直径2～3厘米。

药用部位　茎　**药材名**　梨果榕

功能主治　清热利尿，止痛。用于发热，水肿，胃痛。

菩提树　*Ficus religiosa* Linn.

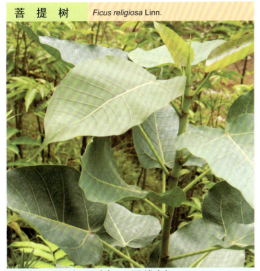

科名：桑科　别名：思维树

识别要点　大乔木。树皮平滑或微具纵棱，冠幅广展。树枝有气生根。叶有光泽，先端骤尖，延长成尾状，不沾灰尘。

药用部位　根、叶　　**药材名**　菩提

功能主治　祛风除湿，清热解毒，消肿止痛。用于风湿骨痛，感冒，扁桃体炎。外用治跌打肿痛。

斜叶榕　*Ficus tinctoria* Subsp. *gibbosa* (Bl.) Corner.

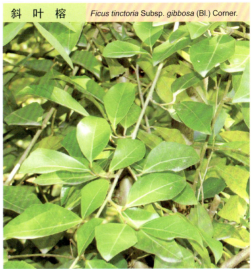

科名：桑科　别名：山榕、剑叶榕

识别要点　乔木。有乳汁。托叶披针形，叶片革质，两侧通常不相等，基出脉3条，网脉在背面稍明显。聚花果无毛。

药用部位　树皮　　**药材名**　斜叶榕

功能主治　清热解毒，消肿止痛，解痉。用于感冒，高热抽搐，腹泻，痢疾。

变叶榕　*Ficus variolosa* Lindl. ex Benth

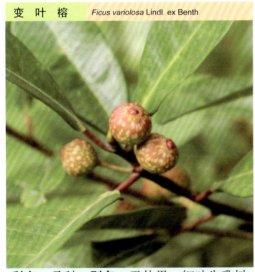

科名：桑科　别名：天仙果、细叶牛乳树

识别要点　灌木或小乔木。叶薄革质，狭椭圆形。聚花果成对或单生叶腋，球形，表面有瘤体，顶部苞片脐状突起。

药用部位　根　　**药材名**　变叶榕

功能主治　补脾健胃，祛风除湿。用于脾虚泄泻，风湿痹痛。

大叶榕　*Ficus virens* Ait. var. *sublanceolata* (Miq.) Corner

科名：桑科　别名：山榕

识别要点　落叶乔木。叶互生，托叶卵形，顶端急尖，叶片两面无毛。聚花果无柄，球形，成熟紫红色。

药用部位　根　　**药材名**　雀榕根

功能主治　祛风除湿，通络，清热解毒。用于风湿痹痛，跌打损伤，疥癣。

葎草 *Humulus scandens* (Lour.) Merr

科名：桑科　**别名**：大叶五爪龙、割人藤

识别要点　缠绕草本。茎、叶柄具倒钩刺。叶纸质，掌状5～7深裂。雄花小，黄绿色，雄花圆锥花序；雌花序穗状。

药用部位　全草　　**药材名**　葎草

功能主治　清热解毒，利尿通淋。用于淋病，小便不利，腹泻。

桑 *Morus alba* L.

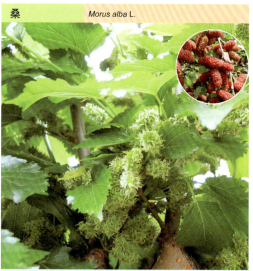

科名：桑科　**别名**：桑树

识别要点　小乔木。单叶互生，叶边缘有粗锯齿，托叶早落。雄花荑黄花序，雌花穗状花序。聚花果由多肉小果组成。

药用部位　皮、果、叶　　**药材名**　桑白皮、桑葚、桑叶

功能主治　疏风清热，清肝明目。用于风热感冒，头痛，目赤，咽喉肿痛。

苎麻 *Boehmeria nivea* (L.) Gaud.

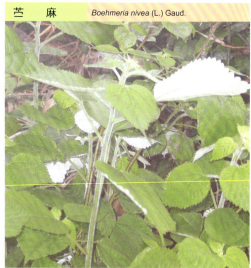

科名：荨麻科　**别名**：野苎、家麻

识别要点　半灌木。茎密生粗柔毛。叶上面粗糙，下面密生柔毛，基出3脉。雌雄同株，花序圆锥状。瘦果密生短毛。

药用部位　根。　　**药材名**　苎麻根

功能主治　清热，止血，解毒，散瘀。用于热病大渴，血淋，丹毒，痈肿。

楼梯草 *Elatostema involucratum* Franch. et Sav.

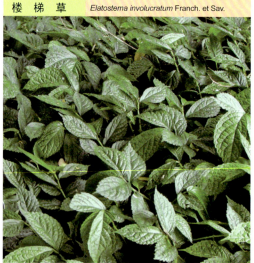

科名：荨麻科　**别名**：鹿角七、上天梯

识别要点　多年生草本。茎肉质。叶片草质，斜倒披针形。雌雄同株或异株，雄花序有梗，雌花序具极短梗。

药用部位　全草　　**药材名**　楼梯草

功能主治　清热解毒，活血，消肿。用于腹痛，风湿性关节炎。

糯米团　*Gonostegia hirta* (Bl.) Miq.

科名：荨麻科　别名：捆仙绳

识别要点　草本。茎被柔毛。单叶对生，表面稍粗糙，主脉三出。雌雄同株，花簇生叶腋。瘦果卵形，光滑。

药用部位　根或全草　　**药材名**　糯米团

功能主治　清热利湿，解毒消肿，健脾消食，止血。用于消化不良，外伤出血。

花叶冷水花　*Pilea cadierei* Gagnep. et Guill.

科名：荨麻科　别名：花叶荨麻

识别要点　多年生草本。叶上面深绿色，中央有2条间断的白斑。雌雄异株，雄花序头状；雌花长约1毫米，花被片4。

药用部位　全草　　**药材名**　花叶冷水花

功能主治　清热解毒，利尿。用于疔疮肿毒，小便不利。

小叶冷水花　*Pilea microphylla* (L.) Liebm.

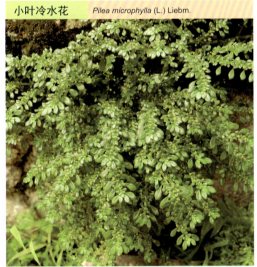

科名：荨麻科　别名：透明草、玻璃草

识别要点　纤细小草本。茎肉质，多分枝。叶小，同对的不等大，倒卵形至匙形片。花期夏季，果期秋季。

药用部位　全草　　**药材名**　透明草

功能主治　清热解毒。用于痈疮肿痛，无名肿毒。

多枝雾水葛　*Pouzolzia zeylanica* var. *microphylla*

科名：荨麻科　别名：地消散、脓见消

识别要点　草本。茎分枝多，被短毛。单叶，全缘，两面疏被伏毛。团伞花序腋生，花常两性。瘦果有光泽。

药用部位　全草　　**药材名**　石珠

功能主治　解毒消肿，排脓，清湿热。用于疮痈，乳痈，痢疾，外用治乳腺炎。

银桦　*Grevillea robusta* A.Cunn. ex R. Br.

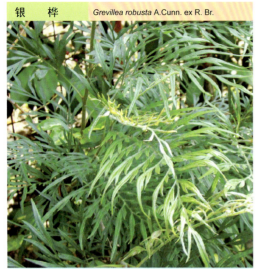

科名：山龙眼科　**别名**：绢柏、丝树、银橡树

识别要点　大乔木。幼枝被锈色茸毛。叶二回羽状深裂，背密被银灰色丝毛，边缘背卷。总状花序，矩圆形。种子有翅。

药用部位　树脂　**药材名**　银桦

功能主治　止痛生肌。用于神经衰弱综合征，血管神经性头痛。

寄生藤　*Dendrotrophe frutescens* (Champ. ex Benth.) Danser

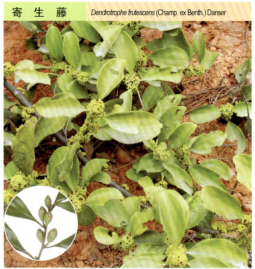

科名：檀香科　**别名**：青藤公、鸡骨香藤

识别要点　木质藤本。叶厚，基出脉3条。花通常单性，雌雄异株。核果卵状或卵形，成熟时棕黄色至红褐色。

药用部位　全株　**药材名**　寄生藤

功能主治　疏风解热，除湿，散血，消肿。用于流行性感冒，跌打损伤。

檀香　*Santalum album* L.

科名：檀香科　**别名**：白檀、白檀木

识别要点　常绿乔木。半寄生。枝柔软，光滑无毛。单叶对生，下面苍白色。花被钟形，先端4裂。核果球形，熟时黑色。

药用部位　心材　**药材名**　檀香

功能主治　理气，和胃，止痛。用于胸腹疼痛，气逆，呕吐，冠心病，胸中闷痛。

桑寄生　*Taxillus chinensis* (DC.) Danser

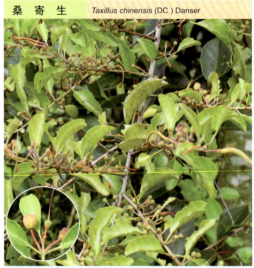

科名：桑寄生科　**别名**：广寄生

识别要点　常绿寄生小灌木。叶互生或近于对生，革质。聚伞花序，花冠狭管状，稍弯曲，紫红色。浆果有瘤状突起。

药用部位　枝叶　**药材名**　桑寄生

功能主治　祛风湿，强筋骨。用于风湿痹痛，腰膝酸软。

槲 寄 生　*Viscum coloratum* (Kom.) Nakai

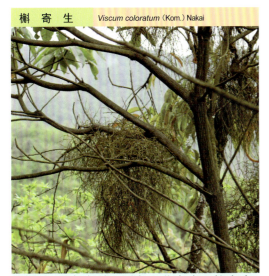

科名：桑寄生科　别名：北寄生、柳寄生

识别要点　茎、枝均圆柱状，二歧或三歧，稀多歧分枝，节稍膨大。叶对生，叶柄短；叶片厚革质或革质。雌雄异株；花序顶生或腋生于茎叉状分枝处。

药用部位　茎枝　**药材名**　槲寄生

功能主治　治补肝肾，强筋骨，祛风湿，安胎。用于腰膝酸痛，风湿痹痛，胎动不安，胎漏下血。

野 荞 麦　*Fagopyrum tataricum* (L.) Gaertn.

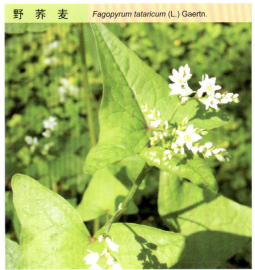

科名：蓼科　别名：苦荞麦、三角麦

识别要点　草本。茎光滑，红色。叶互生，托叶鞘短筒状。总状花序成簇，花白色或淡红色，瘦果三角形，棕褐色。

药用部位　种子、茎、叶　**药材名**　野荞麦

功能主治　开胃宽肠，下气消积，消肿毒。用于肠胃积滞，慢性泄泻。

竹 节 蓼　*Homalocladium platycladum* (F. Muell.) Balley

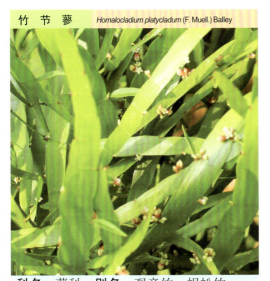

科名：蓼科　别名：观音竹、蜈蚣竹

识别要点　草本。茎基部圆柱形，上部枝扁平，带状，深绿，节处收缩，托叶鞘线状。叶互生无柄。花两性。瘦果。

药用部位　全草　**药材名**　竹节蓼

功能主治　清热解毒，散瘀消肿。用于痈疽肿毒，跌打损伤。

萹 蓄　*Polygonum aviculare* L.

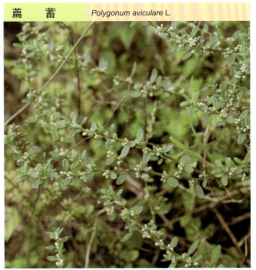

科名：蓼科　别名：大萹蓄、鸟蓼

识别要点　一年生草本。茎匍匐或斜上，具明显的节及纵沟纹；幼枝上微有棱角。叶互生。花苞片及小苞片均为白色透明膜质。

药用部位　全草　**药材名**　萹蓄

功能主治　利尿通淋，杀虫，止痒。用于膀胱热淋，小便短赤，淋沥涩痛，皮肤湿疹，阴痒带下。

毛蓼 *Polygonum barbatum* Linn.

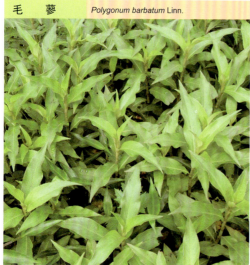

科名：蓼科　**别名**：东方蓼、水辣蓼

识别要点　草本。茎直立，高40～90cm。叶披针形，托叶鞘筒状，长1.5～2cm，密被细刚毛。总状花序呈穗状。

药用部位　全草　　**药材名**　毛蓼

功能主治　消肿散毒。用于疮瘘，瘰疬，痈肿。

头花蓼 *Polygonum capitatum* Buch.-Ham. ex D. Don Prodr

科名：蓼科　**别名**：太阳草、石辣蓼、水绣球

识别要点　多年生草本。茎匍匐，丛生，基部木质化，节部生根，节间比叶片短，多分枝。叶全缘，边缘具腺毛，两面疏生腺毛。瘦果长卵形。

药用部位　全草　　**药材名**　红酸杆

功能主治　清热凉血，利尿。用于泌尿系感染，痢疾，腹泻，血尿，外用治尿布疹，黄水疮。

火炭母 *Polygonum chinense* L.

科名：蓼科　**别名**：赤地利、火炭星

识别要点　蔓性草本。嫩枝紫红。单叶互生，叶柄短而有翅，叶片有紫黑色"V"形斑块，托叶鞘膜质。瘦果黑色光亮。

药用部位　全草　　**药材名**　火炭母

功能主治　清热利湿，凉血解毒，消滞退翳。用于泄泻，痢疾，风火咽痛。

虎杖 *Polygonum cuspidatum* Sieb. et Zucc.

科名：蓼科　**别名**：斑杖根、大叶蛇总管

识别要点　草本。茎有纵棱，散生红色斑点。单叶互生，托叶鞘膜质。雌雄异株，圆锥花序。瘦果具3棱，红褐色光亮。

药用部位　根状茎　　**药材名**　虎杖

功能主治　清热利湿，通便解毒，散瘀活血。用于风湿病，热结便秘。

金线草 *Polygonum filiforme* Thunb.

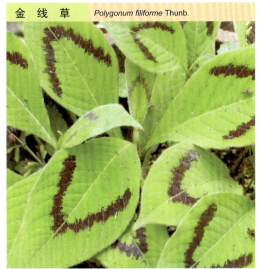

科名：蓼科　　**别名**：毛蓼、山蓼

识别要点　草本。根茎常扭曲。茎节膨大。单叶互生，托叶鞘管状，膜质，抱茎，被毛。穗状花序。瘦果表面光滑。

药用部位　全草　　**药材名**　金线草

功能主治　祛风除湿，理气止痛，止血散瘀。用于风湿骨痛，吐血，跌打损伤。

水蓼 *Polygonum hydropiper* Linn.

科名：蓼科　　**别名**：辣蓼、红辣蓼

识别要点　草本。高40～70cm。茎多分枝，无毛，节部膨大。叶披针形，叶有"V"形黑斑，具辛辣味。总状花序呈穗状。

药用部位　全草　　**药材名**　水蓼

功能主治　行滞化湿，散瘀止血。用于湿滞内阻，外伤出血，湿疹。

酸模叶蓼 *Polygonum lapathifolium* L.

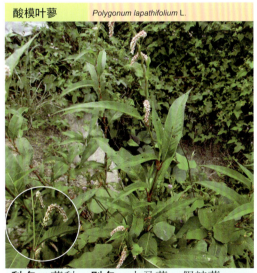

科名：蓼科　　**别名**：大马蓼、假辣蓼

识别要点　一年生草本。茎直立，具分枝，无毛，节部膨大。叶披针形或宽披针形，边缘具粗缘毛，叶柄短，具短硬伏毛。总状花序呈穗状。

药用部位　全草　　**药材名**　假辣蓼

功能主治　消肿止痛。用于腹痛肿疡。

何首乌 *Polygonum multiflorum* Thunb.

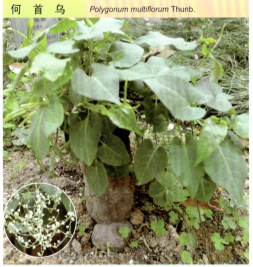

科名：蓼科　　**别名**：首乌

识别要点　藤本。块根肥厚，茎基部稍木质。单叶互生，心形，托叶膜质鞘状。圆锥花序。瘦果具三棱角，色黑而有光泽。

药用部位　块根　　**药材名**　何首乌

功能主治　生何首乌，润肠通便，解疮毒。用于肠燥便秘，痈疽。制何首乌补肝肾，益精血，乌须发。用于血虚萎黄，眩晕耳鸣，须发早白。

杠 板 归 *Polygonum perfoliatum* L.

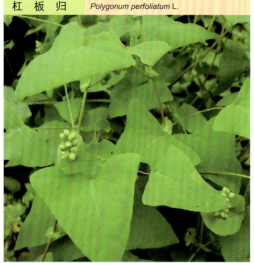

科名：蓼科　**别名**：犁头刺、贯叶蓼

识别要点　草本。茎有棱，棱上有钩状刺。单叶犁头形互生，有倒钩刺，托叶鞘叶状，抱茎。短穗状花序，瘦果球形。

药用部位　全草　　**药材名**　杠板归

功能主治　利水消肿，清热解毒。用于水肿，黄疸，泄泻。

习 见 蓼 *Polygonum plebeium* R. Br.

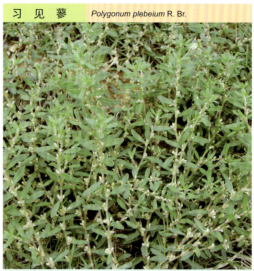

科名：蓼科　**别名**：腋花蓼、黑鱼草

识别要点　一年生草本。茎平卧，具纵棱。花3～6朵，簇生于叶腋，遍布于全植株；苞片膜质。花期5～8月。

药用部位　全草　　**药材名**　小萹蓄

功能主治　利水通淋，化浊杀虫。用于恶疮疥癣，淋浊，蛔虫病。

掌叶大黄 *Rheum palmatum* Linn.

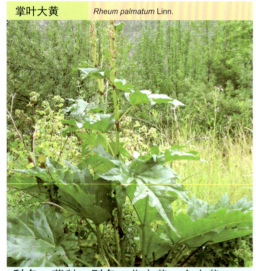

科名：蓼科　**别名**：北大黄、金大黄

识别要点　草本。高1.5～2m。叶片长宽近相等，托叶鞘大，长达1.5cm。大型圆锥花序，黄白色，果椭圆形。

药用部位　根茎　　**药材名**　大黄

功能主治　泻下导滞，行瘀破积。用于肠胃实热便秘，积滞腹痛。

皱叶酸模 *Rumex crispus* Linn.

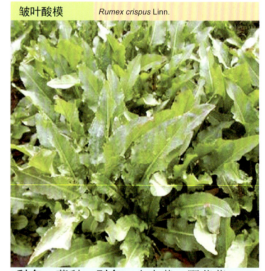

科名：蓼科　**别名**：土大黄、野菠菜

识别要点　多年生草本。茎直立，高50～120cm，具浅沟槽。基生叶披针形，边缘皱波状。花序狭圆锥状。

药用部位　根　　**药材名**　土大黄

功能主治　清热解毒，止血，通便。用于衄血，子宫出血。

羊 蹄　*Rumex japonicus* Houtt.

科名：蓼科　　**别名：**牛舌头、羊蹄叶

识别要点　多年生草本。茎直立，上部分枝，具沟槽。叶边缘微波状。花序圆锥状，花两性，多花轮生。

药用部位　根或全草　　**药材名**　羊蹄

功能主治　清热解毒，止血，通便，杀虫。用于鼻出血，功能性子宫出血，慢性肝炎，肛周炎，大便秘结；外用治外痔，急性乳腺炎，脓疱疮，疖肿，皮癣。

叶 子 花　*Bougainvillea glabra* Choisy

科名：紫茉莉科　　**别名：**宝巾、簕杜鹃

识别要点　攀援灌木。有腋生直刺。叶互生，纸质，花顶生，常3朵簇生在苞片内，花梗与苞片中脉合生，瘦果有5棱。

药用部位　花　　**药材名**　叶子花

功能主治　行气活血。用于妇女赤白带下，月经不调。

紫 茉 莉　*Mirabilis jalapa* L.

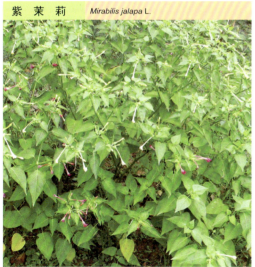

科名：紫茉莉科　　**别名：**胭脂花、入地老鼠

识别要点　草本。节处膨大。单叶对生，纸质，卵形。花被多种颜色，高脚碟形。果实黑色具棱。

药用部位　根及全草　　**药材名**　紫茉莉

功能主治　利尿，泄热，活血散瘀。用于淋浊、带下、肺痨吐血。

商 陆　*Mhytolacca acinosaa* Roxb.

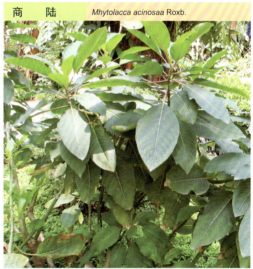

科名：商陆科　　**别名：**花商陆、见肿消

识别要点　草本。根肥厚肉质，茎绿色或紫红色。单叶互生，全缘。花白色后渐变为淡红色。浆果有宿萼。

药用部位　根　　**药材名**　商陆

功能主治　泻水，利尿，消肿，散结。用于水肿，喉痹，痈肿，恶疮。

松叶牡丹　*Portulaca grandiflora* Hook.

科名：马齿苋科　**别名**：午时花、草杜鹃

识别要点　肉质草本。茎带红色。叶圆柱形，叶腋丛生白色长柔毛。开各色花，单生或数朵顶生。种子有小疣状突起。

药用部位　全草　　**药材名**　半支莲

功能主治　清热解毒，凉血消痈。用于咽喉肿痛，烫伤，疮疖肿毒。

马齿苋　*Portulaca oleracea* L.

科名：马齿苋科　**别名**：马齿菜、马苋菜

识别要点　草本。茎下部匍匐，肥厚多汁，略带紫色，无毛。单叶互生或近对生，楔状长圆形。花内性。蒴果盖裂。

药用部位　全草　　**药材名**　马齿苋

功能主治　清热解毒，凉血止血。用于热痢脓血，崩漏带下，便血。

土人参　*Talinum paniculatum* (Jacq.) Gaertn

科名：马齿苋科　**别名**：土洋参、假人参

识别要点　草本。全体肉质。主根粗壮，表面棕褐色，内白色。单叶互生。圆锥花序。蒴果，种子细小，黑色。

药用部位　全草　　**药材名**　土人参

功能主治　补中益气，润肺生津。用于气虚乏力，体虚自汗，脾虚泄泻。

落葵薯　*Anredera scandens* (L.) Moq.

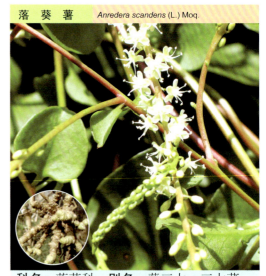

科名：落葵科　**别名**：藤三七、三七菜

识别要点　肉质藤本。具块根，茎有棱。叶肉质，叶腋生瘤块状珠芽（小块茎），绿色。穗状花序。

药用部位　珠芽　　**药材名**　藤三七

功能主治　滋补，壮腰膝，消肿散瘀。用于病后体弱，腰膝痹痛，骨折和跌打损伤。

落葵 *Basella rubra* L.

科名：落葵科　**别名：**藤七、潺菜

识别要点　缠绕草本。肉质。单叶互生，肥厚而柔嫩，全缘。穗状花序，小苞片2，宿存。果实卵形，红紫色。

药用部位　全草　**药材名**　落葵

功能主治　清热解毒，滑肠凉血。用于大便秘结，小便短涩，痢疾，便血。

石竹 *Dianthus chinensis* L.

科名：石竹科　**别名：**鹅毛石竹、洛阳花

识别要点　草本。茎丛生。叶线形全缘。花单生或成疏聚伞花序，花瓣顶端浅裂成不规则牙齿状。蒴果。种子边缘有翅。

药用部位　带花全草　**药材名**　瞿麦

功能主治　清热利水，破血通经。用于小便不通，淋病，水肿，目赤翳障。

瞿麦 *Dianthus superbus* Linn.

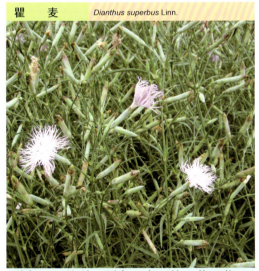

科名：石竹科　**别名：**大石竹、剪刀花

识别要点　草本。叶条状披针形，基部抱节。花单生或成对生枝端，花瓣5，粉紫色，顶端深裂成细线条；蒴果长筒形。

药用部位　全草　**药材名**　瞿麦

功能主治　利尿通淋，活血通经。用于热淋血淋，石淋，小便不通，经闭瘀阻。

荷莲豆 *Drymaria cordata* (L.) Willd.

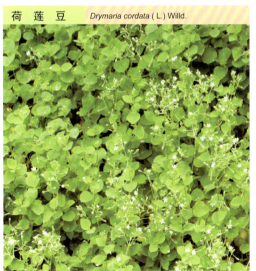

科名：石竹科　**别名：**荷莲豆菜、月亮草

识别要点　草本。茎纤细，匍匐丛生，节上生不定根。叶互生，托叶披针状卵形。聚伞花序。蒴果卵形，2瓣裂。

药用部位　全草　**药材名**　荷莲豆草

功能主治　清热解毒。用于疮疥痈肿，黄疸，疟疾，风湿脚气。

繁　缕	*Stellaria media* (L.) Cyr.

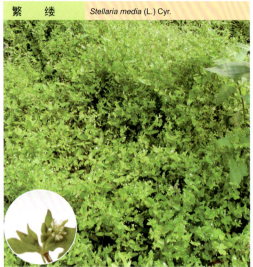

科名：石竹科　别名：鹅儿肠菜、鸡肠菜

识别要点　草本。茎纤细蔓延。花单生或聚伞花序，花梗纤细，萼片披针形，边缘膜质。蒴果6瓣裂。种子密生疣状突起。

药用部位　全草　　**药材名**　繁缕

功能主治　活血祛瘀，下乳催生，清热解毒。用于暑热呕吐，痢疾，肠痈，乳痈，疔疮肿毒，痔疮，肿痛。

雀舌草	*Stellaria uliginosa* Murr.

科名：石竹科　别名：石灰草、抽筋草

识别要点　一年生或二年生草本。茎纤细，丛生，下部平卧，上部斜升或直立。叶对生，无柄，叶脉显著。聚伞状花序，顶生。

药用部位　全草　　**药材名**　雀舌草

功能主治　祛风散寒，续筋接骨，活血止痛，解毒。主治伤风感冒，风湿骨痛，疮疡肿毒，跌打损伤，骨折，蛇咬伤。

甜　菜	*Beta vulgaris* Linn.

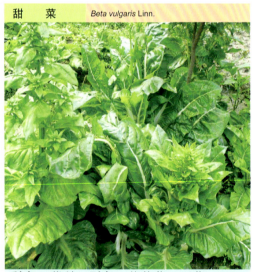

科名：藜科　别名：莙荙菜、石菜

识别要点　草本。基生叶矩圆形，具长叶柄，上面皱缩不平，略有光泽。花2～3朵团集，果时花被基底部彼此合生。

药用部位　根　　**药材名**　莙荙菜

功能主治　清热解毒，散瘀止血。用于麻疹不透，热毒下痢。

厚皮菜	*Beta vulgaris* L. var. *cicla* L.

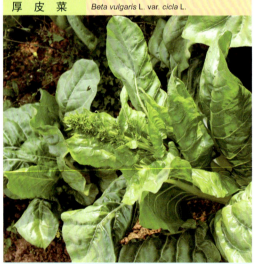

科名：藜科　别名：莙荙菜、牛皮菜

识别要点　一年或二年生草木。叶互生，叶片肉质光沿，淡绿或浓绿色、紫红色。花小，两性；绿色，无柄，单生或2～3朵聚生。

药用部位　茎、叶　　**药材名**　莙荙菜

功能主治　清热解毒，行瘀止血。治麻疹透发不快，热毒下痢，闭经淋浊，痈肿伤折。

藜　　*Chenopodium album* Linn.

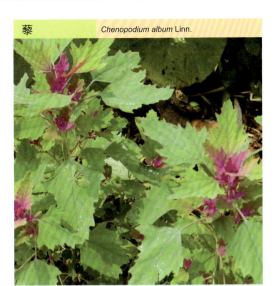

科名：藜科　　**别名**：灰菜、鹤顶红

识别要点　一年生草本。高60～120cm。叶片菱状卵形至宽披针形；花簇于枝上部，花被裂片5，花果期5～10月。

药用部位　全草　　**药材名**　藜

功能主治　清热，利湿。用于痢疾，腹泻，湿疮痒疹，毒虫咬伤。

土荆芥　　*Chenopodium ambrosioides* L.

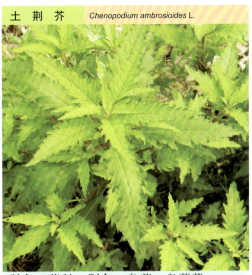

科名：藜科　　**别名**：臭草、臭藜藿

识别要点　草本。有强烈香气。茎有棱直立，多分枝。单叶互生，叶边缘有不规则的大锯齿，下面有黄色腺点。胞果膜质。

药用部位　全草　　**药材名**　土荆芥

功能主治　祛风除湿，通经止痛。用于伤风感冒，头痛，咽喉肿痛，麻疹不透。

地肤　　*Kochia scoparia* (L.) Schrad.

科名：藜科　　**别名**：扫帚苗

识别要点　一年生草本。茎直立，多分枝，绿色。叶互生，无柄。穗状花序；花小，黄绿色。

药用部位　果实　　**药材名**　地肤子

功能主治　清热利湿，祛风止痒。用于小便涩痛，阴痒带下，风疹，湿疹，皮肤瘙痒。

菠菜　　*Spinacia oleracea* L.

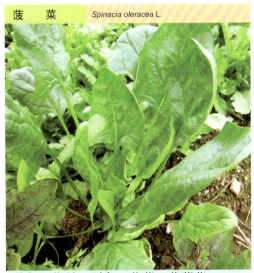

科名：藜科　　**别名**：菠薐、菠薐菜

识别要点　根圆锥状，带红色。茎直立，中空，脆弱多汁，不分枝或有少数分枝。叶戟形至卵形，柔嫩多汁。雄花集成球形团伞花序。

药用部位　全草　　**药材名**　菠菜

功能主治　祛风明目。用于开通关窍，伤利肠胃，解酒，通血。

土牛膝 *Achyranthes aspera* L.

科名：苋科 **别名：**倒扣筋、倒扣草

识别要点 草本。茎4棱，被柔毛，节膨大。单叶对生，纸质，两面被毛。穗状花序，花开放后反折。胞果卵形。

药用部位 根或全草 **药材名** 土牛膝

功能主治 活血散瘀，通利关节，清热解毒，消肿利尿。用于跌打损伤，风湿关节痛，痢疾，疮痈，淋病，水肿。

牛 膝 *Achyranthes bidentata* Bl.

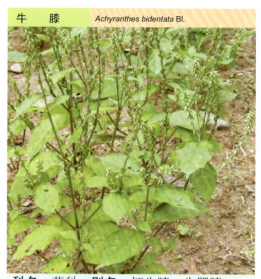

科名：苋科 **别名：**怀牛膝、牛髁膝

识别要点 草本。茎直立，有棱角，有柔毛，节膨大如牛膝盖。单叶对生，两面有柔毛。花两性，穗状花序。胞果矩圆形。

药用部位 根 **药材名** 牛膝

功能主治 散瘀血，消痈肿，补肝肾，强筋骨。用于腰膝酸软，下肢痿软，血滞经闭，产后瘀血腹痛，淋病。

长叶牛膝 *Achyranthes longifolia* Makino

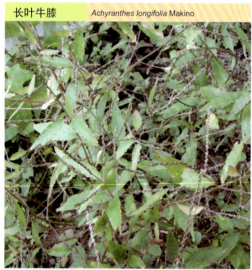

科名：苋科 **别名：**柳叶牛膝、杜牛膝

识别要点 草本。本种和牛膝相近，区别在于叶片披针形，长10～20cm，顶端尾尖。小苞片针形，基部有2耳状薄片。

药用部位 根状茎 **药材名** 牛膝

功能主治 清热利湿，散瘀活血。用于风湿性关节炎、湿热黄疸。

空心莲子草 *Alternanthera philoxeroides* (Mart.) Griseb.

科名：苋科 **别名：**空心苋、水蕹菜

识别要点 草本。茎基部匍匐，上部直立，中空。叶对生，全缘，上面有贴生毛，边有睫毛。头状花序。

药用部位 全草 **药材名** 空心莲子草

功能主治 清热利尿，凉血解毒。用于乙脑早期、流行性出血热初期、麻疹、流感初期。

虾钳菜　*Alternanthera sessilis* (L.) DC

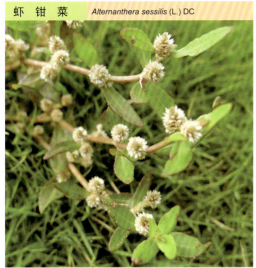

科名：苋科　　**别名：**节节花、鲨脚菜

识别要点　草本。茎多分枝，具纵沟，沟内有柔毛，在节处有1行横生柔毛。单叶对生。头状花序，无总梗。胞果具翅。

药用部位　全草　　**药材名**　节节花

功能主治　清热凉血，利尿解毒。用于咯血，吐血，湿热黄疸，痢疾，泄泻，牙龈肿痛，咽喉肿痛，肠痈，乳痈。

红草　*Alternanthera versicolor* Regel

科名：苋科　　**别名：**红绿草

识别要点　多年生草本。节膨大。叶对生，卵状狭披针形，全缘；绿色或淡红色，秋季变为黄色或鲜红色。

药用部位　全草　　**药材名**　红绿草

功能主治　清肝明目，凉血止血。用于吐血，咯血，便血，跌打损伤，结膜炎，痢疾。

刺苋　*Amaranthus spinosus* L.

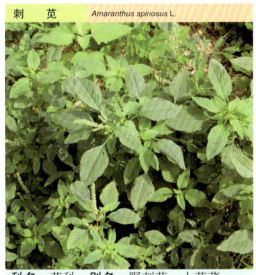

科名：苋科　　**别名：**野刺苋、土苋菜

识别要点　草本。单叶互生，叶基部两侧各有一刺。花单性或杂性，圆锥花序，部分苞片变成尖刺。胞果，种子近球形。

药用部位　全草　　**药材名**　刺苋菜

功能主治　清热利湿，解毒消肿。用于痢疾，便血，白带，胆结石，痔疮，湿疹。

野苋　*Amaranthus viridis* L.

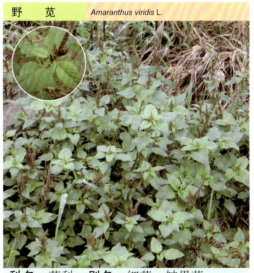

科名：苋科　　**别名：**细苋、皱果苋

识别要点　草本。单叶互生，具小芒尖。花单性或杂性，穗状花序或再集成大型顶生圆锥花序。胞果皱缩。种子近球形。

药用部位　全草　　**药材名**　野苋菜

功能主治　清热利湿，消肿解毒。用于痢疾，肠炎，乳腺炎，痔疮肿痛。

青 葙	*Celosia argentea* L.

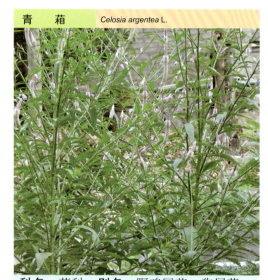

科名：苋科　　**别名**：野鸡冠花、狗尾草

识别要点　草本。茎直立，具明显条纹。单叶互生。花两性，穗状花序，干膜质，苞片宿存。胞果盖裂。种子黑色光亮。

药用部位　种子　　**药材名**　青葙子

功能主治　清肝火，祛风热，明目，降血压。用于目赤肿痛、翳障、湿热带下、小便不利、尿浊、阴痒、高血压。

鸡 冠 花	*Celosia cristata* L.

科名：苋科　　**别名**：鸡公花、鸡冠头

识别要点　草本。单叶互生，全缘。花序顶生，成扁平肉质鸡冠状，中部以下多花，苞片干膜质，宿存。胞果盖裂。

药用部位　花序　　**药材名**　鸡冠花

功能主治　凉血止血，疏风解毒。用于吐血，衄血，崩漏，便血，痔血，赤白带下。

杯 苋	*Cyathula prostrata* (Linn.) Bl.

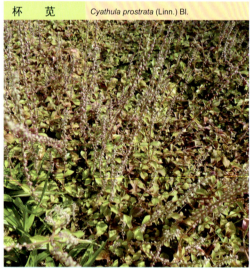

科名：苋科　　**别名**：拔子弹草、细叶蛇总管

识别要点　多年生草本。茎节部带红色。叶片菱状倒卵形，总状花序由多数花丛而成，顶生和最上部叶腋生。

药用部位　茎、叶　　**药材名**　杯苋

功能主治　清热解毒，活血散瘀。用于痈疮肿毒，毒蛇咬伤，跌打瘀肿。

千 日 红	*Gomphrena globosa* L.

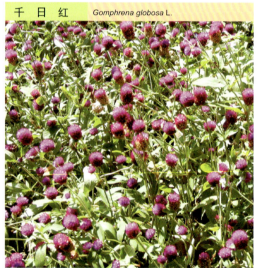

科名：苋科　　**别名**：百日红、千日白

识别要点　草本。茎有长糙毛，节膨大。单叶对生，纸质。头状花序顶生，花紫红色，基部有叶状总苞2片，胞果近球形。

药用部位　花序　　**药材名**　千日红

功能主治　止咳平喘，平肝明目，利尿。用于支气管哮喘，目痛。

血苋 *Iresine herbstii* Hook. f.

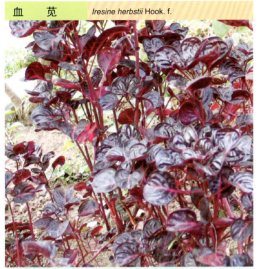

科名：苋科　**别名：**红木耳

识别要点　草本。茎带红色，具纵棱及沟。叶对生，两面有贴生毛，紫红色而有淡色中脉及拱形侧脉。雌雄异株，花小。

药用部位　全草　**药材名**　血苋

功能主治　凉血止血。用于吐血，衄血，咯血，崩漏，便血，创伤出血。

量天尺 *Hylocereus undatus* (Haw.) Britt. et Rose

科名：仙人掌科　**别名：**霸王花、剑花

识别要点　多年生攀援草本。茎肉质，具3棱。叶缺。花大，花萼管状，带绿色，花瓣外黄内白，直立。浆果长圆形，肉质。

药用部位　花　**药材名**　量天尺花

功能主治　清热，润肺，止咳。用于肺结核，支气管炎，颈部淋巴结结核。

仙人掌 *Opuntia dillienii* (Ker-Gawl.) Haw.

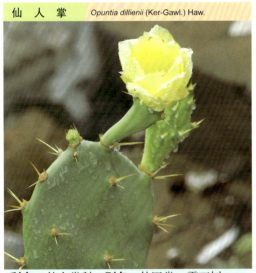

科名：仙人掌科　**别名：**仙巴掌、霸王树

识别要点　常绿灌木。茎基部圆柱形，上部茎节扁平，掌状，肉质，簇生利刺。叶肉质，细小，生于刺囊之下，早落。花鲜黄色。浆果肉质，紫红色。

药用部位　全株　**药材名**　仙人掌

功能主治　清热解毒，散瘀，健胃，镇咳。用于胃、十二指肠溃疡、痔疮、急性痢疾等；外用治流行性腮腺炎，乳腺炎，痈疔肿毒，烧烫伤。

木麒麟 *Pereskia aculeata* Mill.

科名：仙人掌科　**别名：**仙人藤、仙人叶

识别要点　攀援灌木。刺在攀援枝上成对着生。叶片卵形，叶脉在上面稍下陷或平坦，于下面略突起。浆果淡黄色，具刺。

药用部位　肉质茎　**药材名**　木麒麟

功能主治　祛风除湿，活血止痛。用于风湿痹痛，跌打损伤。

蟹 爪 兰 *Zygocactus truncatus* K. Schum.

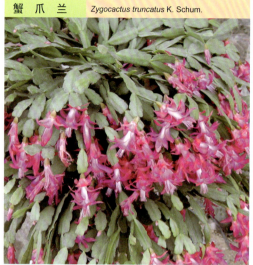

科名：仙人掌科　别名：锦上添花、蟹爪

识别要点　草本。叶状茎扁平，肥厚，先端截形，边缘具粗锯齿。花着生于茎的顶端，花被开张反卷，花有多种颜色。

药用部位　全草　　**药材名**　蟹爪兰

功能主治　解毒消肿。用于疮疡肿毒，腮腺炎。外用治肿痛。

鹅 掌 楸 *Liriodendron chinense* (Hemsl.) Sargent.

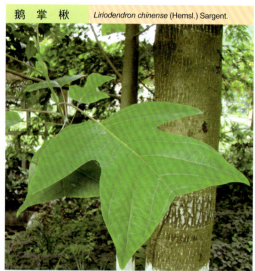

科名：木兰科　别名：马褂木、鸭脚树

识别要点　乔木。叶马褂状，近基部每边具1侧裂片，先端具2浅裂，下面苍白色。花杯状，聚合果，具翅的小坚果。

药用部位　根　　**药材名**　鹅掌楸

功能主治　祛风除湿，止咳。用于风湿关节痛，风寒咳嗽。

夜 合 *Magnolia coco* (Lour.) DC.

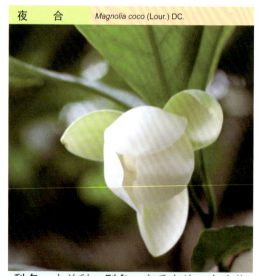

科名：木兰科　别名：夜香木兰、合欢花

识别要点　常绿灌木或小乔木。叶互生，椭圆形，全缘，网脉明显凸起，托叶痕达叶柄顶端。花单生，夜间极香。聚合果。

药用部位　花　　**药材名**　夜合花

功能主治　理气开郁，活络止痛。用于肝郁气痛，跌打损伤，癥瘕，白带。

荷花玉兰 *Magnolia grandiflora* Linn.

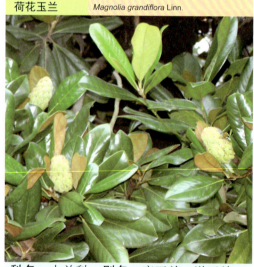

科名：木兰科　别名：广玉兰、洋玉兰

识别要点　常绿乔木。叶厚革质，倒卵状椭圆形。花白色，有芳香，花被片9～12，厚肉质，倒卵形，聚合果。

药用部位　花、嫩枝、叶　　**药材名**　广玉兰

功能主治　祛风散寒，行气止痛。用于外感风寒，头痛鼻塞，呕吐腹泻，高血压，偏头痛。

紫玉兰　*Magnolia liliflora Desr.*

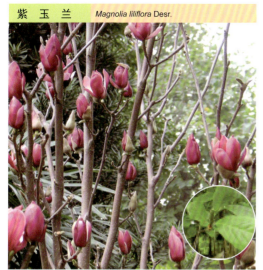

科名：木兰科　**别名**：木笔花、望春花、辛夷

识别要点　落叶灌木或小乔木。有明显灰白色皮孔。单叶互生，叶片卵形，全缘，花先于叶开放。

药用部位　花蕾　**药材名**　辛夷

功能主治　祛风散寒，通肺窍。用于头痛，鼻塞不通。

厚朴　*Magnolia officinalis Rehd. et Wils.*

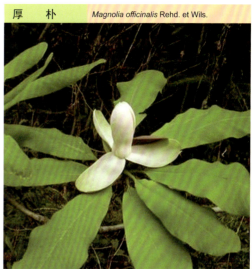

科名：木兰科　**别名**：花温朴

识别要点　落叶乔木。树皮厚，紫褐色，油润而带辛辣味；叶革质，下面粉白色；花单生于幼枝顶端，白色；聚合果。

药用部位　树皮、根皮　**药材名**　厚朴

功能主治　行气消积，燥湿除满。用于食积气滞，腹胀，便秘。

凹叶厚朴　*Magnolia officinalis subsp. biloba*

科名：木兰科　**别名**：赤朴、凹川厚朴

识别要点　落叶乔木。叶先端凹缺成2钝圆浅裂。花大单朵顶生，白色芳香，与叶同时开放。

药用部位　树皮、根皮　**药材名**　厚朴

功能主治　行气消积，燥湿除满。用于食积气滞，胸腹胀痛，消化不良。

白兰　*Michelia alba DC.*

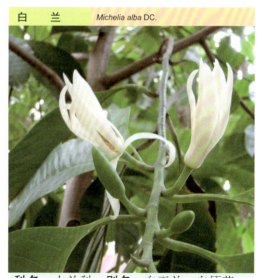

科名：木兰科　**别名**：白玉兰、白缅花

识别要点　常绿乔木。幼枝和芽被淡黄白色柔毛。叶两面无毛或于下面被疏毛。白色花，单生于叶腋，极香。通常不结实。

药用部位　花　**药材名**　白兰花

功能主治　化湿，行气，化浊，止咳。用于湿阻气滞，胸闷腹胀。

黄 兰　　*Michelia champaca* L.

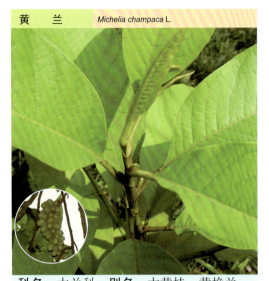

科名：木兰科　　**别名**：大黄桂、黄桷兰

识别要点　常绿乔木。托叶痕达叶柄中部以上。花单生叶腋，淡黄色，极香。蓇葖果倒卵状矩圆形。种子2～4个，红色。

药用部位　根　　**药材名**　黄缅桂

功能主治　祛风湿，利咽喉。用于风湿骨痛，骨刺鲠喉。

含 笑　　*Michelia figo* (Lour.) Spreng.

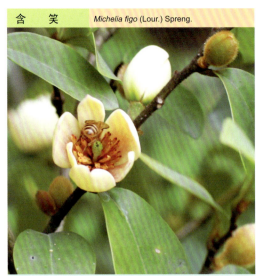

科名：木兰科　　**别名**：含笑花、香蕉花

识别要点　灌木。芽、小枝、叶柄及花梗密被黄褐色绒毛。托叶痕长达叶柄顶端。花单生叶腋，芳香。蓇葖果卵圆形。

药用部位　花　　**药材名**　含笑花

功能主治　祛瘀生新，调经。用于月经不调。

醉香含笑　　*Michelia macclurei* Dandy

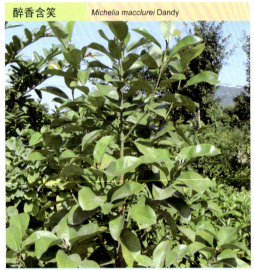

科名：木兰科　　**别名**：火力兰、火力楠

识别要点　常绿乔木。树皮灰褐色。芽、幼枝、幼叶均密被锈褐色绢毛。叶椭圆形，厚革质。花白色，芳香，聚合果。

药用部位　树皮、根、叶　　**药材名**　醉香含笑。

功能主治　清热消肿。用于肠炎腹泻，跌打损伤，痈肿。

番 荔 枝　　*Annona squamosa* L.

科名：番荔枝科　　**别名**：林檎、唛螺陀

识别要点　落叶小乔木。叶薄纸质，披针形，叶背白绿色。花单生或聚生枝顶或腋内。聚合浆果球形，外面有白色粉霜。

药用部位　果、叶、根　　**药材名**　番荔枝

功能主治　清热解毒，解郁。用于急性赤痢，精神抑郁。

鹰爪花　*Artabotrys hexapetalus* (L.f.) Bhandari

科名：番荔枝科　**别名**：莺爪、鹰爪兰

识别要点　攀援灌木。叶长圆形或阔披针形。叶面无毛，花芳香，雄蕊，雌蕊多数。果卵形，数个集于果托上。

药用部位　根　**药材名**　鹰爪花根

功能主治　祛风除湿。用于疟疾。

假鹰爪　*Desmos chinensis* Lour.

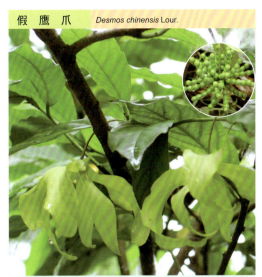

科名：番荔枝科　**别名**：串珠酒瓶、酒饼叶

识别要点　攀援灌木。枝皮粗糙，有灰白色突起的皮孔。叶互生，叶面有光泽，背面粉绿色。果串珠状，聚生果梗上。

药用部位　根　**药材名**　假鹰爪根

功能主治　祛风湿，止痹痛。用于风湿性关节炎，肠胃寒痛。

黑风藤　*Fissistigma polyanthum* (Hook. f. et Thoms.) Merr.

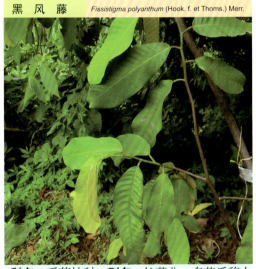

科名：番荔枝科　**别名**：拉藤公、多花瓜馥木

识别要点　攀援灌木。根黑色，撕裂有强烈香气。枝条灰黑色或褐色。叶近革质。花小，花蕾圆锥状，顶端急尖。果圆球状。

药用部位　根、藤　**药材名**　黑风藤

功能主治　祛风湿，通经络，活血调经。用于风湿性关节炎，类风湿性关节炎，月经不调，跌打损伤。

紫玉盘　*Uvaria macrophylla* Roxb.

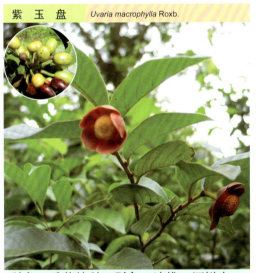

科名：番荔枝科　**别名**：油椎、酒饼木

识别要点　藤状灌木。全体被星状毛。单叶互生。花与叶对生或腋生，有萼片。果卵圆形，被星状毛。暗紫褐色，聚生。

药用部位　根、叶　**药材名**　紫玉盘

功能主治　健胃行气，祛风止痛。用于消化不良，腹胀腹泻，腰腿疼痛。

肉豆蔻 *Myristica fragrans* Houtt.

科名：肉豆蔻科　　**别名**：肉果、玉果

识别要点　小乔木。叶近革质，椭圆形；果常单生，具短柄，有时具残存的花被片；假种皮红色，种子卵珠形。

药用部位　果实　　**药材名**　肉豆蔻

功能主治　温中涩肠，行气消食。用于脘腹胀痛，食少呕吐，宿食不消，虚泻。

黑老虎 *Kadsura coccinea* (Lem.) A.C.Smith

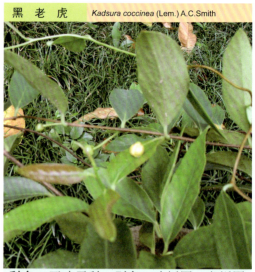

科名：五味子科　　**别名**：冷饭团、臭饭团

识别要点　藤本。茎下部伏土中，上部缠绕，棕黑色，疏生白色点状皮孔。叶上有光泽，几无毛。浆果倒卵形。

药用部位　根或藤　　**药材名**　黑老虎

功能主治　行气止痛，祛风活络，散瘀消肿。用于慢性胃炎，跌打肿痛，痛经。

八角 *Illicium verum* Hook f.

科名：八角茴香科　　**别名**：大茴香、八角茴香

识别要点　常绿乔木。单叶互生，叶上面有光泽和透明油点，下面生疏柔毛。花单生，花被片红色。种子扁卵形，有光泽。

药用部位　果实　　**药材名**　八角茴香

功能主治　温中散寒，理气止痛。用于中寒呕逆，腹痛，腰痛，食欲不振。

毛黄肉楠 *Actinodaphne pilosa* (Lour.) Merr.

科名：樟科　　**别名**：茶胶树、黄毛樟

识别要点　乔木。幼枝、顶芽密被锈色绒毛。叶互生或3～5片聚生成轮生状，倒卵形。花序腋生或枝侧生，果球形。

药用部位　叶　　**药材名**　香胶木

功能主治　清热解毒。用于跌打损伤，疮疖肿毒。

无根藤 *Cassytha filiformis* Linn.

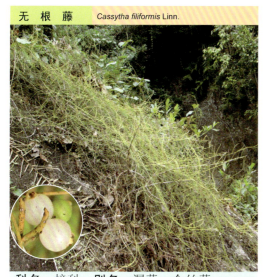

科名：樟科　**别名**：潺藤、金丝藤

识别要点　寄生缠绕草本。茎线形，绿色或绿褐色，幼嫩部分被锈色短柔毛。叶退化为微小的鳞片。花小，白色。

药用部位　全草　**药材名**　无根藤

功能主治　清热利湿，凉血止血。用于感冒发热，急性黄疸型肝炎。

阴香 *Cinnamomum burmannii* (Nees) Bl.

科名：樟科　**别名**：山玉桂、桂树、假肉桂

识别要点　常绿乔木。叶上面绿色，有光泽，下面粉绿色。圆锥花序，花被6片，两面均被灰白色微柔毛。果实卵圆形。

药用部位　树皮　**药材名**　阴香

功能主治　散寒，温中，祛风湿。用于食少、腹胀，泄泻，脘腹疼痛，风湿痹痛，跌打损伤。

龙脑樟树 *Cinnamomum camphora* chvar. *borneol*

科名：樟科　**别名**：冰片、龙脑香

识别要点　常绿乔木。宽卵形，幼树树皮青嫩，微显红褐色，平滑有光，有规则的纵裂纹。叶薄革质，互生，椭圆形，花黄绿色。

药用部位　提取物　**药材名**　天然冰片、右旋龙脑

功能主治　通诸窍，散郁火，明目，消肿止痛，散火解毒。用于乳腺结块，中风口噤，热病神昏，惊痫痰迷，气闭耳聋，痔疮。

樟 *Cinnamomum camphora* (L.) Presl.

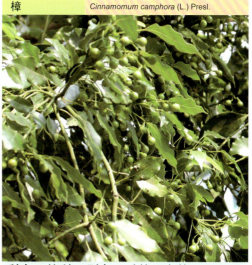

科名：樟科　**别名**：香樟、乌樟

识别要点　常绿乔木。单叶互生，卵状椭圆形，有离基3出脉，脉腋有腺点。圆锥花序腋生。果实球形，熟时紫黑色。

药用部位　果实　**药材名**　樟

功能主治　散寒祛湿，行气止痛。用于胃腹寒痛，吐泻，脚气，肿痛。

肉 桂 *Cinnamomum cassia* Presl.

科名：樟科　别名：玉桂、牡桂

识别要点　常绿乔木。树皮灰褐色，有纵向细纹。叶厚革质，互生，离基3出脉。圆锥花序。果实椭圆形，熟时黑紫色。

药用部位　树皮、嫩枝　**药材名**　肉桂

功能主治　补元阳，暖脾胃，除积冷，通血脉。用于脘腹冷痛，肾阳不足。

沉 水 樟 *Cinnamomum micranthum* (Hay.) Hay.

科名：樟科　别名：牛樟、水樟

识别要点　乔木。树皮坚硬，厚达4mm，外有不规则纵向裂缝。顶芽大，卵球形。枝条圆柱形，叶互生，叶缘呈软骨质而内卷。

药用部位　根皮、果　**药材名**　牛樟

功能主治　止痛，杀虫，散寒，祛风。用于感冒头痛，心气绞痛，痛风，胃痛。

黄 樟 *Cinnamomum parthenoxylon* (Jack.) Meisn.

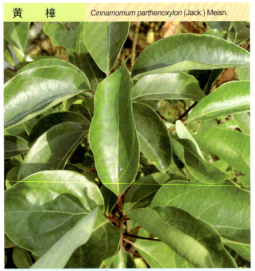

科名：樟科　别名：山椒

识别要点　常绿乔木。树皮暗灰褐色，深纵裂，具有樟脑气味。叶互生，上面深绿色，有光泽，下面粉绿色，无毛。

药用部位　根、树皮、叶　**药材名**　黄樟

功能主治　祛风利湿，行气止痛。用于风湿骨痛，胃痛，胃肠炎，跌打损伤。

香 叶 树 *Lindera communis* Hemsl.

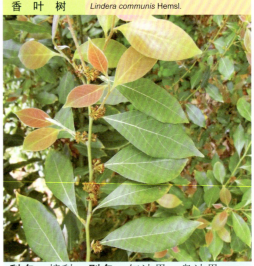

科名：樟科　别名：红油果、臭油果

识别要点　常绿灌木。树皮淡褐色。叶互生，椭圆形，革质，下面被黄褐色柔毛，后渐脱落。花单生、二个生或成伞形花序。

药用部位　叶、茎皮　**药材名**　香叶树

功能主治　解毒消肿，散瘀止痛，解毒。用于跌打肿痛，外伤出血。

| 乌 药 | *Lindera strychnifolia* Vill. |

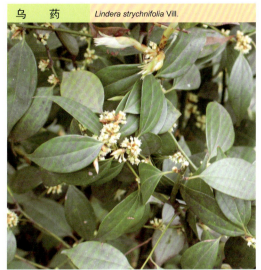

科名：樟科　　**别名：**天台乌、台乌

识别要点　常绿灌木。树皮灰绿色。叶背有灰色毛，叶主脉3出。花单性，雌雄异株，伞形花序。果实卵形，熟时紫黑色。

药用部位　根、树皮　　**药材名**　乌药

功能主治　温肾散寒，顺气止痛。用于胸腹胀痛，宿食不消，寒疝。

| 山 鸡 椒 | *Litsea cubeba* (Lour.) Pers. |

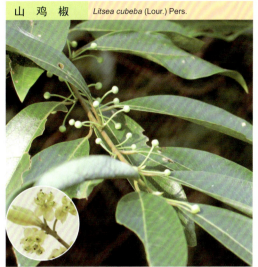

科名：樟科　　**别名：**豆豉姜、山香椒

识别要点　落叶灌木或小乔木。叶背面具白色粉。伞形花序，雌雄异株。核果近球形，成熟时黑色，香辣，果托浅杯状。

药用部位　果实　　**药材名**　山苍子

功能主治　温中暖肾，健胃消食，行气止痛。用于脘腹冷痛，反胃呕吐，牙痛。

| 潺槁木姜子 | *Litsea glutinosa* (Lour.) C. B. Rob. |

科名：樟科　　**别名：**青胶木、树仲

识别要点　灌木或小乔木。叶上面中脉略有柔毛，下面有柔毛或近无毛。黄色小花，雌雄异株，伞形花序。果实球形。

药用部位　根、皮、叶　　**药材名**　潺槁树

功能主治　清湿热，消肿毒，止血，止痛。用于腹泻，跌打损伤，腮腺炎。

| 豺 皮 樟 | *Litsea rotundifolia* var. *oblongifolia* (Nees) Allen. |

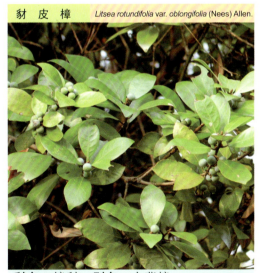

科名：樟科　　**别名：**白背樟

识别要点　灌木或小乔木。叶互生，中脉隆起，叶柄密被褐色柔毛。雌雄异株，伞形花序。果球形。

药用部位　根　　**药材名**　豺皮樟根

功能主治　祛风除湿，行气止痛，活血通经。用于风湿性关节炎，跌打损伤，痛经，胃痛，水肿。

楠 木　　*Phoebe zhennan* S. Lee et F. N. Wei

科名：樟科　　**别名**：雅楠、桢楠

识别要点　乔木。芽鳞被灰黄色长毛。叶革质，长椭圆形，下面密被短柔毛，中脉上凹下凸。聚伞状圆锥花序，果椭圆形。

药用部位　树皮　　**药材名**　楠木

功能主治　散寒化浊，利水消肿。用于霍乱转筋，胃冷呕吐，足肿。

红花青藤　　*Illigera rhodantha* Hance.

科名：莲叶桐科　　**别名**：毛青藤、三姐妹

识别要点　藤本。幼枝、叶柄及花序被金褐色绒毛。叶为指状3小叶，小叶纸质。圆锥花序腋生，花红色，果具4翅。

药用部位　全株　　**药材名**　红花青藤

功能主治　祛风止痛，散瘀消肿。用于风湿性关节疼痛，跌打肿痛。

乌 头　　*Aconitum carmichaeli* Debeaux

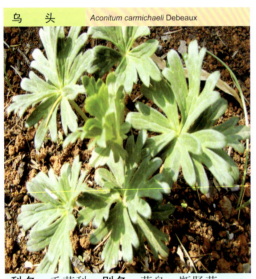

科名：毛茛科　　**别名**：草乌、断肠草

识别要点　草本。块根倒圆锥形。叶五角形，长6～11cm，宽9～15cm，3全裂。总状花序，雄蕊多数，心皮3～5。

药用部位　块根　　**药材名**　川乌头

功能主治　祛风除湿、温经止痛。用于风寒湿痹，关节疼痛，心腹冷痛，寒疝作痛，麻醉止痛。有大毒！

升 麻　　*Cimicifuga foetida* L.

科名：毛茛科　　**别名**：马尿杆、火筒杆

识别要点　多年生草本。根茎呈不规则块状，茎直立，分枝，被疏柔毛。数回羽状复叶，叶柄密被柔毛。复总状花序着生于叶腋或枝顶。

药用部位　茎　　**药材名**　升麻

功能主治　发表透疹，清热解毒，升举阳气。用于风热头痛，齿痛，口疮，咽喉肿痛，麻疹不透，阳毒发斑，脱肛，子宫脱垂。

威灵仙　*Clematis chinensis* Osbeck

科名：毛茛科　**别名：**百条根、老虎须

识别要点　藤本。细根丛生于根茎上。叶对生，为一回羽状复叶。圆锥聚伞花序，多花，白色。瘦果扁平，有宿存花柱。

药用部位　根　**药材名**　威灵仙

功能主治　祛风除湿，通络止痛。用于风寒痹痛、肢体麻木、筋脉拘挛、屈伸不利。

甘木通　*Clematis filamentosa* Dunn.

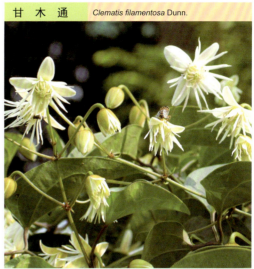

科名：毛茛科　**别名：**丝铁线莲

识别要点　木质藤本。茎圆柱形，无毛，有纵沟。叶对生，三出复叶；腋生圆锥花序或总状花序。瘦果卵形，偏斜，棕色。

药用部位　茎叶　**药材名**　甘木通

功能主治　清肝火，宁心神，降血压，通络止痛。用于高血压，冠心病。

山木通　*Clematis finetiana* Lévl. et Vant.

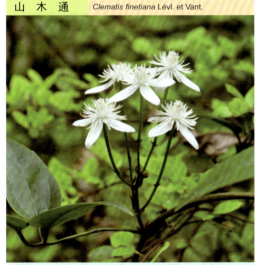

科名：毛茛科　**别名：**雪球藤、冲倒山

识别要点　木质藤本。无毛，茎圆柱形，有纵条纹，小枝有棱，三出复叶。花常单生，或为聚伞花序、总状聚伞花序，腋生或顶生。

药用部位　根、茎、叶　**药材名**　山木通

功能主治　祛风利湿，活血解毒。用于风湿关节肿痛，肠胃炎，疟疾，乳痈，牙疳，目生星翳。

铁线莲　*Clematis florida* Thunb.

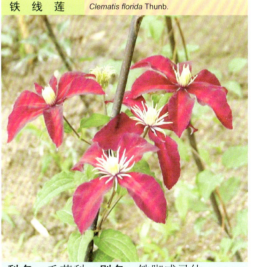

科名：毛茛科　**别名：**铁脚威灵仙

识别要点　木质藤本。茎棕色或紫红色，具6条纵纹，节部膨大。小叶脉纹不显。复叶或单叶，对生。花萼片大，花瓣状。

药用部位　根　**药材名**　铁线莲

功能主治　解毒，利尿，祛瘀。用于小便不利，腹胀，便闭。外用治关节肿痛。

黄 连 *Coptis chinensis* Franch.

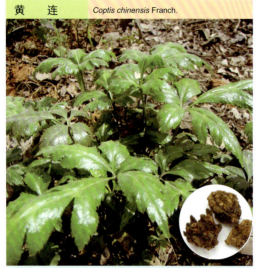

科名：毛茛科　**别名：**土黄连、川莲

识别要点　多年生草本。根状茎黄色，常分枝。叶基生；叶片坚纸质，长3～8cm，3全裂。蓇葖果。

药用部位　根茎、叶　**药材名**　黄连

功能主治　清热燥湿，泻火解毒。用于呕吐吞酸，泻痢，黄疸，高热神昏，血热吐衄，目赤，痈肿疔疮，牙痛。

禺毛茛 *Ranunculus cantoniensis* DC.

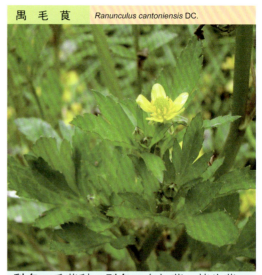

科名：毛茛科　**别名：**自扣草、棒头草

识别要点　草本。茎、叶柄密被伸展的淡黄色糙毛。三出复叶。花序具疏花，花瓣5，黄色，聚合果球形。

药用部位　全草　**药材名**　自扣草

功能主治　清肝明目，除湿解毒，截疟。用于目赤，翳障，疟疾，关节炎。有毒！

石 龙 芮 *Ranunculus sceleratus* Linn.

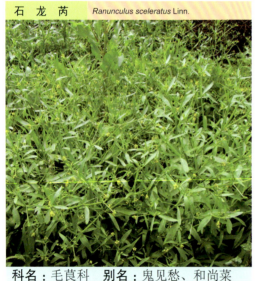

科名：毛茛科　**别名：**鬼见愁、和尚菜

识别要点　草本。茎高15～45cm。叶片宽卵形，3深裂。花序常具较多花，萼片5，淡绿色；花瓣5，黄色。聚合果。

药用部位　全草　**药材名**　石龙芮

功能主治　消肿拔毒，化痰散结。用于淋巴结结核，风湿性关节炎，疟疾，痈肿，蛇咬伤。有毒！

多叶唐松草 *Thalictrum foliolosum* DC.

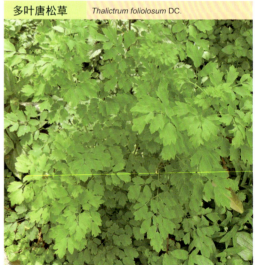

科名：毛茛科　**别名：**马尾黄连、金丝黄连

识别要点　草本。无毛，地下有横走根状茎。茎中部叶为三回三出或近羽状复叶，花序圆锥状。瘦果纺锤形。

药用部位　根　**药材名**　多叶唐松草

功能主治　清热燥湿，泻火解毒。用于热病烦躁，肠炎，痢疾，黄疸。

庐山小檗　　*Berberis virgetorum* Schneid.

科名：小檗科　**别名**：三颗针、土黄檗

识别要点　落叶灌木。节上有刺。单叶革质，长圆状菱形，全缘，上面暗黄绿色，下面灰白色，被白粉。花序总状。

药用部位　根或茎　　**药材名**　黄疸树

功能主治　清热，利湿，散瘀。用于赤痢，黄疸，咽痛，目赤，跌打损伤。

八　角　莲　　*Dysosma versipellis* (Hance) M. Cheng ex Ying

科名：小檗科　**别名**：独脚莲、独角莲

识别要点　草本。根状茎粗壮。茎生叶2枚，薄纸质，盾状，近圆形，直径达30cm，4～9掌状浅裂。花深红色，浆果。

药用部位　根、根茎　　**药材名**　八角莲

功能主治　化痰散结，祛瘀止痛。用于毒蛇咬伤，毒疮，咳嗽，咽喉肿痛，疔疮，顽癣。

三枝九叶草　　*Epimedium sagittatum* (Sieb.et Zucc.) Maxim.

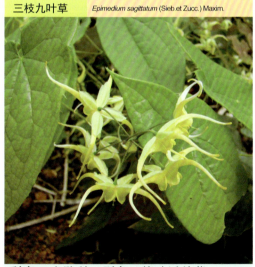

科名：小檗科　**别名**：箭叶淫羊藿

识别要点　草本。根茎质硬，须根多数。2回复叶，小叶边缘有细锯齿，锯齿先端成刺状毛，基部深心形。蓇葖果纺锤形。

药用部位　茎、叶　　**药材名**　淫羊藿

功能主治　补肾阳，强筋骨，祛风湿。用于阳痿早泄，筋骨痿软，风湿痹痛，麻木拘挛。

阔叶十大功劳　　*Mahonia bealei* (Fort.) Carr.

科名：小檗科　**别名**：黄天竹、土黄柏

识别要点　灌木。单数羽状复叶，厚革质，小叶椭圆形。每边2～8个刺齿。总状花序直立。浆果有白粉。

药用部位　叶　　**药材名**　阔叶十大功劳

功能主治　清热补虚，止咳化痰，补肺益肝肾。用于头晕耳鸣，腰膝酸软。外用治眼结膜炎，痈疖肿毒，烧烫伤。

十大功劳	*Mahonia fortunei* (Lindl.) Fedde

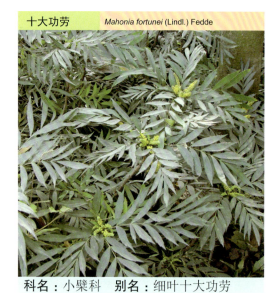

科名：小檗科　**别名**：细叶十大功劳

识别要点　灌木。单数羽状复叶，小叶3～9片，小叶狭披针形，边缘每侧有6～13刺状锐齿。总状花序。浆果蓝黑色，有白粉。

药用部位　茎　**药材名**　十大功劳

功能主治　清热燥湿，泻火解毒。用于湿热泻痢，黄疸尿赤，目赤肿痛，胃火牙痛，疮疖痈肿。

华南十大功劳	*Mahonia japonica* (Thunb.) DC.

科名：小檗科　**别名**：台湾十大功劳

识别要点　常绿灌木。茎直立，少分枝。羽状复叶。总状花序丛生枝顶；花疏松，下垂。浆果近球形，蓝黑色，被蜡粉。

药用部位　茎　**药材名**　十大功劳

功能主治　清热燥湿，泻火解毒。用于湿热泻痢，黄疸尿赤，目赤肿痛，胃炎牙痛，疮疖痈肿。

南天竹	*Nandina domestica* Thunb.

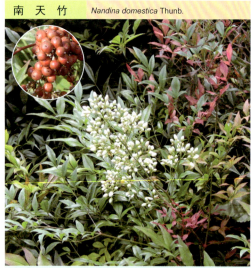

科名：小檗科　**别名**：南天烛、山黄芩

识别要点　灌木。幼枝常为红色。三回羽状复叶互生，冬季常变为红色，叶柄基部有关节。圆锥花序。浆果鲜红色。

药用部位　果实　**药材名**　南天竹子

功能主治　敛肺，止咳平喘，清肝明目。用于感冒发热、支气管炎、久咳、哮喘。

大血藤	*Sargentodoxa cuneata* (Oliv.) Rehd. et Wils.

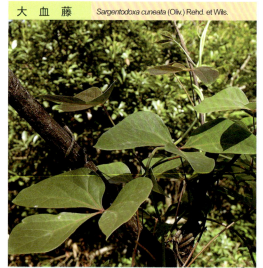

科名：大血藤科　**别名**：大活血、红藤

识别要点　藤本。长达到10余米，藤径粗达9cm，全株无毛，当年枝条暗红色，三出复叶。总状花序，种子卵球形。

药用部位　茎　**药材名**　大血藤

功能主治　解毒消痈，活血通络，祛风杀虫。用于风湿痹痛，赤痢。

木 通 *Akebia quinata* (Houtt.) Decne.

科名：木通科　**别名：**野木瓜、通草

识别要点　藤本。茎纤细，缠绕，茎皮灰褐色。掌状复叶，常有小叶5片，小叶倒卵形。伞房花序式的总状花序腋生。

药用部位　藤茎　　**药材名**　木通

功能主治　利尿通淋，清心除烦，通经下乳。用于淋证，水肿，心烦尿赤，口舌生疮，经闭乳少。

三叶木通 *Akebia trifoliata* (Thunb.) Koidz.

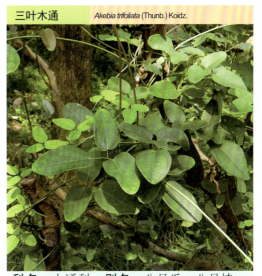

科名：木通科　**别名：**八月瓜、八月楂

识别要点　落叶木质藤本。掌状复叶互生或在短枝上的簇生，叶柄直，纸质或薄革质。总状花序自短枝上簇生叶中抽出。种皮红褐色或黑褐色。

药用部位　木质茎　　**药材名**　木通

功能主治　清热利尿，活血通脉。用于小便赤赤，淋浊，水肿，胸中烦热，喉咙疼痛，口舌生疮，风湿痹痛，乳汁不通，经闭，痛经。

野 木 瓜 *Stauntonia chinensis* DC.

科名：木通科　**别名：**那藤、牛藤

识别要点　常绿藤本。叶互生，掌状复叶，小叶有小叶柄。总状或伞形花序，雌雄同株。

药用部位　根、根茎及茎叶　　**药材名**　野木瓜

功能主治　祛风和络，活血止痛，利尿消肿。用于风湿痹痛，胃、肠道及胆道疾患之疼痛。

古 山 龙 *Arcangelisia gusanlung* H. S. Lo

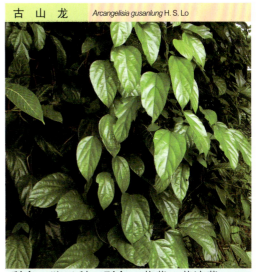

科名：防己科　**别名：**黄藤、黄连藤

识别要点　木质大藤本。老枝具纵条纹。单叶互生，近革质。圆锥花序常在老干上出生，雄花序纤弱。核果长圆形，后变黄色。

药用部位　藤茎及根　　**药材名**　古山龙

功能主治　清热利湿，解毒止痛。用于急性胃肠炎，扁桃体炎，支气管炎，疟疾；外用治眼结膜炎，皮肤湿疹，脓疱疮，阴道炎。

木 防 己 *Cocculus orbiculatus* (L.) DC.

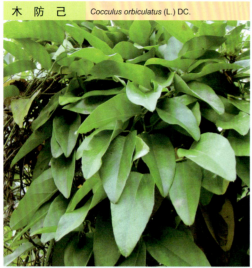

科名：防己科　　**别名**：青藤香、土木香

识别要点　缠绕藤本。小枝密生柔毛。叶互生，有时浅3裂，中脉明显。花单性，雌雄异株，圆锥花序。核果表面有白粉。

药用部位　根　　**药材名**　木防己

功能主治　祛风止痛，利水消肿。用于风湿痹痛，水肿，跌打损伤，疮疖痈肿。

轮 环 藤 *Cyclea racemosa* Oliv.

科名：防己科　　**别名**：白解藤、毛木香

识别要点　藤本。老茎木质化，枝稍纤细，有条纹。叶盾状，纸质，卵状三角形，掌状脉9～11条。聚伞圆锥花序。

药用部位　根、全株　　**药材名**　轮环藤

功能主治　清热解毒，利尿止痛。用于咽喉炎，白喉，扁桃体炎。

天 仙 藤 *Fibraurea recisa* Pierre

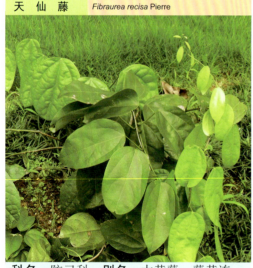

科名：防己科　　**别名**：大黄藤、藤黄连

识别要点　草质藤本。根圆柱形，茎柔弱，无毛。叶互生。花单生或2朵聚生于叶腋。种子扁平，钝三角形，边线具白色膜质宽翅。

药用部位　全草　　**药材名**　天仙藤

功能主治　行气活血，利水消肿。用于脘腹刺痛，关节痹痛，妊娠水肿。

风 龙 *Sinomenium acutum* (Thunb.) Rehd. et Wils.

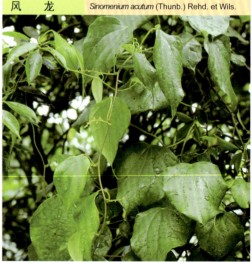

科名：防己科　　**别名**：大风藤、吹风散

识别要点　木质大藤本。老茎灰色，枝圆柱状，被柔毛至近无毛。叶革质至纸质，圆锥花序。

药用部位　藤茎　　**药材名**　青风藤

功能主治　祛风湿，通经络，利小便。用于风湿痹痛，关节肿胀，麻痹瘙痒。

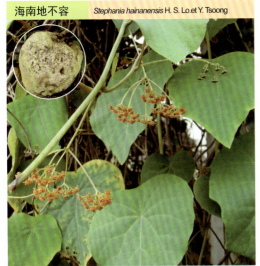

海南地不容 *Stephania hainanensis* H. S. Lo.et Y. Tsoong

科名：防己科　　**别名**：山乌龟、金不换

识别要点　多年生藤本。块根球形或不规则球形，露于地面。枝、叶含淡黄色或白色液汁，全株无毛。花小，雌雄异株。

药用部位　块根　　**药材名**　海南地不容

功能主治　止痛，消肿解毒。用于胃痛，外伤疼痛，疮疖痈肿。

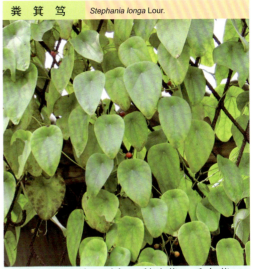

粪箕笃 *Stephania longa* Lour.

科名：防己科　　**别名**：犁壁藤、千金藤

识别要点　多年生藤本。叶互生，叶柄盾状着生，叶片先端锐尖，基部略凹陷，背面带红棕色。伞形花序，单性。核果。

药用部位　全草　　**药材名**　粪箕笃

功能主治　清热解毒，利尿消肿。用于肾盂肾炎，膀胱炎。

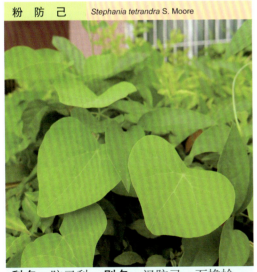

粉　防　己 *Stephania tetrandra* S. Moore

科名：防己科　　**别名**：汉防己、石蟾蜍

识别要点　多年生藤本。茎柔软，有扭曲细长条纹。叶顶端钝，基部宽心形，两面被短柔毛，全缘。花雌雄异株。核果球形。

药用部位　块根　　**药材名**　粉防己

功能主治　行水消肿，祛风止痛。用于水肿，风湿痹痛。

青　牛　胆 *Tinospora sagittata* (Oliv.) Gagnep.

科名：防己科　　**别名**：金果榄、金牛胆

识别要点　常绿缠绕藤本。块根表皮土黄色。茎圆柱形，叶互生。花近白色，单性，雌雄异株，腋生圆锥花序。

药用部位　根　　**药材名**　金果榄

功能主治　清热解毒，利咽，止痛。用于咽喉肿痛，痈疽疔毒，泄泻，痢疾，脘腹热痛。

宽筋藤　*Tinospora sinensis* (Lour.) Merr.

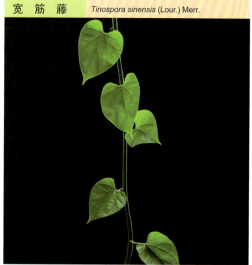

科名：防己科　**别名**：伸筋藤、舒筋藤

识别要点　落叶藤本。枝梢散生疣突状的皮孔。叶两面被短柔毛。雄花序单生或簇生，雌花序单生。核果球形，鲜红色。

药用部位　茎藤　**药材名**　宽筋藤

功能主治　舒筋活络，清热利湿，杀虫。用于风湿骨痛，腰肌劳损。

芡　实　*Euryale ferox* Salisb. ex Konig et Sims.

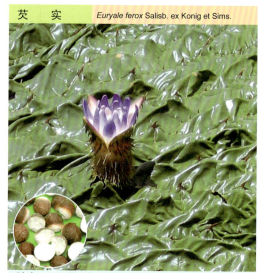

科名：睡莲科　**别名**：鸡头米、鸡头子

识别要点　水生草本。沉水叶箭形；浮水叶革质，椭圆肾形，盾状，叶柄及花梗皆有硬刺。浆果球形，种子球形，黑色。

药用部位　种子　**药材名**　芡实

功能主治　滋养强壮，收敛镇静。用于遗精，淋浊，小便不禁，风湿性关节炎，腰膝酸痛。

莲　*Nelumbo nucifera* Gaertn.

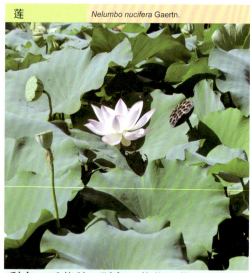

科名：睡莲科　**别名**：莲花、藕

识别要点　水生草本。根状茎肥厚。叶圆形盾状，叶面具白粉，叶柄中空，外面散生小刺。花梗和叶柄近等长，散生小刺。

药用部位　根茎、种子、花　**药材名**　藕节、莲子、莲花

功能主治　补脾止泻，止带，益肾涩精，养心安神。用于脾虚泄泻，带下，遗精，心悸失眠。

睡　莲　*Nymphaea tetragona* Georgi

科名：睡莲科　**别名**：白莲花、莲花

识别要点　水生草本。根状茎短粗。叶纸质，心状卵形。花梗细长，花萼基部四棱形，萼片革质，花瓣白色。

药用部位　花　**药材名**　睡莲

功能主治　消暑，解酒，定惊。用于中暑，醉酒烦渴，小儿惊风。

蕺　菜　*Houttuynia cordata* Thunb.

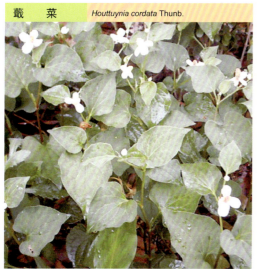

科名：三白草科　别名：鱼腥草、狗贴耳

识别要点　多年生草本。全株有鱼腥臭味。叶草质，有腺点，托叶膜质。穗状花序，总苞片4片，白色。

药用部位　全草　　**药材名**　鱼腥草

功能主治　清热，解毒，利湿，消肿。用于肺脓肿、痰热咳嗽、肾炎水肿。

三　白　草　*Saururus chinensis* (Lour.) Baill.

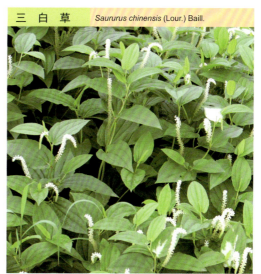

科名：三白草科　别名：白面姑、塘边藕

识别要点　草本。根状茎肉质。单叶互生，柄表面有条纹，叶片两面均无毛，开花时常为乳白色，托叶与叶柄合生。

药用部位　根状茎或全草　　**药材名**　三白草

功能主治　清热利尿，解毒消肿。用于尿路感染，水肿。外用治疗疮脓肿。

草胡椒　*Peperomia pellucida* (L.) Kunth

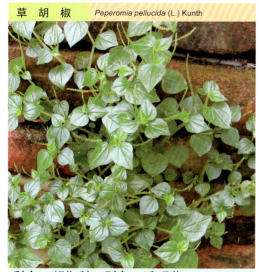

科名：胡椒科　别名：透明草

识别要点　肉质草本。高20～40cm，下部节上常生不定根。叶互生，膜质，半透明。穗状花序顶生和与叶对生，浆果。

药用部位　全草　　**药材名**　草胡椒

功能主治　散瘀止痛，清热解毒。用于跌打损伤。

豆瓣绿　*Peperomia tetraphylla* (G. Forst.) Hook.et Arn

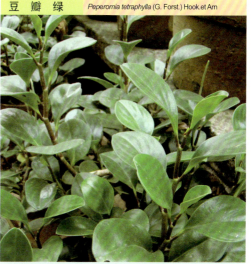

科名：胡椒科　别名：豆瓣菜、岩石莲

识别要点　肉质草本。茎匍匐。叶大小近相等，叶脉3条，细弱，通常不明显。穗状花序单生、顶生和腋生。

药用部位　全草　　**药材名**　豆瓣绿

功能主治　祛风除湿，止咳祛痰。治风湿疼痛，肺结核，哮喘。

山蒟 *Piper hancei* Maxim.

科名：胡椒科　**别名**：绿藤、山蒌

识别要点　攀援木质藤本。揉之有香气，茎枝光滑无毛。夏季开花，花小，单性，异株，花序苞片无梗，浆果圆球形。

药用部位　茎、叶或全株　**药材名**　石南藤

功能主治　祛风湿，强腰膝，止痛，止咳。用于风湿痹痛，腰膝无力。

荜拔 *Piper longum* L.

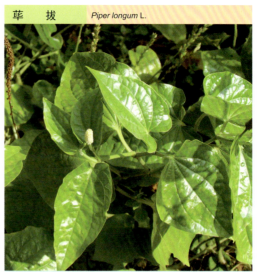

科名：胡椒科　**别名**：荜勃、荜茇

识别要点　攀援藤本。叶纸质，有密细腺点，有钝圆、相等的两耳，叶脉中间三出离基。雌雄异株，穗状花序。浆果上部有脐状凸起。

药用部位　近成熟或成熟果穗　**药材名**　荜茇

功能主治　温中，散寒，下气，止痛。用于胃寒腹痛，肠鸣泄泻，头痛，龋齿痛。

胡椒 *Piper nigrum* L.

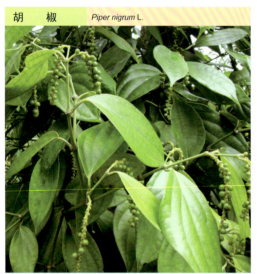

科名：胡椒科　**别名**：白胡椒、黑胡椒

识别要点　多年生藤本。节常生根。单叶互生，形状变异极大，具基出脉5～7条，有托叶。穗状花序。浆果球形。

药用部位　果实　**药材名**　胡椒

功能主治　温中散寒，理气止痛。用于胃寒呕吐，腹痛腹泻。

假蒟 *Piper sarmentosum* Roxb.

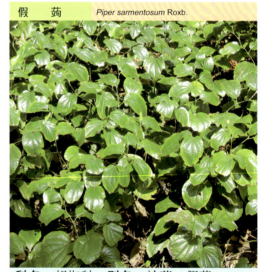

科名：胡椒科　**别名**：蛤蒌、假蒌

识别要点　多年生草本。叶下面沿脉上被粉状短柔毛，掌状脉7条。花无花被，雌雄异株，穗状花序。浆果近球形。

药用部位　叶　**药材名**　假蒟叶

功能主治　温中，行气，祛风，消肿。用于胃寒痛，气胀腹痛。

及 己 *Chloranthus serratus* (Thunb.) Roem.et Schult

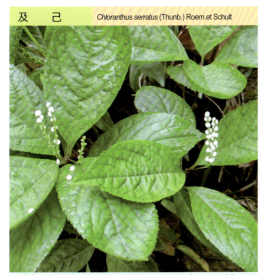

科名：金粟兰科　**别名**：四叶金、四块瓦

识别要点　多年生草本。茎圆形，无毛。叶对生，边缘有圆锯齿，齿尖有1腺体。穗状花序，苞片近半圆形。核果梨形。

药用部位　全草　　**药材名**　及己

功能主治　舒筋活络，祛风止痛，消肿解毒。用于跌打损伤，风湿腰腿痛。有毒。

金粟兰 *Chloranthus spicatus* (Thunb.) Makino

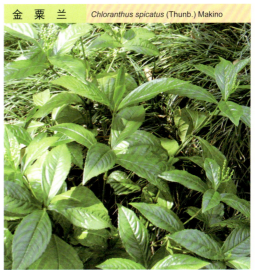

科名：金粟兰科　**别名**：鱼子兰、珠兰金

识别要点　半灌木。茎节膨大。单叶基部稍合生，托叶细小，叶片边缘有钝齿，齿尖有一腺体。穗状花序，极香。核果。

药用部位　全株　　**药材名**　珠兰

功能主治　祛风湿，接筋骨。用于感冒，风湿关节疼痛，跌打损伤。

草 珊 瑚 *Sarcandra glabra* (Thunb.) Nakai

科名：金粟兰科　**别名**：肿节风、九节茶

识别要点　常绿灌木。节膨大。单叶对生，叶片革质，齿端硬骨质，有1个腺体，托叶鞘状。穗状花序。浆果熟红色。

药用部位　全株　　**药材名**　肿节风

功能主治　抗菌消炎，祛风除湿，活血止痛。用于肺炎、急性肠胃炎、菌痢。

海南草珊瑚 *Sarcandra hainanensis* (Pei) Swamy et Bail.

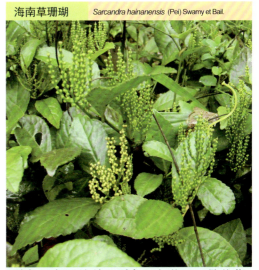

科名：金粟兰科　**别名**：九节风、骨节菜

识别要点　半灌木。高1～1.5m。叶对生，纸质。穗状花序组成圆锥花序，核果卵形，幼时绿色，熟时黄红色。

药用部位　全株　　**药材名**　山羊耳

功能主治　消肿止痛，通利关节，外用接骨。

马兜铃 *Aristolochia debilis* Sieb. et Zucc.

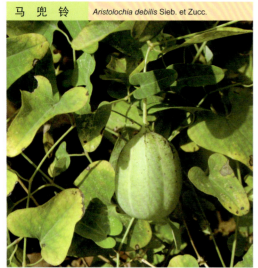

科名：马兜铃科　**别名**：青木香、南马兜铃

识别要点　草质藤本。根圆柱形，茎柔弱，有腐肉味。叶纸质，卵状三角形，基部心形。花单生或2朵聚生于叶腋。

药用部位　果实　**药材名**　马兜铃

功能主治　清肺降气，止咳平喘。用于肺虚久咳，肠热痔血，痔疮肿痛，水肿。

广防己 *Aristolochia fangchi* Y. C. Wu ex L. D.

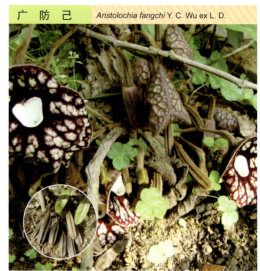

科名：马兜铃科　**别名**：木防己、藤防己

识别要点　多年生藤本。根粗壮。茎细长，密被茸毛。叶互生。夏季开紫色喇叭状花。蒴果具多数种子。

药用部位　根茎　**药材名**　广防己

功能主治　祛风清热。用于身痛，风湿痹痛，下肢水肿。

寻骨风 *Aristolochia mollissima* Hance

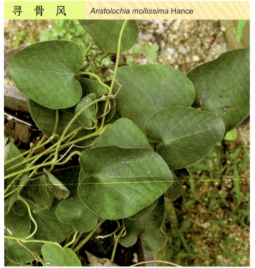

科名：马兜铃科　**别名**：猫耳朵草、黄才香

识别要点　木质藤本。根细长，圆柱形。嫩枝密被灰白色长绵毛，老枝无毛。叶纸质。种子卵状三角形，背面平凸状，具皱纹和隆起的边缘。

药用部位　地上部分　**药材名**　寻骨风

功能主治　祛风通络，止痛。用于风湿痹痛，胃痛，睾丸肿痛，跌打伤痛。

耳叶马兜铃 *Aristolochia tagala* Champ.

科名：马兜铃科　**别名**：卵叶马兜铃、卵叶雷公藤

识别要点　草质藤本。根圆柱形。叶纸质，卵状心形或长圆状卵形。总状花序腋生，蒴果倒卵状球形。

药用部位　根和种子　**药材名**　黑面防己

功能主治　祛风除湿，行气利尿，清热解毒。用于风湿性关节痛，湿热淋证。

土 细 辛 *Asarum forbesii* Maxim.

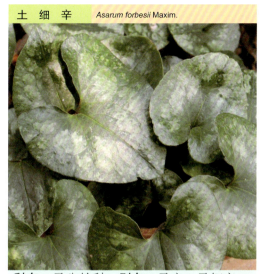

科名：马兜铃科　**别名：**马辛、马细辛

识别要点　草本。根状茎粗短，根丛生。叶上面中脉两侧有云状白斑。花暗紫色，花被管钟状或圆筒形。

药用部位　全草　　**药材名**　细辛

功能主治　散风逐寒，消痰行水，活血，定痛。用于风寒感冒，跌打损伤。

金 耳 环 *Asarum insigne* Diels

科名：马兜铃科　**别名：**慈姑叶细辛、花叶细辛

识别要点　多年生草本。根状茎粗短，有浓烈的麻辣味。叶片卵形，基部耳状深裂，叶面中脉两旁有白色云斑。花紫色。

药用部位　全草　　**药材名**　金耳环

功能主治　温经散寒，祛痰止咳。用于风寒咳嗽，慢性支气管炎。

五 桠 果 *Dillenia indica* Linn.

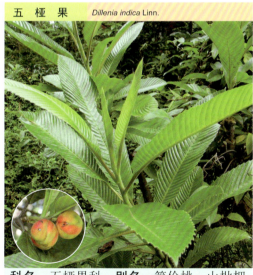

科名：五桠果科　**别名：**第伦桃、山枇杷

识别要点　乔木。嫩枝有褐色柔毛。叶薄革质，矩圆形。花单生于枝顶，花瓣白色，果实圆球形。

药用部位　根、皮　　**药材名**　五桠果

功能主治　解毒消肿、收敛止泻。用于瘀血肿胀，痢疾，肠炎，皮肤红肿。

锡 叶 藤 *Tetracera asiatica* (Lour.) Hoogl.

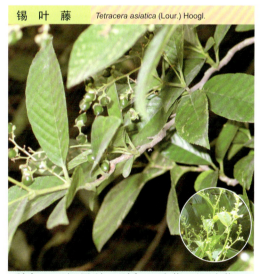

科名：五桠果科　**别名：**砂藤、涩叶藤

识别要点　藤本。小枝粗糙。叶两面极粗糙。花白色极香，萼片5宿存，花瓣3。蓇葖果褐黄色而光亮，先端有宿存花柱。

药用部位　根或叶　　**药材名**　锡叶藤

功能主治　收敛，止泻，止血，生肌收口，固精。用于肠炎，痢疾，脱肛，遗精。

芍药 *Paeonia lactiflora* Pall.

科名：芍药科　别名：白芍药

识别要点　草本。下部茎生叶为二回三出复叶，上部茎生叶为三出复叶。花数朵，生茎顶和叶腋；蓇葖顶端具喙。

药用部位　根　　**药材名**　芍药

功能主治　镇痉、镇痛、通经药。用于腹痛，眩晕，痛风。

牡丹 *Paeonia suffruticosa* Andr.

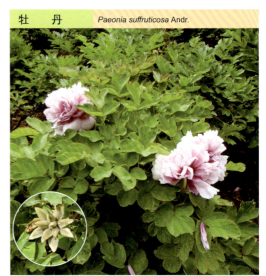

科名：芍药科　别名：百两金、富贵花

识别要点　落叶灌木。分枝短而粗。二回三出复叶，顶生小叶宽卵形，侧生小叶狭卵形。花单生枝顶，蓇葖长圆形。

药用部位　根皮　　**药材名**　牡丹皮

功能主治　活血调经。用于月经不调，痛经，经闭。

中华猕猴桃 *Actinidia chinensis* Planch.

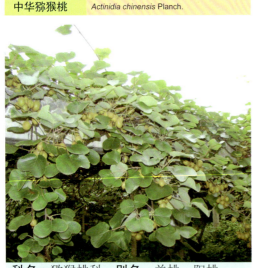

科名：猕猴桃科　别名：羊桃、阳桃

识别要点　藤本。叶片纸质，近圆形，边缘有刺毛状齿。花开时白色，后变黄色。浆果卵圆形，密生棕色长毛。

药用部位　果、根　　**药材名**　羊桃

功能主治　果：调中理气，用于消化不良，食欲不振。根：清热解毒，用于肝炎。

水东哥 *Saurauia tristyla* DC.

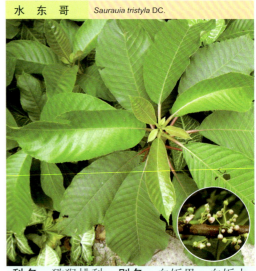

科名：猕猴桃科　别名：白饭果、白饭木

识别要点　灌木或小乔木。小枝无毛或被绒毛，被爪甲状鳞片或钻状刺毛。叶纸质或薄革质。花序聚伞式。

药用部位　根皮　　**药材名**　铜皮

功能主治　散瘀消肿，止血，解毒。用于跌打损伤，骨折，创伤出血，痈肿，慢性骨髓炎，尿淋。

金莲木 *Ochna integerrima* (Lour.) Merr.

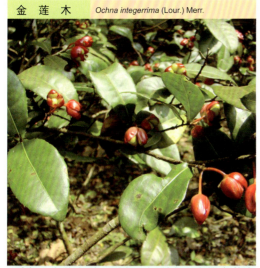

科名：金莲木科　**别名**：似梨木、合柱金莲木

识别要点　落叶灌木。叶纸质，椭圆形、倒卵状长圆形或倒卵状披针形。花序近伞房状，萼结果时呈暗红色，核果。

药用部位　根、叶　**药材名**　金莲木

功能主治　收敛固肾。用于治疗消化系统疾病。

龙脑香树 *Dryobalanops aromatica* Gaertn.f.

科名：龙脑香科　**别名**：克隆木

识别要点　常绿乔木。叶互生，革质，叶片卵状椭圆形，先端急尖或渐尖，全缘，基部钝圆或阔楔形。圆锥花序生于上部枝腋，花两性。

药用部位　树脂　**药材名**　天然冰片、右旋龙脑

功能主治　开窍醒神、清热止痛，用于热病神昏、惊厥、中风痰厥、气郁暴厥等。

青梅 *Vatica mangachapoi* Blanco

科名：龙脑香科　**别名**：青皮、海梅

识别要点　乔木。小枝、叶柄和花序均密生星状微柔毛。叶革质，矩圆形，顶端微钝。圆锥花序顶生或腋生，果球形。

药用部位　果实　**药材名**　青梅

功能主治　安神，止咳，止痛，止痢疾，消肿解毒。用于改善肠胃功能，抗菌。

山茶 *Camellia japonica* L.

科名：茶科　**别名**：山茶花、川茶花、耐冬

识别要点　常绿灌木或小乔木。单叶互生。花两性，单生，花萼5，绿色，花瓣红色、白色、淡红色，近圆形，顶端凹缺。

药用部位　花　**药材名**　山茶花

功能主治　收敛凉血，止血。用于吐血、衄血，便血，血崩。外用治烧烫伤。

油茶　　*Camellia oleifera* Abel

科名：茶科　　**别名**：油茶树、茶子树

识别要点　灌木或小乔木。花无柄，白色，苞片与萼片，外面被丝毛，花瓣5～7。蒴果，2～3裂，果瓣厚木质。

药用部位　种子油　　**药材名**　油茶油

功能主治　清热化湿，杀虫解毒。用于痧气腹痛，急性蛔虫阻塞性肠梗阻。

茶　　*Camellia sinensis* (Linn.) O. Kuntze

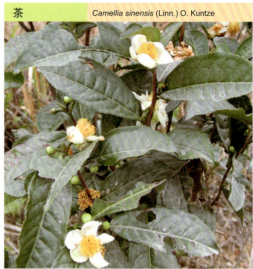

科名：茶科　　**别名**：茶树、茶树子

识别要点　小乔木。叶革质，椭圆状披针形，长5～10cm。花白色。叶供制茶。

药用部位　叶　　**药材名**　茶

功能主治　除烦止渴，利尿。用于头痛，心烦口渴，食滞，感冒头痛，痢疾，霍乱，伤寒，咳喘。

米碎花　　*Eurya chinensis* R. Br.

科名：茶科　　**别名**：虾辣眼、岗茶

识别要点　小灌木。嫩枝有2棱，被黄褐色短柔毛。花白色至黄绿色，雌雄异株，具长柄，花腋生。浆果圆球形，熟时黑色。

药用部位　根　　**药材名**　米碎花根

功能主治　清热解毒，除湿敛疮。用于预防流行性感冒。外治烧烫伤，脓疱疮。

岗柃　　*Eurya groffii* Merr.

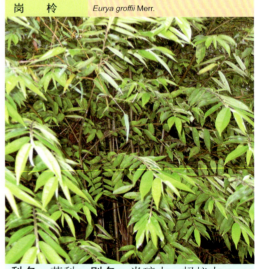

科名：茶科　　**别名**：米碎木、蚂蚁木

识别要点　灌木或小乔木。嫩枝圆柱形，有黄褐色长茸毛。叶上面发亮，下面有长毛。单性花。核果状浆果，圆球形。

药用部位　叶　　**药材名**　岗柃

功能主治　豁痰镇咳，消肿止痛。用于肺结核，咳嗽，跌打肿痛。

大头茶　*Gordonia axillaris* (Roxb.) Dietrich

科名：茶科　别名：大山皮、楠木树

识别要点　常绿灌木或小乔木。叶厚革质，全缘，基部渐狭。花大，乳白色；花瓣宽倒心形；雄蕊多数；蒴果长圆形。

药用部位　茎皮　　**药材名**　大头茶

功能主治　活络止痛。用于风湿腰痛；跌打损伤。用于痈疮，痢疾，胃痛，关节炎。

荷　树　*Schima superba* Gardn. et Champ.

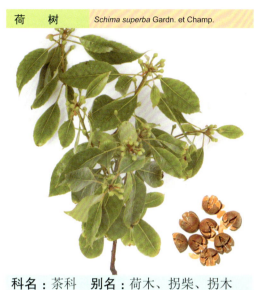

科名：茶科　别名：荷木、拐柴、拐木

识别要点　乔木。花白色，萼片5，边缘有细毛，花瓣5；雄蕊极多数。蒴果近球形，径约1.5厘米，5裂，果皮木质。

药用部位　根皮　　**药材名**　荷木

功能主治　用于疔疮，无名肿毒。

厚 皮 香　*Temstroemia gymnanthera* (Wight et Am.) Beddome

科名：茶科　别名：野瑞香、珠木树

识别要点　小乔木。嫩枝浅红褐色。叶革质，常聚生于枝端，叶椭圆形，全缘。花两性或单性，淡黄白色，果实圆球形。

药用部位　叶、花、果　**药材名**　白花果

功能主治　清热解毒，消痈肿。用于疮疡痈肿，乳腺炎，可止痒痛。

薄叶红厚壳　*Calophyllum membranaceum* Gardn. et Champ.

科名：藤黄科　别名：横经席、皮子黄

识别要点　乔木。幼枝四棱形，有狭翅。单叶对生，侧脉纤细，平行排列。聚伞花序，核果卵状长圆形，横经席色。

药用部位　根、叶　　**药材名**　横经席

功能主治　祛风湿，强筋骨，活血止痛。用于风湿痹证，肾虚腰痛。

黄牛木 *Cratoxylon ligustrinum Bl.*

科名：藤黄科　**别名：**雀笼木、黄芽木

识别要点　灌木或小乔木。树干下部有簇生的长枝刺，枝条对生。萼片5，花瓣5。三体雄蕊。蒴果棕色，被宿存花萼。

药用部位　根、茎叶、树皮　**药材名**　黄牛茶

功能主治　解暑清热，利湿消滞。用于感冒，中暑发热，急性胃肠炎，黄疸。

藤黄 *Garcinia morella Desr*

科名：藤黄科　**别名：**海藤、玉黄、月黄

识别要点　常绿乔木。单叶对生，叶片倒卵状矩圆形或长圆状卵形，两面无毛。黄色花，聚伞花序，浆果卵形至近球形。

药用部位　胶质树脂　**药材名**　藤黄

功能主治　消肿，解毒，止血，杀虫。治痈疽肿毒，损伤出血，牙疳蛀齿。

多花山竹子 *Garcinia multiflora Champ. ex Benth.*

科名：藤黄科　**别名：**山橘子、白树子

识别要点　常绿乔木。树皮灰白色，小枝亮绿色。叶片边缘反卷。花橙黄色，萼片圆形，花瓣倒卵形。浆果味酸。

药用部位　树皮　**药材名**　山竹子

功能主治　消炎止痛，收敛生肌。用于肠炎，肠胃积滞，慢性泄泻。

岭南山竹子 *Garcinia oblongifolia Champ. ex Benth.*

科名：藤黄科　**别名：**海南山竹子、水竹果

识别要点　乔木。叶对生，薄革质，倒披针形。花单性，橙色或淡黄色；雄花成聚伞花序，雌花单生。浆果近球形。

药用部位　树皮　**药材名**　山竹子

功能主治　消炎止痛，消肿收敛。用于吐逆不食，脾虚下陷。

大叶藤黄 *Garcinia xanthochymus Hook. f. ex T. Anders.*

科名：藤黄科　**别名**：人面果、歪脖子果

识别要点　常绿乔木。单叶对生，叶片倒卵状矩圆形或长圆状卵形，叶片大，两面无毛。黄色花，聚伞花序，浆果近球形。

药用部位　茎、叶液汁　**药材名**　歪脖子果

功能主治　解毒敛疮，驱虫。用于蚂蟥（水蛭）入鼻。

地耳草 *Hypericum japonicum Thunb.*

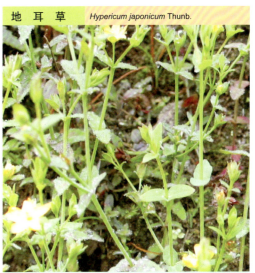

科名：藤黄科　**别名**：田基黄、黄花草

识别要点　一年生草本。茎四棱。叶背有稀疏的小黑点。聚伞花序顶生，苞片2，花萼5深裂，蒴果棕黄色，熟后裂为3果瓣。

药用部位　全草　**药材名**　地耳草

功能主治　清热解毒，利湿退黄，消肿散瘀。用于湿热黄疸、急慢性肝炎等。

金丝桃 *Hypericum monogynnm Linn.*

科名：藤黄科　**别名**：金丝海棠、土连翘

识别要点　灌木。小枝纤细且多分枝。叶纸质、无柄、对生、长椭圆形。花期6～7月，常见3～7朵集合成聚伞花序。

药用部位　根　**药材名**　金丝桃

功能主治　清热解毒，祛风消肿。用于急性咽喉炎，眼结膜炎，肝炎。

元宝草 *Hypericum sampsonii Hance*

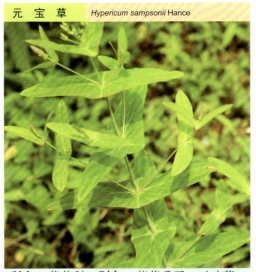

科名：藤黄科　**别名**：茅草香子、对叶草

识别要点　多年生草本。茎单立，圆柱形，基部木质化，上部具分枝。单叶对生，二歧聚伞花序顶生或腋生。

药用部位　全草　**药材名**　元宝草

功能主治　活血，止血，解毒。用于吐血，衄血，月经不调，跌扑闪挫，痈肿疮毒。

| 猪 笼 草 | *Nepenthes mirabilis* (Lour.) Druce |

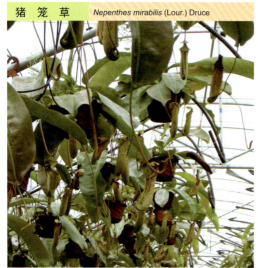

科名：猪笼草科　**别名：**捕虫草、担水桶

识别要点　草本。叶片椭圆形，食虫囊近圆筒形，长6～12cm，粗1.6～3cm，盖近圆形。总状花序。

药用部位　全草　　**药材名**　猪笼草

功能主治　清肺润燥，解毒，清热利湿。用于肺燥咳嗽，百日咳，黄疸，胃痛。

| 白 屈 菜 | *Chelidonium majus* L. |

科名：罂粟科　**别名：**山黄连、牛金花

识别要点　多年生草本。主根圆锥状，土黄。茎直立，多分枝，有白粉，疏生白色细长柔毛，断之有黄色乳汁。叶互生。

药用部位　全草　　**药材名**　白屈菜

功能主治　清热解毒，止痛，止咳。用于胃炎，胃溃疡，腹痛，肠炎，痢疾，黄疸，慢性支气管炎，百日咳；外用治水田皮炎，毒虫咬伤。

| 小花黄堇 | *Corydalis racemosa* (Thunb.) Pers. |

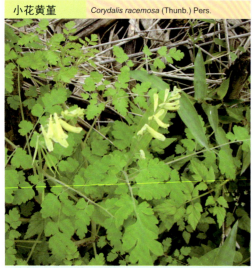

科名：罂粟科　**别名：**白刺梨果、白断肠草

识别要点　草本。茎具棱。对叶生，茎生叶具短柄，上面绿色，下面灰白色，二回羽状全裂。总状花序，花黄色。

药用部位　全草　　**药材名**　小花黄堇

功能主治　清热利尿，止痢，止血。用于暑热腹泻，痢疾，肺结核咯血，目赤肿痛。

| 石生黄连 | *Corydalis saxicola* Bunting. |

科名：罂粟科　**别名：**岩胡、岩连

识别要点　多年生草本。叶具长柄，二回羽状全裂。总状花序顶生或与叶对生，苞片椭圆形至披针形。蒴果圆柱状，略弯曲。

药用部位　全草　　**药材名**　岩黄连

功能主治　清热解毒，利湿，止痛止血。用于肝炎，腹泻，腹痛，痔疮出血。

血水草　*Eomecon chionantha* Hance

科名：罂粟科　**别名：**水黄连、广扁线

识别要点　多年生草本。全株折断有红黄色汁液。叶基生，基部具窄鞘，下面有白粉。聚伞状花序顶生。蒴果长椭圆形。

药用部位　根茎　**药材名**　血水草

功能主治　清热解毒，活血止血。用于劳伤腰痛，咯血。外治毒蛇咬伤，跌打损伤。

博落回　*Macleaya cordata* (Willd.) R. Br

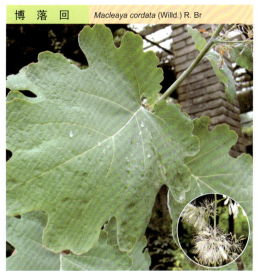

科名：罂粟科　**别名：**号筒杆、号筒草

识别要点　多年生草本。全体带有白粉，折断后有黄汁流出。茎中空，绿色，有时带红紫色。圆锥花序。蒴果下垂。

药用部位　全草　**药材名**　博落回

功能主治　麻醉，镇痛，杀虫，消肿。用于脓肿，急性扁桃体炎，滴虫性阴道炎。

虞美人　*Papaver rhoeas* Linn.

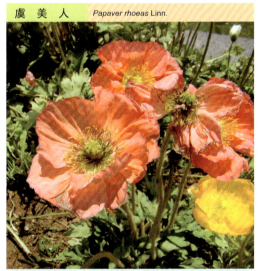

科名：罂粟科　**别名：**百般娇、蝴蝶满园春

识别要点　草本。叶互生，羽状分裂。花单，花瓣4，圆形，紫红色，基部通常具深紫色斑点，雄蕊多数。蒴果宽卵形。

药用部位　全草　**药材名**　丽春花

功能主治　清热，镇咳，镇痛，止泻。用于咳嗽，腹痛，菌痢。

广州山柑　*Capparis cantoniensis* Lour.

科名：白花菜科　**别名：**广州槌果藤、屈头鸡

识别要点　攀援灌木。小枝幼时有棱角，被淡黄色短柔毛，刺坚硬。叶近革质，长圆形。圆锥花序，果球形至椭圆形。

药用部位　果实　**药材名**　广州山柑

功能主治　化痰止咳，散瘀止痛。用于肺热咳嗽，咳痰黄稠，心烦不安。

醉蝶花　*Cleome spinosa* Jacq

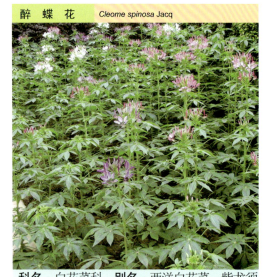

科名：白花菜科　**别名：**西洋白花菜、紫龙须

识别要点　一年生草本。有强烈臭味和黏质腺毛。小叶5～7。花瓣玫瑰紫色或粉红色，少有白色；雄蕊6，较花瓣长2～3倍。

药用部位　全草　　**药材名**　醉蝶花

功能主治　祛风散寒，活血止痛。用于风湿疼痛，跌打损伤。

黄花草　*Cleome viscosa* L.

科名：白花菜科　**别名：**臭矢菜

识别要点　草本。全株密被黏质腺毛，有恶臭气味。掌状复叶。花单生叶腋，在顶端则成总状或伞房状花序。花瓣淡黄色。

药用部位　全草　　**药材名**　臭矢菜

功能主治　散瘀消肿，去腐生肌。用于跌打肿痛，疮疡溃烂。

单色鱼木　*Crateva unilocularis* Buch. Ham.

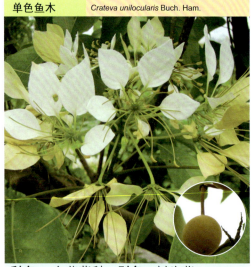

科名：白花菜科　**别名：**树头菜

识别要点　乔木。小枝灰色，有散生皮孔。指状复叶，小叶3，托叶早落。伞房花序顶生，花瓣卵形，叶状，果近球形。

药用部位　树皮、果实　　**药材名**　树头菜

功能主治　清热解毒，健胃。用于痧症发热，烂疮，蛇咬伤，胃痛。

油　菜　*Brassica napus* L.

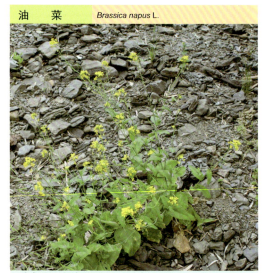

科名：十字花科　**别名：**胡菜

识别要点　一年生或二年生草本。茎粗壮，无毛或稍被微毛，茎中部及上部的叶倒卵状椭圆形或长方形，半抱茎。花序成疏散的总状花序。

药用部位　嫩茎叶、种子的脂肪油

药材名　芸苔、油菜籽油

功能主治　散血，消肿。用于劳伤吐血，血痢，丹毒，热毒疮，乳痈。

荠　　*Capsella bursa-pastoris* (Linn.) Medic.

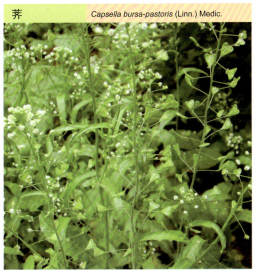

科名：十字花科　　**别名**：荠菜、铲铲草

识别要点　草本。基生叶大头羽状分裂，顶生裂片较大；侧生裂片较小，狭长。总状花序，花白色，短角果倒心形。

药用部位　全草　　**药材名**　荠菜

功能主治　清热解毒，止血，明目。用于疔疮肿毒，热盛出血，眼底出血。

菘　蓝　　*Isatis indigotica* Fort.

科名：十字花科　　**别名**：枚蓝根、大青根

识别要点　二年生草本。单叶互生，基生，半抱茎，全缘或有不明显的细锯齿。阔总状花序，花小，黄色。角果长圆形。

药用部位　根、叶　　**药材名**　板蓝根、大青叶

功能主治　清热解毒，凉血利咽。用于流感，丹毒，咽喉肿痛。

豆瓣菜　　*Nasturtium officinale* R.Br.

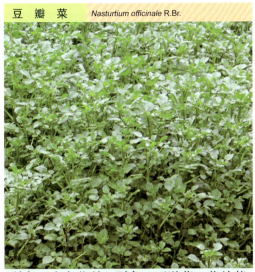

科名：十字花科　　**别名**：西洋菜、荷兰芥

识别要点　水生草本。单数羽状复叶，小叶片3～7（～9）枚，宽卵形。总状花序顶生，花瓣白色，长角果圆柱形而扁。

药用部位　全草　　**药材名**　西洋菜干

功能主治　化痰止咳，清燥润肺，利尿。用于肺痨，咳嗽，咯血，小便不利。

萝　卜　　*Raphanus sativus* Linn.

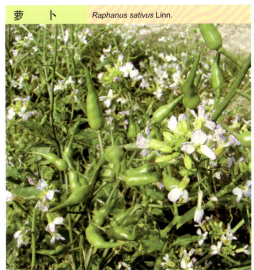

科名：十字花科　　**别名**：莱菔、白萝卜

识别要点　草本。直根肉质。基生叶和下部茎生叶大头羽状半裂。总状花序顶生及腋生，花白色或粉红色，长角果。

药用部位　种子　　**药材名**　莱菔子

功能主治　消食，下气，化痰。用于消化不良，食积胀满。

塘葛菜　*Rorippa dubia* (Pers.) Hara

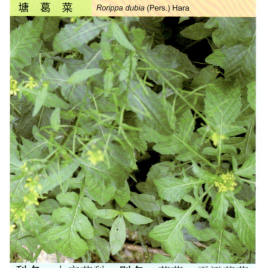

科名：十字花科　别名：蔊菜、无瓣蔊菜

识别要点　草本。叶片常为大头羽状分裂，顶端裂片大，茎上部叶披针形或长卵形。总状花序，花无瓣，萼片4。角果。

药用部位　全草　　**药材名**　蔊菜

功能主治　清热凉血，消肿利尿，止咳化痰。用于感冒，咽喉肿痛，肺热咳嗽，水肿。

辣木　*Moringa oleifera* Lam.

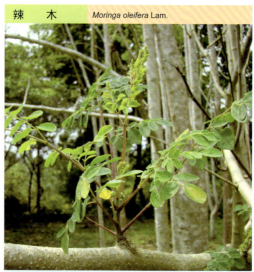

科名：辣木科　别名：鼓槌树

识别要点　乔木。根有辛辣味。叶通为三回羽状复叶，小叶椭圆形。圆锥花序腋生，花瓣5，白色，雄蕊5，蒴果细长。

药用部位　花、树皮　　**药材名**　辣木

功能主治　调节血压，降胆固醇，降血糖。用于糖尿病，高血压，高脂血症。

枫香树　*Liquidambar formosana* Hance

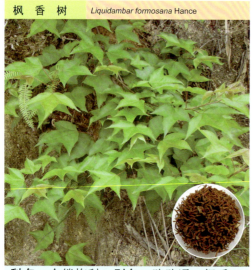

科名：金缕梅科　别名：路路通、枫香

识别要点　落叶乔木。皮灰褐色。托叶线形，红色，早落。雄蕊多数，雌花排成头状花序。头状果序球形，下垂。

药用部位　果实　　**药材名**　路路通

功能主治　祛风通络，利水除湿，用于肢体痹痛，手足拘挛，水肿，经闭。

苏合香　*Liquidambar orientalis* Mill.

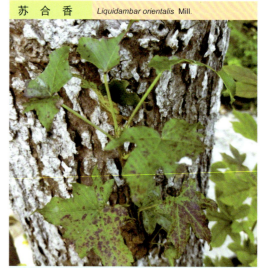

科名：金缕梅科　别名：苏合香树

识别要点　乔木。叶互生，具长柄，托叶小，叶片掌状5裂，偶为3或7裂，边缘有锯齿。花单性，雌雄同株。果序圆球状，聚生多数蒴果，有宿存刺状花柱，种子顶端有翅。

药用部位　树脂加工品　　**药材名**　苏合香

功能主治　开窍，辟秽，止痛。用于中风痰厥，猝然昏倒，胸腹冷痛，惊痫。

檵 木 *Loropetalum chinense (R.Br.) Oliver*

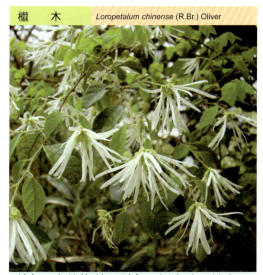

科名：金缕梅科　**别名：**桎木叶、继木

识别要点　落叶灌木或小乔木。树皮被褐锈色星状毛。花两性；苞片条形。蒴果球形木质。种子长卵形，有光泽。

药用部位　带嫩枝的叶片　　**药材名**　檵木

功能主治　止血，止泻，止痛，生肌。用于子宫出血，外伤出血。

壳菜果 *Mytilaria laosensis* Lecte

科名：金缕梅科　**别名：**谷菜果、山桐油

识别要点　乔木。节膨大，有环状托叶痕。叶革质，阔卵圆形，先端短尖。肉穗状花序，花瓣带状舌形，白色，蒴果。

药用部位　全株　　**药材名**　壳菜果

功能主治　清热祛风。

红 花 荷 *Rhodoleia championii* Hook. f.

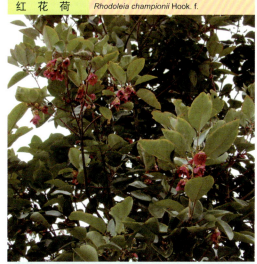

科名：金缕梅科　**别名：**红苞木、吊钟王

识别要点　乔木。叶厚革质，卵形，有三出脉，上面深绿色，下面灰白色。头状花序，常弯垂，花瓣红色，头状果序。

药用部位　叶　　**药材名**　红花荷

功能主治　活血止血。用于寒凝血脉之出血症。

落地生根 *Bryophyllum pinnatum* (L.f.) Oken

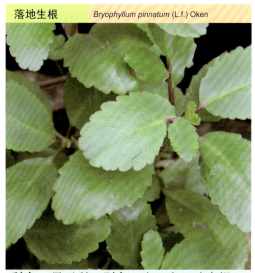

科名：景天科　**别名：**土三七、叶生根

识别要点　多年生肉质草本。节明显，上部紫红，下部灰色稍木化。开淡红色或淡紫色花，圆锥聚伞花序顶生。蓇葖果。

药用部位　全草　　**药材名**　落地生根

功能主治　凉血，止血，消肿，解毒。用于刀伤出血，吐血，咽喉肿痛，胃痛。

棒叶落地生根 *Kalanchoe delagoensis* Eckl. & Zeyh.

科名：景天科　**别名**：洋吊钟

识别要点　多年生草本。茎直立。叶长线形无柄，先端常萌发小植株。聚伞花序顶生，倒垂，花赤橙色，花萼4裂。

药用部位　全草　　**药材名**　洋吊钟

功能主治　清热解毒。用于烧烫伤，外伤出血，疮疡红肿。

伽蓝菜 *Kalanchoe laciniata* (L.) DC.

科名：景天科　**别名**：假川连、鸡爪三七

识别要点　多年生肉质草本。老枝变红。单叶对生，叶片肥厚多汁。聚伞花序排成圆锥状，蓇葖果。

药用部位　全草　　**药材名**　伽蓝菜

功能主治　清热解毒，散瘀止血。用于跌打损伤，毒蛇咬伤，疮疡脓肿。

红景天 *Rhodiola rosea* Linn.

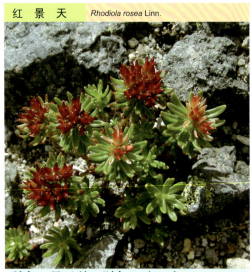

科名：景天科　**别名**：土三七

识别要点　草本。根粗壮，直立，主轴短粗，有鳞片。叶椭圆状卵形，长7～35mm，宽5～15mm，肉质。花序伞房状。

药用部位　根茎　　**药材名**　红景天

功能主治　益气活血，通脉平喘。用于气虚血瘀，胸痹心痛，中风偏瘫，倦怠气喘。

费菜 *Sedum aizoon* L.

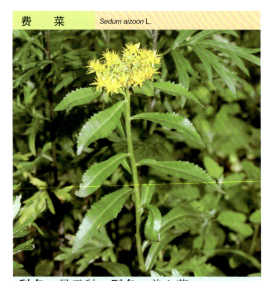

科名：景天科　**别名**：养心草

识别要点　多年生草本。根状茎短，茎直立，不分枝，叶互生，坚实，近革质。聚伞花序有多花，水平分枝。

药用部位　全草或根　　**药材名**　费菜

功能主治　活血，止血，宁心，利湿，消肿，解毒。用于跌打损伤，咳血，吐血，便血，心悸，痈肿。

凹叶景天	*Sedum emarginatum* Migo

科名：景天科　**别名**：石马齿苋、豆瓣菜

识别要点　肉质草本。茎下部平卧，节上生不定根。单叶对生，聚伞花序，花小无梗。蓇葖腹面有浅囊状隆起。

药用部位　全草　**药材名**　马牙半支

功能主治　清热解毒，止血，止痛，利湿。用于肝炎，痢疾，吐血，便血。

佛甲草	*Sedum lineare* Thunb.

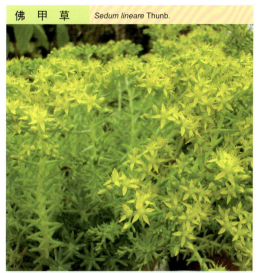

科名：景天科　**别名**：打不死、铁指甲

识别要点　肉质草本。光滑无毛。3叶轮生，稀为4叶轮生或对生。聚伞花序顶生，花疏生无梗。蓇葖果略叉开。

药用部位　全草　**药材名**　佛甲草

功能主治　清热，解毒，消肿。用于咽喉肿痛，痈肿，疔疮，丹毒，烫伤。

垂盆草	*Sedum sarmentosum* Bunge

科名：景天科　**别名**：半支莲、狗牙半支

识别要点　肉质草本。不育枝匍匐生根，结实枝直立。对生或3叶轮生。聚伞花序疏松。种子细小卵圆形。

药用部位　全草　**药材名**　垂盆草

功能主治　清热解毒，消肿排脓。用于咽喉肿痛，肝炎，热淋，烫伤，痈肿。

常山	*Dichroa febrifuga* Lour.

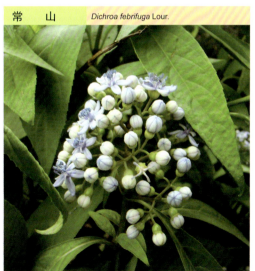

科名：虎耳草科　**别名**：黄常山、鸡骨风

识别要点　落叶灌木。小枝疏被黄色短毛或近无毛。柄有时被毛。伞房圆锥花序，花序轴或花梗均被毛。浆果，熟时蓝色。

药用部位　根、嫩枝叶　**药材名**　常山

功能主治　截疟，涌吐。用于疟疾，胸脘痰结。

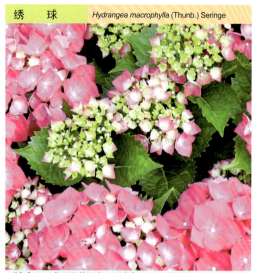

绣 球　　*Hydrangea macrophylla* (Thunb.) Seringe

科名：虎耳草科　　**别名：**八仙花

识别要点　灌木。茎有明显的皮孔与叶痕。叶对生，叶柄长，无毛或脉上被粗毛。伞房花序顶生。蒴果宽卵形，有棱脊。

药用部位　根　　**药材名**　绣球

功能主治　清热除烦，抗疟。用于疟疾，心热惊悸，烦躁。

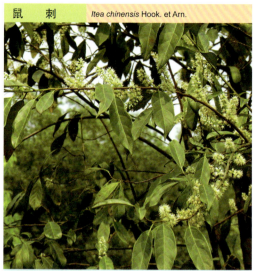

鼠 刺　　*Itea chinensis* Hook. et Arn.

科名：虎耳草科　　**别名：**老鼠刺、中国拟铁

识别要点　灌木或小乔木。无毛，老枝棕褐色，具纵棱条。叶薄革质，腋生总状花序，通常短于叶。蒴果长圆状披针形。

药用部位　根或花　　**药材名**　鼠刺

功能主治　滋补强壮，祛风除湿，接骨续筋。主身体虚弱，劳伤乏力，咳嗽，咽痛，白带，腰痛，跌打损伤，骨折。

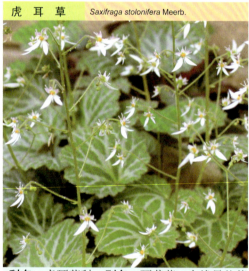

虎 耳 草　　*Saxifraga stolonifera* Meerb.

科名：虎耳草科　　**别名：**耳聋草、金线吊芙蓉

识别要点　多年生草本。匍匐茎纤细，着地后另立新枝。叶下面红紫色或有斑点，两面被长毛。花两性。蒴果卵圆。

药用部位　全草　　**药材名**　虎耳草

功能主治　祛风，清热，凉血，解毒。用于风疹，湿疹，丹毒，咳嗽吐血。

台琼海桐　　*Pittosporum pentandrum* var. *formosanum* (Hayata) Z. Y. Zhang & Turland

科名：海桐科　　**别名：**台湾海桐花

识别要点　常绿灌木或小乔木。新枝被锈色柔毛，幼叶两面被柔毛。圆锥花序顶生，总梗被锈褐色柔毛，果扁球形。

药用部位　根、叶　　**药材名**　七里香

功能主治　祛风除湿，理气止痛，止血散瘀。用于风湿骨痛，胃痛，跌打损伤。

海 桐　*Pittosporum tobira* Ait.

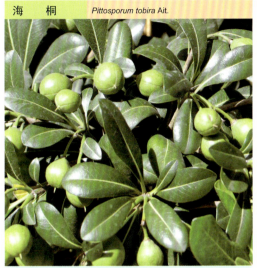

科名：海桐科　　**别名**：海桐花

识别要点　常绿灌木。枝近轮生。叶革质，聚生枝端。花序近伞形，多少密生短柔毛。蒴果近球形，种子暗红色。

药用部位　枝、叶　　**药材名**　海桐花

功能主治　杀虫灭齐。用于疥疮。

龙 芽 草　*Agrimonia pilosa* Ledeb.

科名：蔷薇科　　**别名**：仙鹤草、狼牙草

识别要点　草本。茎被疏柔毛及短柔毛，下部被疏长硬毛。大小叶相间羽状复叶，互生；总状花序顶生。果实倒圆锥形。

药用部位　全草　　**药材名**　仙鹤草

功能主治　收敛止血，止痢，解毒益气。用于呕血，咯血，衄血，赤白痢疾，劳伤脱力。

贴梗海棠　*Chaenomeles sinensis* (Thouin) Koehne

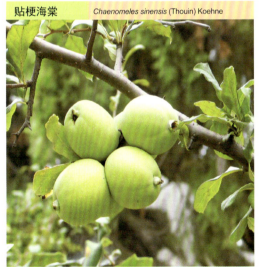

科名：蔷薇科　　**别名**：海棠、木梨、木瓜

识别要点　灌木。小枝有刺，紫红色或紫褐色。叶片椭圆卵形，边缘有锐锯齿。花单生，花瓣淡粉红色，果实长椭圆形。

药用部位　果实　　**药材名**　海棠

功能主治　平肝和胃，祛湿舒筋。用于吐泻转筋，水肿，脚气，湿痹。

山 楂　*Crataegus pinnatifida* Bge.

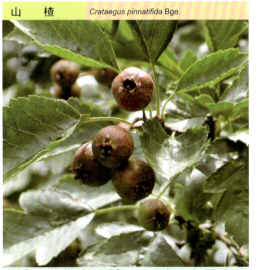

科名：蔷薇科　　**别名**：山里红、红果子

识别要点　落叶乔木。小枝紫褐，老枝灰褐。叶三角状卵形。复伞房花序，花序梗、花柄都有长柔毛。梨果深红色球形。

药用部位　果实　　**药材名**　山楂

功能主治　开胃消食，化滞消积，活血散瘀。用于肉食积滞，瘀阻腹痛，癥瘕积聚。

蛇 莓 *Duchesnea indica* (Andr.) Focke

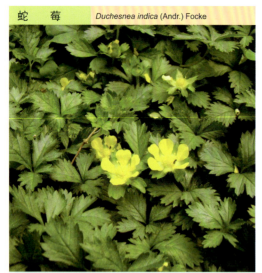

科名：蔷薇科　别名：蛇含草、蛇泡草

识别要点　多年生草本。匍匐茎，有柔毛。三出复叶，基部有2枚宽卵形托叶，小叶两面散生柔毛或上面近无毛。瘦果卵形。

药用部位　全草　**药材名**　蛇莓

功能主治　清热解毒，散瘀消肿。用于热病、咳嗽、咽喉肿痛等。

枇 杷 *Eriobotrya japonica* (Thunb.) Lindl.

科名：蔷薇科　别名：卢橘

识别要点　常绿小乔木。密被锈色绒毛。叶上面光亮，下面密生绒毛。圆锥花序顶生。果实球形，种子褐色，光亮。

药用部位　叶　**药材名**　枇杷叶

功能主治　清肺和胃，降气化痰。用于肺热痰喘，咯血，衄血，胃热呕吐。

楸 子 *Malus prunifolia* (Willd.) Borkh.

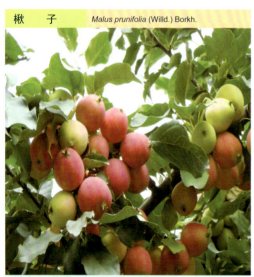

科名：蔷薇科　别名：海棠果、海红

识别要点　小乔木。老枝灰紫色。叶片卵形，边缘有细锐锯齿。花瓣白色，花苞粉红色；果实卵形，红色，先端稍具隆起。

药用部位　果实　**药材名**　海红

功能主治　生津，消食。用于口渴，食积。

苹 果 *Malus pumila* Mill.

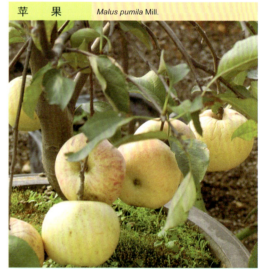

科名：蔷薇科　别名：西洋苹果

识别要点　乔木。老枝紫褐色。叶片椭圆形，边缘有圆钝锯齿，托叶早落。伞房花序，花瓣白色，果实扁球形。

药用部位　果实　**药材名**　苹果

功能主治　生津，润肺，开胃。用于咳嗽，心气不足，脾胃气虚。

石楠 *Photinia serrulata* Lindl.

科名：蔷薇科　　**别名：**红树叶、石岩树叶

识别要点　灌木。小枝褐灰色。叶革质，倒披针形，边缘有细锯齿。复伞房花序顶生，梨果球形，红色或褐紫色。

药用部位　叶、带叶嫩枝　　**药材名**　石楠

功能主治　祛风湿，补肾，强筋骨。用于风湿痹痛，肾虚腰痛，阳痿，遗精。

委陵菜 *Potentilla chinensis* Ser.

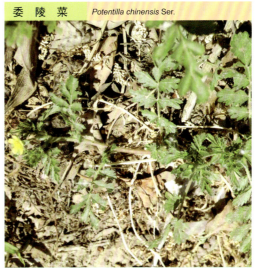

科名：蔷薇科　　**别名：**翻白草、天青地白

识别要点　多年生草本。根粗壮，圆柱形，花茎直立或上升。叶为羽状复叶，边缘锐裂。伞房状聚伞花序，萼片三角卵形，花柱近顶生。

药用部位　全草　　**药材名**　委陵菜

功能主治　活血止血，解毒敛疮。用于跌打损伤，外伤出血，肺虚咳嗽，泄泻，痢疾，胃痛，狂犬咬伤，疮疡。

梅 *Prunus mume* Sieb. et Zucc.

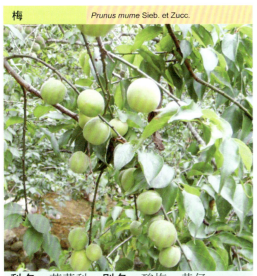

科名：蔷薇科　　**别名：**酸梅、黄仔

识别要点　落叶乔木。单叶互生，托叶早落。春季先叶开花，1～3朵簇生于二年生侧枝叶腋，核果球形，熟后黄色。

药用部位　果实　　**药材名**　梅

功能主治　敛肺涩肠，生津止渴，安蛔止痢。用于久咳，口干烦渴，蛔厥腹痛。

桃 *Prunus persica* (L.) Batsch.

科名：蔷薇科　　**别名：**桃树

识别要点　落叶乔木。树皮暗红紫色，皮孔横裂。单叶边缘有锯齿。花单生，先叶开花。核果，密被短柔毛，核坚木质。

药用部位　种子　　**药材名**　桃仁

功能主治　破血行瘀，润燥滑肠。用于痛经，跌打损伤，瘀血肿痛。

李   *Prunus salicina* Lindl.

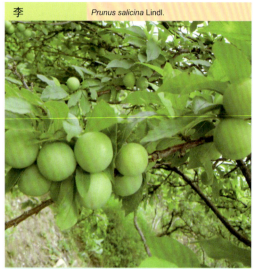

科名：蔷薇科   **别名**：李实、嘉庆子

识别要点 落叶乔木。小枝有光泽。叶边缘有锯齿，幼时齿尖带腺体。花3朵簇生。核果有光泽，被蜡粉，核有细皱纹。

药用部位 果实、根、叶、树胶

药材名 李

功能主治 清肝热，生津，利水。用于虚劳骨蒸，消渴，腹水。

火 棘   *Pyracantha fortuneana* (Maxim.) Li

科名：蔷薇科   **别名**：火把果、救兵粮

识别要点 常绿灌木。侧枝短，先端成刺状。叶片倒披针形。花集成复伞房花序，花瓣白色，果实近球形，橘红色。

药用部位 果实、叶、根   **药材名** 火棘

功能主治 消积止痢，活血止血，清热解毒。用于消化不良，痢疾，崩漏，疮痈肿毒。

车 轮 梅   *Rhaphiolepis indica* (L.) Lindl.

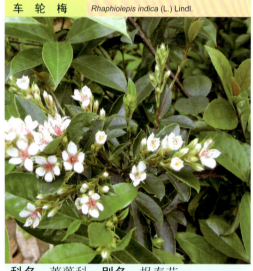

科名：蔷薇科   **别名**：报春花

识别要点 常绿灌木。叶互生，托叶钻形。圆锥花序，总花梗和花梗被锈色绒毛，花瓣5，白色或淡红色。果实球形。

药用部位 叶或根   **药材名** 春花木

功能主治 消炎去腐。用于溃疡红肿，刀伤。

月 季 花   *Rosa chinensis* Jacq.

科名：蔷薇科   **别名**：长春花、月月红

识别要点 灌木。枝具粗短的钩状皮刺或无刺。单数羽状复叶互生，托叶贴生于叶柄。果卵球形或梨形，红色。

药用部位 花、根   **药材名** 月季花

功能主治 活血调经，散毒消肿。用于月经不调，痛经，痈疖肿毒。

金 樱 子	*Rosa laevigata* Michx.

科名：蔷薇科　**别名**：糖罐子、金罂子

识别要点　攀援灌木。茎具扁弯皮刺。单数羽状复叶互生，托叶披针形，早落。花单生侧枝顶端。果梨形，密被刺。

药用部位　果实和根　　**药材名**　金樱子

功能主治　补肾固精，涩肠止泻。用于遗精，遗尿，尿频，慢性腹泻。

多花蔷薇	*Rosa multiflora* Thunb.

科名：蔷薇科　**别名**：野蔷薇

识别要点　灌木。茎枝具扁平皮刺，羽状复叶互生，缘具锐齿，先端钝圆具小尖，托叶下有刺，伞房花序，蔷薇果球形。

药用部位　根、花、叶　　**药材名**　蔷薇根、蔷薇花、蔷薇叶

功能主治　消暑，健胃，解渴，止血。用于中暑，消化不良，发热口渴，血热出血。

刺 梨	*Rosa roxburghii* Tratt.

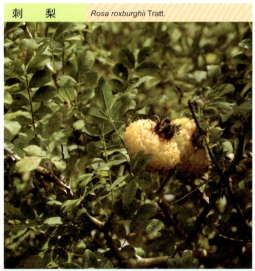

科名：蔷薇科　**别名**：缫丝花、文先果

识别要点　落叶灌木，多分枝，遍体具短刺，叶互生，单数羽状复叶，着生于两刺之间。花两性，单生于小枝顶端。

药用部位　果实　　**药材名**　刺梨

功能主治　健胃，消食。用于食积饱胀。

玫 瑰	*Rosa rugosa* Thunb.

科名：蔷薇科　**别名**：红玫瑰、红玫花

识别要点　灌木。小枝有皮刺。小叶5～9，小叶片椭圆状倒卵形，边缘有尖锐锯齿。花生于叶腋，芳香，紫红色至白色。

药用部位　花　　**药材名**　玫瑰花

功能主治　理气解郁，和血调经。用于脘胁胀痛，月经不调。

粗叶悬钩子 *Rubus alceaefolius* Poir.

科名：蔷薇科　**别名**：大叶泡、九月泡

识别要点　攀援灌木。枝有稀疏刺。单叶互生，宽卵形，托叶羽状深裂。花近总状，花瓣白色；果实近球形肉质，红色。

药用部位　根、叶　**药材名**　大叶蛇泡簕

功能主治　活血祛瘀，清热止血。用于急慢性肝炎，肝脾肿大，乳腺炎，外伤出血。

白花悬钩子 *Rubus leucanthus* Hance

科名：蔷薇科　**别名**：白钩簕藤、南蛇簕

识别要点　攀援灌木。枝紫褐色，无毛，疏生钩状皮刺。小叶3枚，基部的有时为单叶，托叶明显。

药用部位　根　**药材名**　白花悬钩子

功能主治　固肾涩精，健脾除湿。用于腹泻，赤痢。

茅　莓 *Rubus parvifolius* L.

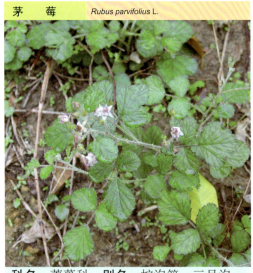

科名：蔷薇科　**别名**：蛇泡筋、三月泡

识别要点　亚灌木。被柔毛及疏钩状皮刺。单数羽状复叶，上面伏生疏柔毛，下面密被灰白色毛。伞房花序。聚合果，球形。

药用部位　根　**药材名**　茅莓

功能主治　散瘀，止痛，解毒，杀虫。用于吐血，跌打损伤，产后瘀阻腹痛，痢疾，疥疮，湿疹。

七 爪 风 *Rubus reflexus* ker. var. *lanceolobus* Metc.

科名：蔷薇科　**别名**：七指风

识别要点　攀援藤木。密生锈色绒毛。叶掌状七裂。花序顶生及腋生，白色花。聚合浆果球形，红色小核果。

药用部位　根　**药材名**　七爪风

功能主治　祛风湿，强筋骨。用于风湿关节痛，四肢麻痹。

蔷薇莓　*Rubus rosaefolius* Smith.

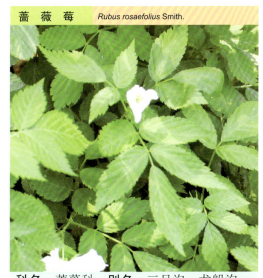

科名：蔷薇科　**别名**：三月泡、龙船泡

识别要点　亚灌木。小枝疏生较直立皮刺。叶疏生柔毛，有浅黄色腺点，叶柄和叶轴有短柔毛和小皮刺。果实卵球形，红色。
药用部位　根、嫩枝及叶　**药材名**　倒触伞
功能主治　收敛，凉血，止血。用于倒经，喘咳，盗汗。

地　榆　*Sanguisorba officinalis* L.

科名：蔷薇科　**别名**：黄瓜香、山枣子

识别要点　多年生草本。根粗壮，表面棕褐色或紫褐色，有纵皱及横裂纹。茎直立，有棱。穗状花序，果实包藏在宿存萼筒内，外面有斗棱。
药用部位　根　**药材名**　地榆
功能主治　凉血止血，解毒敛疮。用于便血，痔血，血痢，崩漏，水火烫伤，痈肿疮毒。

麻叶绣线菊　*Spiraea cantoniensis* Lour.

科名：蔷薇科　**别名**：麻叶绣球、麻毯

识别要点　灌木。小枝细弱，呈拱形弯曲。冬芽卵形，有数枚外露鳞片。花密集，花色洁白。蓇葖果直立开展，无毛。
药用部位　叶、枝　**药材名**　麻叶绣线菊
功能主治　清热，凉血，祛瘀，消肿止痛。用于跌打损伤，疥癣。

牛栓藤　*Connarus paniculatus* Roxb.

科名：牛栓藤科　**别名**：云南牛栓藤

识别要点　藤本。奇数羽状复叶，小叶3～7片，小叶革质长椭圆形，全缘，嫩叶红色。圆锥花序，花瓣5，乳黄色。
药用部位　叶、根　**药材名**　牛栓藤
功能主治　止血止痛、活血通经、收敛生肌。用于疮疡，跌打肿痛，外伤出血。

鸡骨草 *Abrus cantoniensis* Hance

科名：豆科　　**别名：**土甘草、广州相思子

识别要点　缠绕藤本。羽状复叶，膜质，上面被疏毛，下面被伏糙毛，有刺毛状小托叶。总状花序。荚果扁长圆形。

药用部位　全草　　**药材名**　鸡骨草

功能主治　清热利湿，散瘀止痛。用于黄疸型肝炎，胃痛，风湿骨痛，跌打瘀痛。

毛相思子 *Abrus mollis* Hance

科名：豆科　　**别名：**毛鸡骨草

识别要点　缠绕藤本。茎枝细弱，疏被长柔毛。叶上下面被柔毛。总状花序被淡黄色柔毛。荚果长椭圆形，被长柔毛。

药用部位　全草　　**药材名**　毛鸡骨草

功能主治　清热利湿，消积解暑。用于传染性肝炎，小儿疳积，肺热咳嗽。

相思子 *Abrus precatorius* Linn.

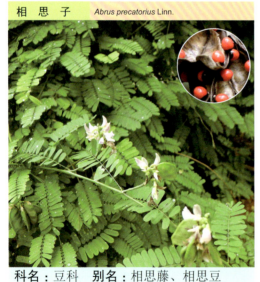

科名：豆科　　**别名：**相思藤、相思豆

识别要点　藤本。羽状复叶，小叶8～13对，近长圆形，先端截形。总状花序，花冠紫色，荚果，种子半边鲜红，半边黑色。

药用部位　根、藤、叶　　**药材名**　相思子

功能主治　清热解毒，利尿。用于咽喉肿痛，肝炎。种子大毒！

儿茶 *Acacia catechu* (L.f.) Willd.

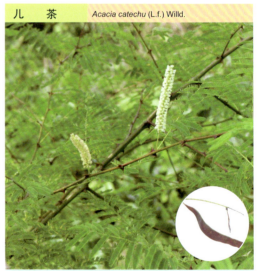

科名：豆科　　**别名：**乌爹泥、孩儿茶

识别要点　落叶乔木。树皮呈条状开裂，嫩枝有刺，被短柔毛。托叶下常有一对钩状刺。穗状花序，被毛。荚果扁而薄。

药用部位　心材浓缩而成的膏状体

药材名　儿茶

功能主治　活血止痛，止血生肌，收湿敛疮，清热化痰。用于跌扑伤痛，外伤出血，吐血，衄血，疮疡不敛，湿疹。

海红豆 *Adenanthera pavonina* L.

科名：豆科　**别名**：孔雀豆、红豆

识别要点　落叶乔木。二回羽状复叶，两面微被柔毛。总状花序被短毛，花密集于总花序轴上部。种子鲜红色，有光泽。

药用部位　种子　　**药材名**　海红豆

功能主治　疏风清热，润肤助颜。用于皮肤病，面黑。

缅茄 *Afzelia xylocarpa* (Kurz) Craib

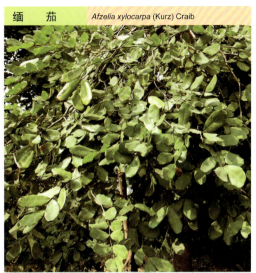

科名：豆科　**别名**：沔茄、木茄

识别要点　乔木。小叶对生，纸质，小叶柄短。花序各部密被灰黄绿色或灰白色短柔毛。荚果扁长圆形。

药用部位　种子　　**药材名**　缅茄

功能主治　清热解毒，消肿止痛。用于赤眼，眼生云翳，疮毒，火热牙痛。

南洋楹 *Albizia falcataria* (L.) Fosberg

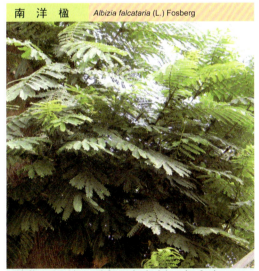

科名：豆科　**别名**：仁仁树、仁人木

识别要点　乔木。树干通直，嫩树淡绿色，微有棱。二回羽状复叶，穗状花序腋生，花冠淡蓝色。

药用部位　树皮　　**药材名**　南洋楹

功能主治　固涩止泻，收敛生肌。用于痢疾，肠炎腹泻，刀伤，止血，疮疡。

落花生 *Arachis hypogaea* L.

科名：豆科　**别名**：长生果、花生

识别要点　一年生草本。根部有丰富的根瘤，茎直立或匍匐，茎和分枝均有棱。叶具纵脉纹，被毛，叶柄基部抱茎。

药用部位　种子榨出的脂肪油

药材名　花生油

功能主治　润肠通便。用于蛔虫性肠梗阻；外用穴位注射治肠炎，地图舌。

紫云英　*Astragalus sinicus* L.

科名：豆科　　别名：红花草

识别要点　二年生草本。多分枝，匍匐，奇数羽状复叶。总状花序，呈伞形，总花梗腋生。荚果线状长圆形。

药用部位　根、全草、种子　　**药材名**　紫云英

功能主治　祛风明目，健脾益气，解毒止痛。根：用于肝炎，营养性浮肿，白带，月经不调；全草：用于神经痛，带状疱疹，疮疖痈肿，痔疮；种子：祛风明目，主目赤肿痛。

龙须藤　*Bauhinia championi* Benth.

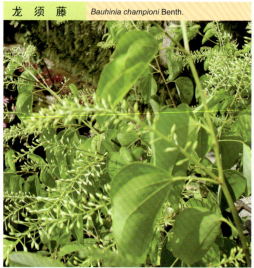

科名：豆科　　别名：羊蹄藤、过岗圆龙

识别要点　常绿藤本。叶片纸质，先端2裂或微缺，下面被贴伏柔毛或近无毛。叶柄被毛，叶对面生卷须1～2条。荚果扁平。

药用部位　藤　　**药材名**　九龙根

功能主治　祛风除湿，活血止痛，健脾理气。用于风湿骨痛，腰腿痛，跌打损伤，胃痛，小儿疳积。

首冠藤　*Bauhinia corymbosa* Roxb. ex DC.

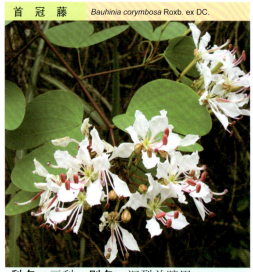

科名：豆科　　别名：深裂羊蹄甲

识别要点　木质藤本。嫩枝，花序和卷须的一面被小粗毛，有卷须。叶自先端深裂达3/4，基出脉7条。荚果带状长圆形。

药用部位　藤茎　　**药材名**　首冠藤

功能主治　解毒止痒。用于湿疹。

藤槐　*Bowringia callicarpa* Champ.

科名：豆科　　别名：石崖风、两头槌

识别要点　木质藤本。单叶互生，叶脉在两面均隆起，叶近革质。总状花序，荚果膨胀，卵形或近圆形。

药用部位　全株　　**药材名**　藤槐

功能主治　清热凉血。用于血热妄行所致的吐血，衄血。

刺果苏木 *Caesalpinia bonduc* (Linn.) Roxb.

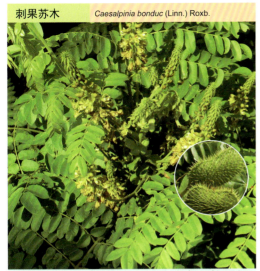

科名：豆科　别名：大托叶云实、杧果钉

识别要点　有刺藤本。叶轴有钩刺，羽状复叶，小叶长圆形。总状花序，花瓣黄色。荚果顶端有喙，外面具细长针刺。

药用部位　叶　药材名　刺果苏木

功能主治　祛瘀止痛，清热解毒。用于急慢性胃炎，胃溃疡，疮痈疔肿。

华南云实 *Caesalpinia crista* (L.) Ait.

科名：豆科　别名：假老虎簕

识别要点　藤本。疏生倒钩刺，植株密被黄棕色绒毛。总状或圆锥花序。荚果扁平，先端有喙。

药用部位　根　药材名　假老虎簕

功能主治　利尿，除湿，止痛，用于外伤肿痛，筋骨痛，风湿痹痛，毒蛇咬伤。

喙荚云实 *Caesalpinia minax* Hance

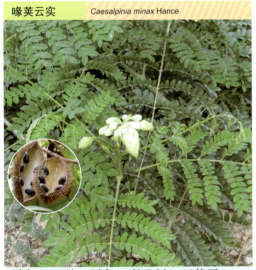

科名：豆科　别名：喇叭刺、石莲子

识别要点　藤本。各部被短柔毛，有钩刺。托叶锥状。二回羽状复叶，总状或圆锥花序顶生。荚果长圆形。

药用部位　根、种子　药材名　南蛇簕

功能主治　清热解毒，消肿，止痒，除湿。用于咽炎，肿毒，毒蛇咬伤；叶子可用于疮癞，皮肤过敏。

洋金凤 *Caesalpinia pulcherrima* (Linn.) Sw.

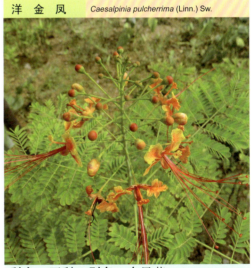

科名：豆科　别名：金凤花

识别要点　灌木。二回羽状复叶。总状花序生枝顶，花瓣具柄，黄色或红色。雄蕊长两倍于花冠，伸展。

药用部位　根、茎　药材名　洋金凤

功能主治　清热利湿，通便解毒，散瘀活血。用于风湿性关节炎，湿热黄疸。

苏 木　*Caesalpinia sappan* L.

科名：豆科　别名：红柴、红苏木

识别要点　灌木或小乔木。具刺，小枝微被柔毛，有皮孔。双数二回羽状复叶互生。圆锥花序。荚果扁，木质。

药用部位　心材　　**药材名**　苏木

功能主治　活血祛瘀，消肿止痛。用于跌打损伤，骨折筋伤，瘀滞肿痛，闭经痛经，产后瘀阻，胸腹刺痛。

木 豆　*Cajanus cajan* (L.) Millsp.

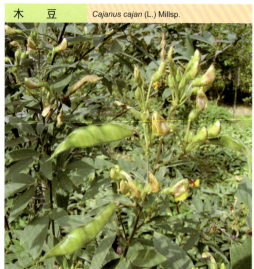

科名：豆科　别名：观音豆、树豆

识别要点　小灌木。小枝有灰色短柔毛。三出复叶，两面均有毛，下面有不明显的黄色腺点。总状花序。荚果被黄色柔毛。

药用部位　根　　**药材名**　木豆

功能主治　利湿消肿，散瘀止痛。用于水肿，血淋，痔血，痈疽肿毒。

刀 豆　*Canavalia gladiata* (Jacq.) DC.

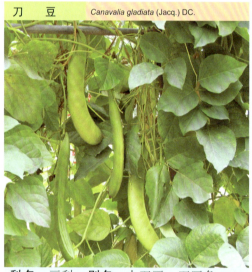

科名：豆科　别名：大刀豆、刀豆角

识别要点　草质藤本。三出复叶互生。总状花序腋生。荚果先端有喙，边缘有隆脊。种子肾形，红色或红褐色。

药用部位　种子　　**药材名**　刀豆

功能主治　温中，下气，止呃。用于虚寒呃逆，呕吐。

翅荚决明　*Cassia alata* Linn.

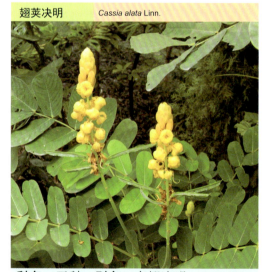

科名：豆科　别名：有翅决明

识别要点　多年生灌木。叶互生，羽状复叶，叶柄和叶轴有狭翅。总状花序，花冠黄色。荚果带形，有翅。

药用部位　种子、叶　　**药材名**　对叶豆

功能主治　驱虫，杀真菌。用于寄生虫病，皮肤病。

| 腊 肠 树 | *Cassia fistula* L. |

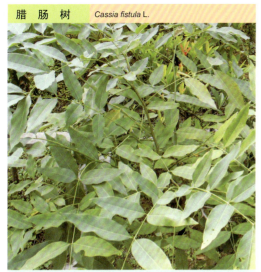

科名：豆科　　**别名**：阿牛角树、波斯皂荚

识别要点　乔木。羽状复叶，小叶对生，长圆形。总状花序疏散，下垂，花淡黄色。荚果圆柱形，长30～60cm，直径约2cm，不开裂。

药用部位　根、树皮、果　　**药材名**　婆罗门皂荚

功能主治　泻下。用于便秘。

| 含羞草决明 | *Cassia mimosoides* L. |

科名：豆科　　**别名**：山扁豆、决明子

识别要点　亚灌木状草本。多分枝；枝条纤细，被微柔毛。有时茎匍匐。偶数羽状复叶，果实扁平，线形，被柔毛。

药用部位　全草　　**药材名**　山扁豆

功能主治　清热解毒，利尿，通便。用于肾炎水肿，咳嗽痰多，习惯性便秘。

| 望 江 南 | *Cassia occidentalis* L. |

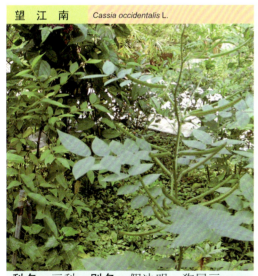

科名：豆科　　**别名**：假决明、狗屎豆

识别要点　草本。羽状复叶，托叶卵状披针形，叶柄基部有腺体。总状花序，黄色，荚果浅棕色。

药用部位　全草　　**药材名**　望江南

功能主治　种子：清肝明目，健胃润肠。用于高血压、目赤肿痛、习惯性便秘。茎，叶：解毒。用于蛇虫咬伤。

| 黄槐决明 | *Cassia surattensis* Burm. f. |

科名：豆科　　**别名**：黄槐

识别要点　灌木或小乔木。多分枝，小枝有纵肋条，幼枝被毛，双数羽状复叶。花排成腋生的伞房花序。荚果条形，扁平。

药用部位　叶和种子　　**药材名**　黄槐

功能主治　泻下导滞。用于肠燥便秘。

决 明	*Cassia tora* L.

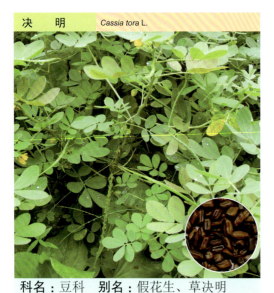

科名：豆科　　**别名**：假花生、草决明

识别要点　草本。直立而粗壮。小叶间有棒状腺体。花通常1～2，聚生于叶腋，总花梗被柔毛。荚果四方棱形，两端渐尖。

药用部位　种子　　**药材名**　决明子

功能主治　清肝，明目，利水，通便。用于风热赤眼，高血压。

紫 荆	*Cercis chinensis* Bunge

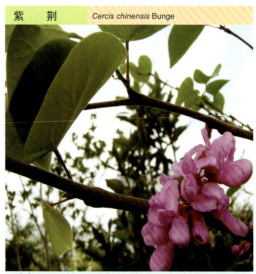

科名：豆科　　**别名**：紫珠、裸枝树

识别要点　乔木。叶互生，基部深心形。花先于叶开放，4～10朵簇生于老枝上，花玫瑰红色，荚果条形，种子近圆形。

药用部位　皮　　**药材名**　紫荆

功能主治　清热凉血，祛风解毒，活血通经，消肿止痛。用于风湿骨痛，跌打损伤，风寒湿痹，闭经，蛇虫咬伤。

蝶 豆	*Clitoria ternatea* L.

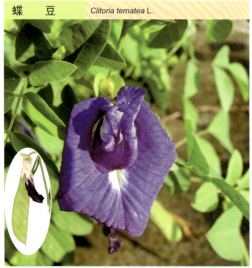

科名：豆科　　**别名**：蝴蝶花豆、蓝蝴蝶

识别要点　缠绕藤本。羽状复叶。花大，单朵腋生，花冠蓝色，长可达5.5cm，旗瓣宽倒卵形，中央有一白色浅晕。

药用部位　嫩荚　　**药材名**　蝶豆

功能主治　润肠通便，用于肠燥便秘。种子有毒！

大猪屎豆	*Crotalaria assamica* Benth.

科名：豆科　　**别名**：山豆根、凸尖野百合

识别要点　草本。叶矩圆形，先端有小尖。总状花序顶生，有20～30朵花；荚果；种子黑色，有光泽。

药用部位　全草　　**药材名**　自消容

功能主治　祛风除湿，消肿止痛。用于风湿麻痹，关节肿痛。

猪 屎 豆	*Crotalaria mucronata* Desv.

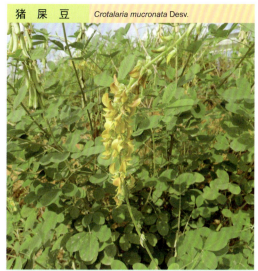

科名：豆科　别名：野花生、猪屎青

识别要点　半灌木。茎枝具纵沟，被柔毛。叶柄上生柔毛，中央小叶较大，两侧小叶较小。总状花序。荚果线状圆柱形。

药用部位　根、茎、叶及种子　**药材名**　猪屎豆

功能主治　解毒散结，消积。用于淋巴结结核，乳腺炎，痢疾，小儿疳积。

藤 黄 檀	*Dalbergia hancei* Benth.

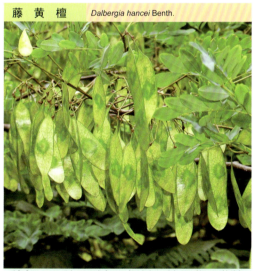

科名：豆科　别名：檀树、梣果藤、藤檀

识别要点　藤本。枝纤细，幼枝略被柔毛，小枝有时变钩状或旋扭。羽状复叶，总状花序远较复叶短。荚果扁平，长圆形或带状，无毛。

药用部位　茎和根　**药材名**　藤檀

功能主治　理气止痛。茎：用于胃痛，腹痛，胸胁痛；根：用于腰痛，关节痛。

海南黄檀	*Dalbergia hainanensis* Merr. et Chun.

科名：豆科　别名：花梨公、花梨木

识别要点　乔木。单数羽状复叶互生，小叶7～11片，圆锥花序，花冠淡黄色或乳白色，雄蕊10枚，分2组，每组5枚。

药用部位　心材　**药材名**　檀香

功能主治　止血，止痛。用于胃痛，刀伤出血。

降 香 檀	*Dalbergia odorifera* T. Chen

科名：豆科　别名：降香黄檀、降香、花梨木

识别要点　乔木。小枝有白色皮孔。羽状复叶。圆锥花序，花冠淡黄色或乳白色，雄蕊10枚，1组。荚果，通常有种子1颗。

药用部位　心材　**药材名**　降香

功能主治　化瘀止血，理气止痛。用于吐血，衄血，外伤出血，肝郁胁痛，胸痹刺痛，跌扑伤痛，呕吐，腹痛。

印度黄檀 *Dalbergia sissoo* Roxb.

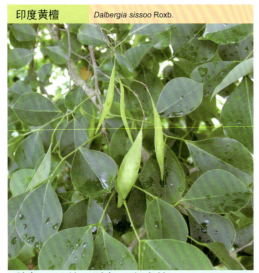

科名：豆科 　别名：印度檀

识别要点 落叶乔木。奇数羽状复叶，小叶5～7片。圆锥花序，花黄白色，雄蕊9枚，单体。荚果扁，长椭圆形。

药用部位 心材 　**药材名** 降香

功能主治 行瘀止血，消肿止痛。用于跌打损伤。

凤凰木 *Delonix regia* (Boj.) Raf.

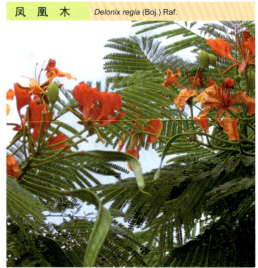

科名：豆科 　别名：红花楹、火树

识别要点 乔木。羽状复叶，羽片15～20对；小叶25对，长圆形。伞房状总状花序，花大而美丽，鲜红色，荚果带形。

药用部位 花、种子 　**药材名** 凤凰木

功能主治 平肝潜阳。用于肝阳上亢，高血压，头晕，烦躁。有毒。

鱼 藤 *Derris trifoliata* Lour

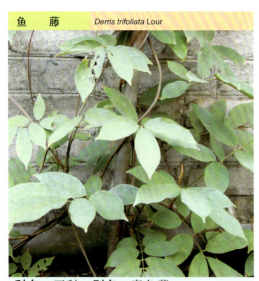

科名：豆科 　别名：毒鱼藤

识别要点 木质藤本。小枝和叶均无毛。奇数羽状复叶。总状花序腋生或侧生于老枝上，花聚生，花瓣长约1cm。

药用部位 根、茎、叶 　**药材名** 鱼藤

功能主治 杀虫，散瘀止痛。枝叶外用治湿疹，风湿关节肿痛，跌打肿痛。有大毒！

毛排钱树 *Desmodium blandum* van Meeuwen

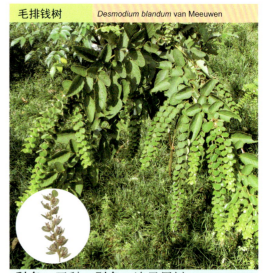

科名：豆科 　别名：连里尾树

识别要点 灌木。被短柔毛。羽状复叶，托叶1片，中间小叶大，两侧小叶小。总状花序包于叶状苞片中，被柔毛。荚果。

药用部位 根、叶 　**药材名** 毛排钱草

功能主治 消炎解毒，活血利尿。用于感冒，肝炎，风湿骨痛，尿路结石。

小 槐 花　*Desmodium caudatum* (Thunb.) DC.

科名：豆科　**别名：**拿身草、羊带归

识别要点　灌木。三出复叶，托叶狭披针形。总状花序。荚果条状，稍弯曲，被棕色钩状短毛。种子长圆形，有光泽。

药用部位　根或全株　　**药材名**　小槐花

功能主治　清热凉血，散瘀。用于咳嗽吐血，痢疾，痈疮溃疡，跌打损伤。

大叶山蚂蝗　*Desmodium gangrticum* (Linn.) DC.

科名：豆科　**别名：**大叶山绿豆、恒河山绿豆

识别要点　亚灌木。叶互生，心状三角形，托叶鞘短筒状。总状花序短而密集成簇，白色或淡红色，花被5深裂。

药用部位　全株　　**药材名**　红母鸡草

功能主治　清热止咳。用于肺热咳嗽。

假 地 豆　*Desmodium heterocarpum* (L.) DC

科名：豆科　**别名：**异果山绿豆

识别要点　亚灌木。嫩枝有疏长柔毛。圆锥花序腋生，花序轴有淡黄色开展长柔毛，花冠紫色。荚果。

药用部位　全株　　**药材名**　假地豆

功能主治　驳骨，清热。用于跌打损伤。

大叶拿身草　*Desmodium laxiflorum* DC.

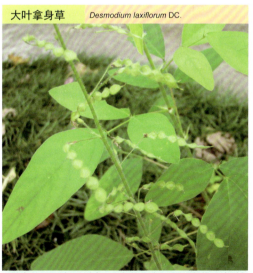

科名：豆科　**别名：**疏花山绿豆、疏花山蚂蝗

识别要点　亚灌木。茎被贴伏毛和小钩状毛。羽状三出复叶，总状花序，荚果线形，荚节长圆形，密被钩状小毛。

药用部位　全株　　**药材名**　大叶拿身草

功能主治　散寒止痛，温化寒湿。用于胸闷，胁痛，脘腹胀痛。

| 排 钱 草 | *Desmodium pulchellum* (L.) Benth. |

科名：豆科　　**别名：**钱串草、串钱草

识别要点　灌木。植株被灰白色短柔毛。三出羽状复叶互生，总状花序，每束2～6朵，包于叶状苞片中。荚果。

药用部位　根和叶　　**药材名**　排钱草

功能主治　清热解毒，祛风行水，活血消肿。用于感冒发热，咽喉肿痛，牙疳，风湿痹痛，水肿，臌胀，跌打肿痛。

| 广金钱草 | *Desmodium styracifolium* (Osb.) Merr. |

科名：豆科　　**别名：**落地金钱、铜钱草

识别要点　匍匐草本。茎平卧，被黄色毛。叶互生，托叶1对，小叶圆形，下面密被灰白色丝毛。总状花序。荚果。

药用部位　全草　　**药材名**　广金钱草

功能主治　清热祛湿，利水通淋。用于尿路感染，泌尿系结石，肾炎水肿。

| 葫 芦 茶 | *Desmodium triquetrum* (L.) Ohashi |

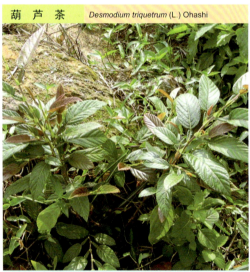

科名：豆科　　**别名：**金剑草、咸鱼草、百劳舌

识别要点　灌木。嫩枝四棱形。单叶互生，托叶披针形。总状花序被丝状钩毛。荚果密被黄白色糙毛。

药用部位　全草　　**药材名**　葫芦茶

功能主治　清热解毒，消积利湿，杀虫。用于预防中暑，感冒发热，咽喉肿痛，肠炎，小儿疳积。

| 扁 豆 | *Dolichos lablab* L. |

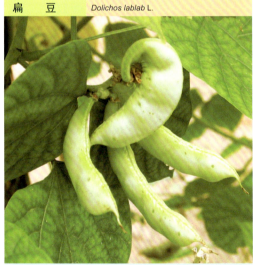

科名：豆科　　**别名：**峨眉豆、眉豆

识别要点　多年生缠绕藤本。淡紫色或绿色。三出羽状复叶，托叶细小。总状花序腋生。荚果顶端有弯曲的尖喙。

药用部位　种子　　**药材名**　扁豆

功能主治　健脾化湿，和中消暑。用于脾胃虚弱，食欲缺乏，大便溏泻，暑湿吐泻，胸闷腹胀。

刺桐　*Erythrina indica Lam.*

科名：豆科　别名：海桐、鸡桐木、空桐树

识别要点　乔木。树皮上有黑色圆锥形直刺。三出复叶，叶柄基部有一对密槽，小叶柄上有腺体状小托叶。

药用部位　树皮　　**药材名**　刺桐

功能主治　祛风湿，舒筋活络。用于风湿麻木，腰腿筋骨疼痛。外用治各种顽癣。

格木　*Erythrophleum fordii Oliv*

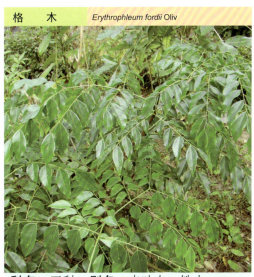

科名：豆科　别名：赤叶木、铁木

识别要点　常绿乔木。小枝被短柔毛。二回羽状复叶。圆锥花序，花萼钟状。荚果扁平，2瓣裂。种子扁椭圆形，黑褐色。

药用部位　种子、树皮　　**药材名**　格木

功能主治　强心，益气活血。用于心气不足所致的气虚血瘀之证。

大叶千斤拔　*Flemingia macrophylla (Willd.) Prain*

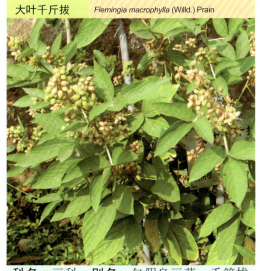

科名：豆科　别名：包假乌豆草、千筋拔

识别要点　灌木。嫩枝密被柔毛。小叶下面沿叶脉有黄色柔毛，叶柄有狭翅，被短柔毛。荚果褐色，有短柔毛。

药用部位　根　　**药材名**　千斤拔

功能主治　祛风活血，强腰壮骨。用于风湿骨痛，肾虚阳痿，腰肌劳损。

千斤拔　*Flemingia philippinensis L.*

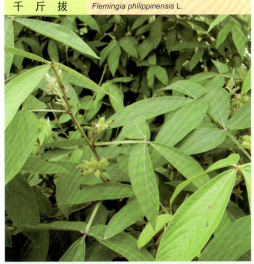

科名：豆科　别名：一条根、钻地风

识别要点　蔓生半灌木。嫩枝被短柔毛。小叶上面疏被短柔毛，下面密被锈色贴伏柔毛，叶柄被柔毛。荚果被黄色短柔毛。

药用部位　根　　**药材名**　千斤拔

功能主治　祛风湿，强腰膝，消痈肿。用于风湿性关节炎，腰肌劳损，慢性肾炎。

皂 荚　*Gleditsia sinensis* Lam.

科名：豆科　　**别名**：皂角、猪牙皂

识别要点　乔木。刺粗壮，常分枝。一回羽状复叶，小叶长圆形，边缘具细锯齿。花杂性，黄白色，总状花序，荚果。

药用部位　果实、种子　　**药材名**　皂荚

功能主治　消肿托毒，排脓杀虫。用于痈疽初起或脓成不溃；外治疥癣麻风。

野青树　*Indigofera suffruticosa* Mill.

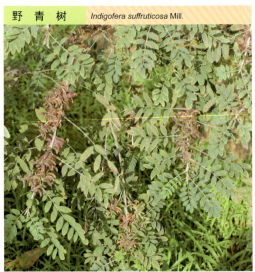

科名：豆科　　**别名**：菁子

识别要点　直立灌木。茎具棱，被短毛。羽状复叶，托叶锥尖。总状花序，花柄下弯。荚果下垂，弯曲如镰，被毛。

药用部位　茎叶及种子　　**药材名**　假蓝靛

功能主治　凉血，解毒。用于衄血，肤痒，斑疹。

截叶铁扫帚　*Lespedeza cuneata* (Dum.Cour.) G.Don

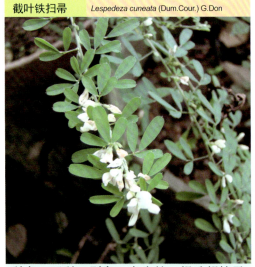

科名：豆科　　**别名**：老牛筋、绢毛胡枝子

识别要点　小灌木。三小叶复叶，小叶先端截形，具小刺尖，下面密被伏毛。总状花序，花冠淡黄色或白色，荚果宽卵形。

药用部位　全株　　**药材名**　铁扫帚

功能主治　平肝明目，祛风利湿。用于肝炎，小儿疳积，风湿性关节炎。

大叶胡枝子　*Lespedeza davidii* Franch.

科名：豆科　　**别名**：大叶乌梢、活血丹

识别要点　灌木。茎枝具棱，密被白绒毛。复叶两面及叶柄初时均密被绢状毛。总状花序，小苞片披针形。荚果椭圆形。

药用部位　根、叶　　**药材名**　大叶胡枝子

功能主治　宣开毛窍，通经活络。用于疹瘘不透，头晕眼花，汗不出，手臂酸麻。

美丽胡枝子 *Lespedeza formosa* (Vog.) Koehne

科名： 豆科　**别名：** 三妹木、假蓝根

识别要点　灌木。枝有细纵棱。托叶宿存，3小叶复叶，小叶椭圆形，背面密被白柔毛。总状花序，花紫红色，荚果卵形。

药用部位　全株　**药材名**　美丽胡枝子

功能主治　利水消肿。用于小便不利。

尖叶铁扫帚 *Lespedeza juncea* (Linn. f.) Pers.

科名： 豆科　**别名：** 尖叶胡枝子、铁扫帚

识别要点　灌木。全株被伏毛。3小叶复叶，小叶先端稍尖，有小刺尖。总状花序，花冠白色或淡黄色，荚果宽卵形。

药用部位　全株　**药材名**　尖叶铁扫帚

功能主治　止泻利尿，止血。用于痢疾，遗精，吐血，子宫下垂。

银合欢 *Leucaena leucocephala* (Lam.) de Wit.

科名： 豆科　**别名：** 夜合欢、白合欢

识别要点　小乔木。幼枝被短柔毛，老枝具褐色皮孔。托叶三角形。花多数，密集呈稠密的球形头状花序。荚果条形。

药用部位　根皮　**药材名**　银合欢

功能主治　解郁，消肿止痛。用于心烦失眠。

山鸡血藤 *Millettia dielsiana* Harms ex Diesl

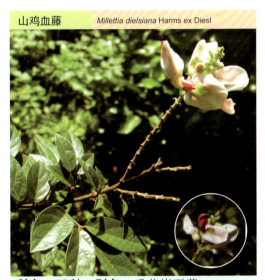

科名： 豆科　**别名：** 香花崖豆藤

识别要点　木质藤本。小枝被毛或近秃净。小叶5枚，小托叶小，锥尖。圆锥花序密被茸毛。荚果木质，密被锈色茸毛。

药用部位　根　**药材名**　鸡血藤

功能主治　补血，活血，祛风。用于腰膝酸痛，麻木瘫痪，月经不调。

昆明鸡血藤 *Millettia reticulata* Benth.

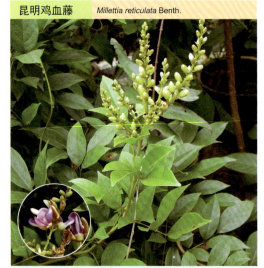

科名：豆科　　别名：网络崖豆藤

识别要点　木质藤本。羽状复叶长10～20cm，小叶3～4对，硬纸质，卵状长椭圆形。圆锥花序顶生或腋生；花冠红紫色。荚果线形，长至15cm。

药用部位　根茎　　**药材名**　鸡血藤

功能主治　养血祛风，通经活络。用于腰膝酸痛，月经不调，跌打损伤。

牛 大 力 *Millettia speciosa* Champ.

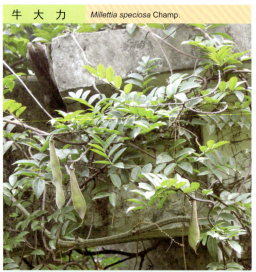

科名：豆科　　别名：大力牛、山莲藕

识别要点　木质藤本。幼枝被棕色绒毛。单数羽状复叶被短柔毛，小托叶锥形。荚果近线形，密被棕色绒毛，果瓣木质。

药用部位　根　　**药材名**　牛大力

功能主治　润肺滋肾，清热止咳，舒筋活络。用于肺虚咳嗽等。

含 羞 草 *Mimosa pudica* Linn

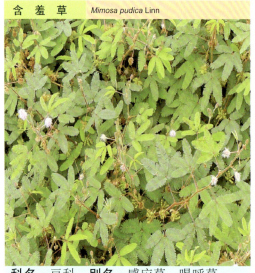

科名：豆科　　别名：感应草、喝呼草

识别要点　亚灌木。枝有钩刺。羽片和小叶触之即闭合而下垂，羽片通常2对。头状花序，荚果长圆形。

药用部位　全草　　**药材名**　含羞草

功能主治　清热利尿，化痰止咳，解毒。用于感冒，支气管炎，胃炎。

白花油麻藤 *Mucuna birdwoodiana* Tutch.

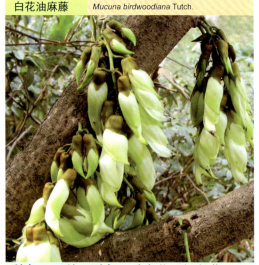

科名：豆科　　别名：禾雀花、鲤鱼藤

识别要点　缠绕藤本。小叶3片组成的复叶，互生，革质，两面无毛或有很稀少的伏贴毛，托叶小、卵形。总状花序。

药用部位　藤茎　　**药材名**　白花油麻藤

功能主治　补血，通经络，强筋骨。用于贫血，白细胞减少症。

狗 爪 豆　　*Mucuna cochinchinensis* (Lour.) Cheval.

科名：豆科　　**别名**：黎豆、猫豆、猫爪豆

识别要点　缠绕草本。茎被白色柔毛。3出复叶，两面均被白色疏毛。总状花序下垂；荚果黑色，毛较疏，荚有隆起纵棱。

药用部位　叶、种子　　**药材名**　狗爪豆

功能主治　温中益气，嫩叶清热凉血。用于腰膝酸痛。有小毒！

花 榈 木　　*Ormosia henryi* Prain

科名：豆科　　**别名**：亨氏红豆、青竹蛇

识别要点　常绿乔木。枝、叶、花被茸毛，奇数羽状复叶。圆锥花序顶生，花冠中央、雄蕊、花丝淡绿，种皮鲜红。

药用部位　根、根皮、茎及叶　　**药材名**　花榈木

功能主治　活血化瘀，祛风消肿。用于跌打损伤，腰肌劳损。

豆 薯　　*Pachyrhizus erosus* (Linn.) Urb.

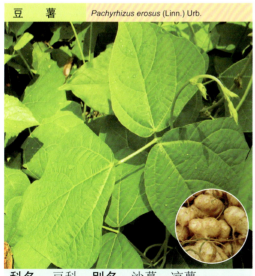

科名：豆科　　**别名**：沙葛、凉薯

识别要点　缠绕藤本。有纺锤形或扁球形块根。3小叶复叶，小叶卵形，托叶披针形。总状花序，荚果带形。

药用部位　块根　　**药材名**　豆薯

功能主治　生津止渴，解酒毒，降血压。用于热病口渴。

豌 豆　　*Pisum sativum* L.

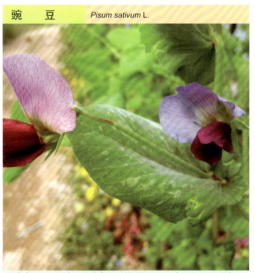

科名：豆科　　**别名**：荷兰豆、麦豆、回鹘豆

识别要点　一年生攀援草本。全株绿色，光滑无毛，花于叶腋单生或数朵排列为总状花序，花萼钟状，子房无毛，花柱扁，内面有髯毛。

药用部位　种子　　**药材名**　豌豆

功能主治　和中下气，利小便，解疮毒。用于霍乱转筋，脚气，痛肿。

猴耳环　*Pithecellobium clypearia* (Jack.) Benth.

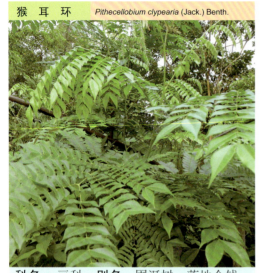

科名：豆科　别名：围涎树、落地金钱

识别要点　乔木。小枝有棱。羽状复叶，每对羽片间的叶轴上具1个腺体。圆锥状花序，被柔毛。荚果条形，旋卷成环状。

药用部位　叶、果实及种子　**药材名**　蛟龙木

功能主治　清热解毒，凉血消肿。用于烧烫伤，疮痈疔肿。

亮叶猴耳环　*Pithecellobium lucidum* Benth.

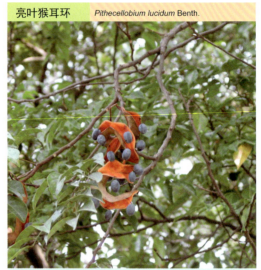

科名：豆科　别名：亮叶围涎树、尿桶弓

识别要点　小乔木。被短茸毛。羽状复叶，每对羽片之间及小叶轴上每对小叶之间有腺体1个。荚果带形，弯曲为圆圈。

药用部位　枝叶　**药材名**　尿桶弓

功能主治　凉血，消肿，生肌。用于风湿痛，跌打损伤，溃疡。

补骨脂　*Psoralea corylifolia* L.

科名：豆科　别名：川故子、故纸

识别要点　草本。叶片宽卵形，边缘有粗锯齿，两面有明显黑色腺点。总状或小头状花序；荚果卵形，黑色。

药用部位　果实　**药材名**　补骨脂

功能主治　温肾助阳，纳气平喘，温脾止泻；外用消风祛斑。用于肾阳不足，阳痿遗精，遗尿尿频，腰膝冷痛，肾虚作喘；外用治白癜风，斑秃。

印度紫檀　*Pterocarpus indicus* Willd.

科名：豆科　别名：紫檀

识别要点　落叶大乔木。叶互生，奇数羽状复叶。花金黄色，总状花序或圆锥花序。荚果，外缘有一圈平展的翅。

药用部位　心材、树脂　**药材名**　紫檀

功能主治　收敛，消肿，止血，定痛。用于疮痈肿毒，金疮出血。

野葛 *Pueraria lobata* (Willd.) Ohwi

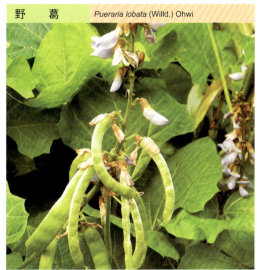

科名：豆科　**别名：**干葛、葛根

识别要点　草质藤本。被长硬毛。三出羽状复叶互生，顶生小叶基部圆，侧生小叶基部明显偏斜。荚果密被褐色长硬毛。

药用部位　块根　　**药材名**　葛根

功能主治　解肌退热，生津止渴，透疹，升阳止泻，通经活络，解酒毒。用于外感发热头痛，项背强痛，消渴，麻疹不透。

甘葛 *Pueraria thomsonii* Benth.

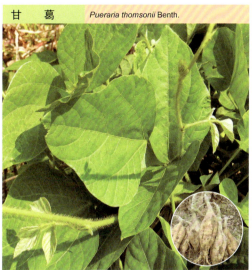

科名：豆科　**别名：**葛条、粉葛

识别要点　草质藤本。三出复叶互生，托叶盾状着生，卵状椭圆形，花萼钟状，内外面均被黄色柔毛，花冠蝶形，蓝紫色。

药用部位　块根　　**药材名**　葛根

功能主治　解肌退热，生津止渴，透疹，升阳止泻，通经活络，解酒毒。用于外感发热头痛，项背强痛，消渴，麻疹不透。

鹿藿 *Rhynchosia volubilis* Lour.

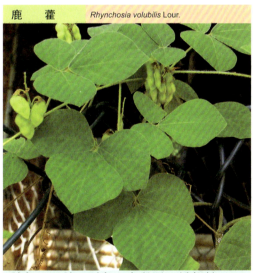

科名：豆科　　**别名：**老鼠眼、饿蚂蝗

识别要点　多年生草本。各部密被淡黄柔毛，三出羽状复叶。总状花序腋生，花黄色。荚果短矩形，红紫，种子黑色。

药用部位　根及全草　　**药材名**　鹿藿

功能主治　消积散结，消肿止痛。用于小儿疳积，牙痛。

田菁 *Sesbania cannabina* Pers.

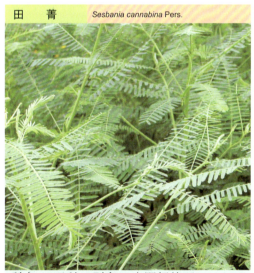

科名：豆科　　**别名：**小野蚂蚱豆

识别要点　一年生灌木。茎直立，偶数羽状复叶，小叶呈线状矩圆形。花黄色，总状花序，腋生。荚果长而狭。

药用部位　叶、种子　　**药材名**　田菁

功能主治　消炎，止痛。用于胸腹炎，高热，关节挫伤，关节痛。

苦 参 *Sophora flavescens* Ait.

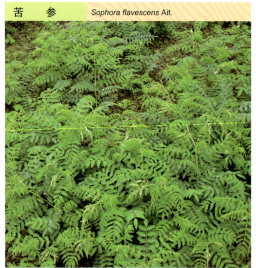

科名：豆科　别名：野槐、好汉枝

识别要点　草本或亚灌木。茎枝幼时被黄细毛。单数羽状复叶，互生，托叶线形。总状花序顶生，被短毛；花淡黄白色。荚果线形。

药用部位　根　**药材名**　苦参

功能主治　清热燥湿，杀虫，利尿。用于热痢，便血，湿疹。

槐 树 *Sophora japonica* Linn.

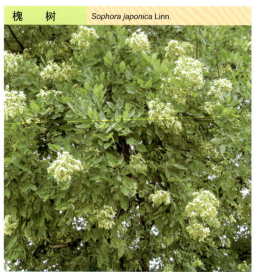

科名：豆科　别名：国槐、家槐

识别要点　乔木。皮灰褐，具纵裂纹。羽状复叶，对生，纸质，卵状披针形。圆锥花序顶生，花冠白色。荚果串珠状。

药用部位　花、果实　**药材名**　槐花、槐角

功能主治　清热泻火，凉血止血。用于肠热便血，痔肿出血。

越 南 槐 *Sophora tonkinensis* Gagnep.

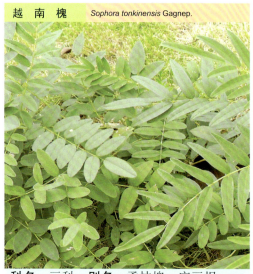

科名：豆科　别名：柔枝槐、广豆根

识别要点　灌木。单数羽状复叶，小叶11～17枚，小叶卵形，背被柔毛。总状花序顶生，花冠黄白色，荚果串珠状。

药用部位　根　**药材名**　山豆根

功能主治　清热解毒、消肿止痛。用于咽喉肿痛，肺热咳嗽，便秘。

鸡 血 藤 *Spatholobus suberectus* Dunn

科名：豆科　别名：密花豆、网络崖豆藤

识别要点　攀援藤本。幼时呈灌木状。顶生的小叶两侧对称，侧生的小叶两侧不对称。圆锥花序，花瓣白色，荚果近镰形。

药用部位　茎　**药材名**　鸡血藤

功能主治　活血补血，调经止痛，舒筋活络。用于月经不调，痛经，闭经，风湿痹痛，麻木瘫痪，血虚萎黄。

酸 豆　　*Tamarindus indica* L.

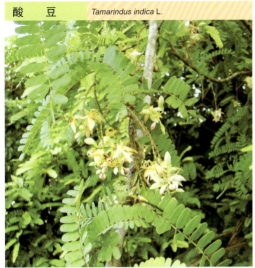

科名：豆科　　**别名：**酸梅、酸角

识别要点　　常绿乔木。树皮粗糙而有纵裂。羽状复叶，小叶两面无毛。总状花序。荚果肥厚肉质，果肉熟时味酸。

药用部位　果实　　**药材名**　酸角

功能主治　　清热解暑，消食化积。用于中暑，食欲缺乏，小儿疳积。

短萼灰叶　　*Tephrosia candida* DC.

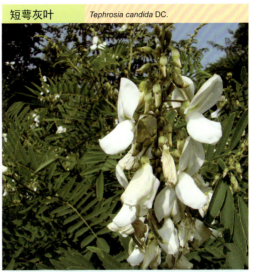

科名：豆科　　**别名：**白灰毛豆、山毛豆

识别要点　　灌木。枝有棱，密生绒毛。奇数羽状复叶，叶背密生白色平贴长柔毛。总状花序，花白色。荚果密生平贴丝毛。

药用部位　茎、叶　　**药材名**　短萼灰叶

功能主治　　可提取鱼藤酮，作植物农药。作绿肥。

非洲山毛豆　　*Tephrosia vogelii* Hook

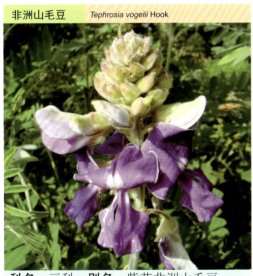

科名：豆科　　**别名：**紫花非洲山毛豆

识别要点　　灌木。密生绒毛。奇数羽状复叶，密生白色平贴长柔毛。总状花序，花白色或紫色。荚果密生棕色毛。

药用部位　茎，叶　　**药材名**　非洲山毛豆

功能主治　　可提取鱼藤酮，作植物农药。作绿肥。

白车轴草　　*Trifolium repens* Linn.

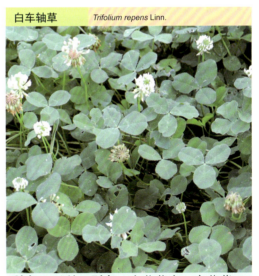

科名：豆科　　**别名：**白花苜蓿、金花草

识别要点　　草本。茎匍匐蔓生。掌状三出复叶，托叶基部抱茎成鞘状，叶柄较长，小叶倒卵形。花序球形，花冠白色。

药用部位　全草　　**药材名**　白车轴草

功能主治　　清热，凉血，宁心。用于癫痫。

长穗猫尾草 *Uraria crinita* var. *macrostachya* Wall.

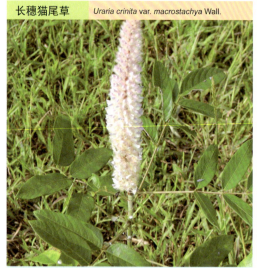

科名：豆科　　**别名：**布狗尾、石参

识别要点　直立亚灌木。叶上面无毛，下面被柔毛。总状花序成穗状，先端弯曲，形似"狗尾"。荚果，略被短毛。

药用部位　全草　　**药材名**　布狗尾

功能主治　止血，解热，杀虫。用于吐血，尿血，丝虫病，疟疾。

蚕　豆 *Vicia faba* L.

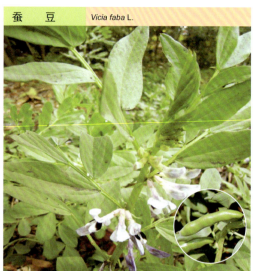

科名：豆科　　**别名：**南豆、川豆

识别要点　草本。羽状复叶，小叶1～3对。总状花序，花冠白色，具紫色脉纹及黑色斑晕。种子近长方形，中间内凹。

药用部位　花　　**药材名**　蚕豆

功能主治　健脾，利湿。用于膈食，水肿。

赤　豆 *Vigna angularis* (Willd.) Ohwi et Ohashi

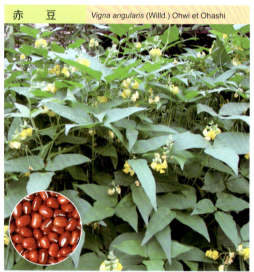

科名：豆科　　**别名：**红豆、赤小豆

识别要点　缠绕草本。3小叶复叶，小叶卵形至菱状卵形。花黄色，荚果圆柱状，种子常暗红色。

药用部位　种子　　**药材名**　赤豆

功能主治　利水消肿，解毒排脓。用于水肿胀满，脚气浮肿，黄疸尿赤，风湿热痹，痈肿疮毒，肠痈腹痛。

绿　豆 *Vigna radiata* (L.) R. Wilczak

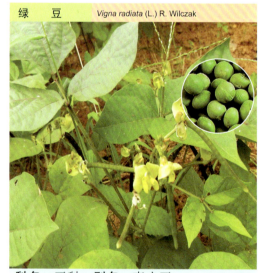

科名：豆科　　**别名：**青小豆

识别要点　一年生草本。被短褐硬毛。三出复叶；总状花序腋生，花绿黄；荚果圆柱形，被褐色毛。种子绿色，长圆形。

药用部位　种子　　**药材名**　绿豆

功能主治　清热解毒，消暑。用于暑热烦渴，疮毒痈肿。

赤小豆 *Vigna umbellata* (Thunb.) Ohwi et Ohashi

科名：豆科　**别名**：米豆、小红豆

识别要点　一年生草本。茎纤细，幼时被黄色长柔毛，老时无毛。羽状复叶，总状花序腋生。

药用部位　成熟种子　　**药材名**　赤小豆

功能主治　利水消肿，解毒排脓。用于水肿胀满，脚气肢肿，黄疸尿赤，风湿热痹，痈肿疮毒，肠痈腹痛。

紫藤 *Wisteria sinensis* Sweet

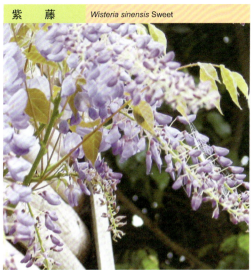

科名：豆科　**别名**：豆藤、黄纤藤

识别要点　木质藤本。单数羽状复叶，叶轴被疏毛，叶片中脉被密毛。侧生总状花序下垂。荚果扁条形，密生绒毛。

药用部位　茎皮、花及种子　**药材名**　紫藤

功能主治　止痛，杀虫。用于腹痛，蛲虫病。

丁葵草 *Zornia gibbosa* Spanog.

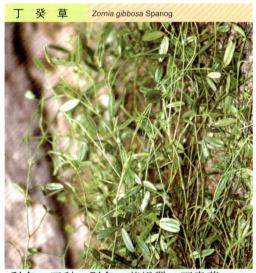

科名：豆科　**别名**：苍蝇翼、丁贵草

识别要点　草本。小叶2，生于叶轴顶端，披针形。总状花序，花无梗，苞片基部延伸成距，有明显脉纹，花冠黄色。

药用部位　全草　　**药材名**　丁葵草

功能主治　清热解毒，凉血解毒。用于感冒，咽喉炎，肝炎。

阳桃 *Averrhoa carambola* L.

科名：酢浆草科　**别名**：五敛子、杨桃

识别要点　常绿乔木。幼枝被柔毛，有小皮孔。羽状复叶，叶柄及总轴被柔毛。花序顶生，圆锥状。浆果具5翅状棱角。

药用部位　枝、叶　　**药材名**　杨桃

功能主治　祛风利湿，消肿止痛。用于风热感冒，小便不利，跌打肿痛，痈疽肿毒。

酢浆草　*Oxalis corniculata* L.

科名：酢浆草科　　**别名**：酸草、斑鸠酸

识别要点　匍匐草本。叶互生，掌状3小叶，小叶无柄，小叶片倒心形，被柔毛。花黄色。蒴果有5条细纵棱，成熟时爆裂。

药用部位　全草　　　**药材名**　酢浆草

功能主治　清热利湿，凉血散瘀，消肿解毒。用于感冒，肝炎；外用治毒蛇咬伤。

红花酢浆草　*Oxalis corymbosa* DC.

科名：酢浆草科　　**别名**：大叶酢浆草、三夹莲

识别要点　草本。地下部分有多数小鳞茎。叶基生，小叶两面有棕红色瘤状小腺点。花淡紫色，伞房花序。蒴果有毛。

药用部位　全草　　　**药材名**　红花酢浆草

功能主治　清热解毒，散瘀消肿，调经。用于肾盂肾炎，牙痛，月经不调。

香叶天竺葵　*Pelargonium graveolens* L'Hér.

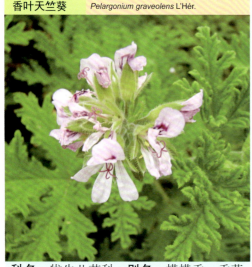

科名：牻牛儿苗科　　**别名**：摸摸香、香草

识别要点　草本。叶互生，有香味；叶近圆形，基部心形，直径2～10cm，掌状5～7裂达中部或近基部。伞形花序。

药用部位　全草　　　**药材名**　香叶

功能主治　祛风，行气，止痛。用于头痛，头晕，胃腹胀满。

天竺葵　*Pelargonium hortorum* Bailey

科名：牻牛儿苗科　　**别名**：木海棠、日蜡红

识别要点　草本。叶片具浓烈鱼腥味，圆形或肾形，直径3～7cm，边缘波状浅裂，具圆形齿。伞形花序，具多花。

药用部位　花　　　**药材名**　天竺葵

功能主治　止血，收缩血管，抗菌。用于微血管破裂，瘢痕，妊娠纹。

旱金莲　*Tropaeolum majus* L.

科名：旱金莲科　**别名：**旱莲花、荷叶七

识别要点　一年生肉质草本。蔓生，无毛或被疏毛。叶互生。单花腋生，花黄色、紫色、橘红色或杂色，花托杯状。

药用部位　全草　　**药材名**　旱金莲

功能主治　清热解毒。用于眼结膜炎，痈疖肿毒。

蒺藜　*Tribulus terrestris* L.

科名：蒺藜科　**别名：**八角刺

识别要点　草本。双数羽状复叶。花小，黄色，单生叶腋。果为5个分果瓣组成，每果瓣具长短棘刺各1对。

药用部位　果实　　**药材名**　蒺藜

功能主治　平肝解郁，活血祛风，明目，止痒。用于头痛眩晕，胸肋胀痛，乳闭乳痈，目赤翳障，风疹瘙痒。

石 海 椒　*Reinwardtia indica* Dum.

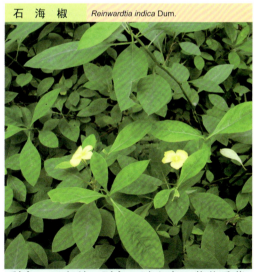

科名：亚麻科　**别名：**过山青、黄花香草

识别要点　灌木。叶纸质，椭圆形；托叶小，早落。花顶生或腋生，花在同一植株上的花瓣有5片或4片，黄色。蒴果。

药用部位　嫩枝、叶　　**药材名**　过山青

功能主治　清热利尿。用于小便不利，肾炎，黄疸型肝炎。

铁 苋 菜　*Acalypha australis* L.

科名：大戟科　**别名：**人苋、海蚌含珠

识别要点　一年生草本。叶膜质，长圆形。雌雄同序，雌花苞片卵状心形；雄花生于花序上部，排列成穗状或头状。蒴果。

药用部位　全草　　**药材名**　铁苋菜

功能主治　清热解毒，消积，止痢，止血。用于肠炎，细菌性痢疾，小儿疳积。

红 桑	*Acalypha wilkesiana* Muell. Arg.

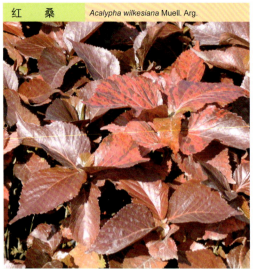

科名：大戟科　**别名：**三色铁苋菜、海蚌含珠

识别要点　灌木。叶纸质，阔卵形，常有不规则的红色或紫色斑块，边缘具粗圆锯齿。雌雄同株异花序，蒴果。

药用部位　叶　　**药材名**　海蚌含珠

功能主治　清热消肿。用于跌打损伤，烧烫伤，痈肿疮毒。

红背山麻杆	*Alchornea trewioides* Muell. Arg.

科名：大戟科　**别名：**红背叶、红背娘

识别要点　灌木。幼枝被短柔毛。在叶柄相连处有红色腺体和2枚线状附属物。花单性，雌雄同株。

药用部位　根　　**药材名**　红背叶

功能主治　清热利湿，散瘀止血。用于痢疾，小便不利，尿血。

石 栗	*Aleurites moluccana* (L.) Willd.

科名：大戟科　**别名：**烛果树

识别要点　乔木。幼枝、叶、花序密被短柔毛。叶卵形，叶柄顶端有2枚小腺体。花小，白色；圆锥花序顶生，核果卵形。

药用部位　叶　　**药材名**　石栗

功能主治　通经，清瘀热。用于经闭。种子油有泻下功效。

五 月 茶	*Antidesma bunius* (L.) Spreng

科名：大戟科　**别名：**五味叶

识别要点　小乔木。叶片革质，有光泽。花单性，雌雄异株，花序穗状或近总状。核果近球形，深红色。

药用部位　根、叶、果实　　**药材名**　五月茶

功能主治　生津止渴，行气活血，解毒。用于咳嗽，口渴，跌打损伤，疮毒。

| 银 柴 | *Aporosa dioica* (Roxb.) Muell.-Arg. |

科名：大戟科　**别名**：大沙叶、大叶满天星

识别要点　小乔木。叶革质，两面无毛。绿色早落托叶大耳状。雌雄异株，无花瓣。子房密被短柔毛，柱头2裂。

药用部位　全株　　**药材名**　大沙叶

功能主治　清热解毒，活血祛瘀。用于感冒发热，中暑，肝炎，跌打损伤。

| 秋 枫 | *Bischofia javanica* Blume |

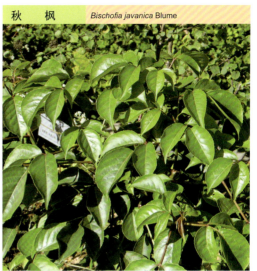

科名：大戟科　**别名**：茄冬

识别要点　乔木。砍伤树皮后流出红色汁液。三出复叶，小叶椭圆形，边缘有浅锯齿。花小，雌雄异株，圆锥花序。

药用部位　全株　　**药材名**　秋枫

功能主治　行气活血，消肿解毒。用于风湿骨痛，食管癌，肺炎。

| 重 阳 木 | *Bisxhofia polycarpa* (Levl.) Airy shaw |

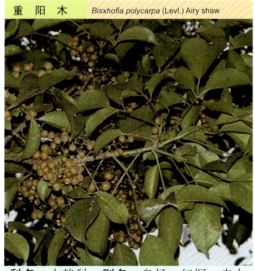

科名：大戟科　**别名**：乌杨、红桐、赤木

识别要点　落叶乔木。全株光滑无毛。腋生总状花序，花小，淡绿色，有花萼无花瓣。果实球形浆果状，熟时红褐或蓝黑色。

药用部位　根、叶、皮　　**药材名**　秋枫

功能主治　消炎，解热，除湿。用于风湿性关节炎，肠燥便秘，痈疽。

| 黑 面 神 | *Breynia fruticosa* (L.) Hook. f. |

科名：大戟科　**别名**：黑面叶、鬼画符

识别要点　灌木。枝叶干后变为黑色。雌雄同株。花萼顶端6浅裂，无花瓣。近球形深红色果肉质，位于扩大宿存萼上。

药用部位　枝、叶　　**药材名**　黑面叶

功能主治　清湿热，散瘀滞。用于腹痛吐泻，疔毒，湿疹。

土蜜树	*Bridelia monoica* (Lour.) Merr.

科名：大戟科　　**别名**：逼迫子、补锅树

识别要点　灌木。被锈色短柔毛。叶纸质，叶背被稠密长柔毛，托叶条状披针形。雌雄同株。花瓣5，子房无毛。

药用部位　根皮、茎、叶　　**药材名**　土蜜树

功能主治　安神调经，清热解毒。用于神经衰弱，月经不调，狂犬咬伤，疔疮肿毒。

鸡骨香	*Croton crassifolius* Geisel.

科名：大戟科　　**别名**：鸡脚香、黄牛香

识别要点　灌木。根粗壮，外皮黄色，易剥离，气芳香。雄花在上雌花在下，蒴果球形被锈色柔毛。

药用部位　根　　**药材名**　鸡骨香

功能主治　行气止痛，祛风消肿。用于风湿性关节痛，腰腿痛，胃痛，跌打肿痛，咽痛，心绞痛，蛇咬伤。

毛果巴豆	*Croton lachnocarpus* Benth.

科名：大戟科　　**别名**：小叶双眼龙、巡山虎

识别要点　常绿灌木。被灰黄色星状毛，叶缘小锯齿上有腺体，在叶片基部两侧有2个长杯状腺体。蒴果熟后裂成3瓣。

药用部位　根和叶　　**药材名**　小叶双眼龙

功能主治　祛风除湿，散瘀消肿。用于风湿关节痛，跌打肿痛，毒蛇咬伤。

巴豆	*Croton tiglium* L.

科名：大戟科　　**别名**：双眼龙、大叶双眼龙

识别要点　小乔木。叶柄两侧各具1腺体。蒴果3钝角。种子表面棕色平滑。种皮薄脆，种仁油质。

药用部位　种子　　**药材名**　巴豆

功能主治　外用蚀疮。用于恶疮疥癣，疣痣。

黄 桐　*Endospermum chinense* Benth.

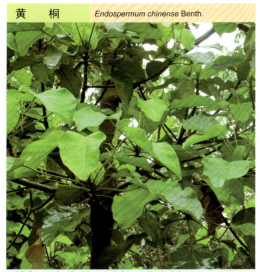

科名：大戟科　**别名：**黄虫树

识别要点　乔木。嫩枝、花序和果被灰黄色柔毛。叶痕明显，灰白色，叶薄革质，卵圆形，全缘，基部有2枚球形腺体。

药用部位　树皮及叶　**药材名**　大树跌打

功能主治　祛瘀定痛，舒筋活络。用于手足水肿，跌打损伤。

火 殃 勒　*Euphorbia antiquorum* L.

科名：大戟科　**别名：**霸王鞭、金刚树

识别要点　肉质灌木。有白色乳汁。叶少，对生，托叶坚硬刺状，成对宿存。

药用部位　茎、叶　**药材名**　霸王鞭

功能主治　消肿，拔毒，止泻。用于急性胃肠炎，疟疾，跌打肿痛，皮癣。

猩 猩 草　*Euphorbia heterophylla* L.

科名：大戟科　**别名：**叶象花

识别要点　草本。折断后有白色汁液流出，嫩茎中空，绿色。单叶互生，叶形多变化。

药用部位　全草　**药材名**　一品红

功能主治　调经止血，接骨消肿。用于月经过多，跌打损伤，骨折。

飞 扬 草　*Euphorbia hirta* L.

科名：大戟科　**别名：**大飞扬草、奶子草

识别要点　一年生草本。被硬毛，有白色乳汁。枝呈红色或淡紫色。单叶对生，中央常有1紫色斑。蒴果卵状三棱形。

药用部位　全草　**药材名**　飞扬草

功能主治　清热解毒，利湿止痒，通乳。用于肺痈，乳痈，疔疮肿毒，牙疳，痢疾，热淋，湿疹。

通 奶 草　　*Euphorbia hypericifolia* Linn.

科名： 大戟科　　**别名：** 光叶飞扬、奶通草

识别要点　　草本。茎纤细，带紫红色，全株有乳汁。叶对生，狭长圆形。苞叶2枚，与茎生叶同形。蒴果。

药用部位　全草　　　**药材名**　通奶草

功能主治　清热利湿，收敛止痒。用于肠炎腹泻，痢疾，痔疮出血，湿疹，皮炎，皮肤瘙痒。

甘 遂　　*Euphorbia kansui* T. N. Liou ex S. B. Ho

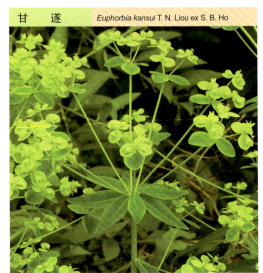

科名： 大戟科　　**别名：** 主田、重泽、甘藁

识别要点　　草本。有块根。叶互生，常呈线状椭圆形，全缘；总苞叶倒卵状椭圆形；苞叶2枚，二角状卵形；蒴果。

药用部位　块根　　　**药材名**　甘遂

功能主治　泻水逐饮，消肿散结。用于水肿胀满，胸腹积水，痰饮积聚，气逆咳喘。

续 随 子　　*Euphorbia lathyris* Linn.

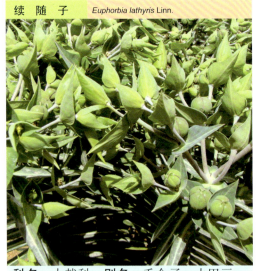

科名： 大戟科　　**别名：** 千金子、小巴豆

识别要点　　草本。茎下部叶密生，狭披针形，全缘；上部的叶交互对生，基部心形，抱茎。总花序2～4梗呈伞形顶生。

药用部位　种子　　　**药材名**　续随子

功能主治　泻下逐水，破血消癥；外用疗癣蚀疣。用于二便不通，水肿，痰饮，积滞胀满，血瘀经闭；外治顽癣，赘疣。

铁 海 棠　　*Euphorbia milii* Ch. Des Moulins

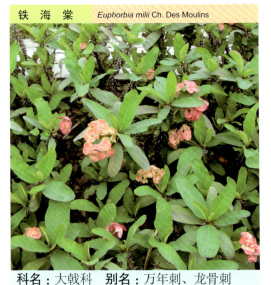

科名： 大戟科　　**别名：** 万年刺、龙骨刺

识别要点　　灌木。叶常生于嫩枝上，无柄。总苞钟形，顶端5裂，腺体4，总苞基部具2红苞片。

药用部位　茎、叶　　**药材名**　铁海棠

功能主治　拔毒消肿，凉血止血。用于崩漏，白带过多，功能性子宫出血；外用治痈疮肿毒。

一品红　*Euphorbia pulcherrima* Willd. ex Klotzsch

科名：大戟科　**别名：**象牙红、圣诞花

识别要点　灌木。茎有白色乳汁。单叶互生，叶片背有柔毛。花序下方叶片呈朱红色，苞片有大而色黄的腺体1～2枚。

药用部位　全株　**药材名**　猩猩木

功能主治　调经止血，活血化瘀，接骨消肿。用于月经不调，跌打肿痛。

千根草　*Euphorbia thymifolia* L.

科名：大戟科　**别名：**小飞扬草、细叶飞扬草

识别要点　一年生草本。全草有白色乳汁。茎常红色。花淡紫色于叶腋内，蒴果卵状三棱形。

药用部位　全草　**药材名**　小飞扬草

功能主治　清热利湿，祛风止痒，止血。用于湿热泻痢，痔疮出血；外用治皮炎。

绿玉树　*Euphorbia tirucalli* L.

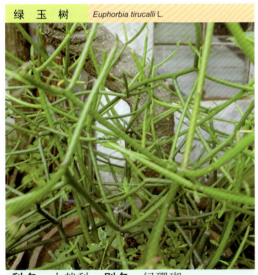

科名：大戟科　**别名：**绿珊瑚

识别要点　灌木。分枝对生或轮生，圆柱形，小枝细长、绿色、稍肉质。常无叶。蒴果暗黑色，被毛。

药用部位　全草　**药材名**　绿玉树

功能主治　催乳，杀虫。用于缺乳，癣疮，关节肿痛。

三角火殃簕　*Euphorbia trigona* Haw.

科名：大戟科　**别名：**金刚纂

识别要点　半肉质灌木。有白色乳汁。肉质茎具3翅状锐棱。托叶坚硬刺状，成对宿存。

药用部位　茎　**药材名**　霸王鞭

功能主治　消肿，拔毒，止泻。用于急性胃肠炎，疟疾。

红背桂　*Excoecaria cochinchinensis* Lour.

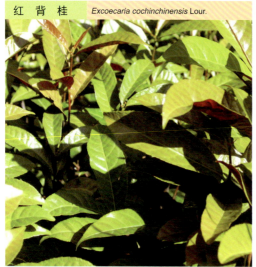

科名：大戟科　**别名**：叶背红、金琐玉

识别要点　灌木。叶上面深绿下面深紫红。花单性，苞片基部各具1枚腺体，小苞片2，线形，基部有2枚腺体。

药用部位　全株　**药材名**　红背桂

功能主治　疏风清热，通经活络，止痛。用于麻疹、腮腺炎、腰肌劳损等。

厚叶算盘子　*Glochidion dasyphyllum* K. Koch

科名：大戟科　**别名**：大叶水榕、水泡木

识别要点　灌木。枝被柔毛。叶片革质，上面近光滑无毛或两面均被柔毛。花小，腋生，常具短柄。蒴果扁球形，被毛。

药用部位　根、叶　**药材名**　厚叶算盘子

功能主治　祛风消肿，收敛固脱，消炎解毒。用于风湿骨痛，跌打肿痛。

毛果算盘子　*Glochidion eriocarpum* Champ.

科名：大戟科　**别名**：漆大姑、毛漆

识别要点　灌木。枝密被淡黄色扩展的长柔毛。淡黄绿色花生于叶腋，单性，蒴果扁球形，具5条纵沟，密被长柔毛。

药用部位　根、叶　**药材名**　毛果算盘子

功能主治　清热利湿，解毒止痒。根用于肠炎，痢疾。叶外用治生漆过敏，水田皮炎。

大叶算盘子　*Glochidion macrophyllum* Benth.

科名：大戟科　**别名**：艾胶算盘子、泡果算盘子

识别要点　小乔木。植株无毛。叶背灰白色或淡绿色。托叶长，三角形，雄花和雌花生长在不同的小枝上。

药用部位　根、茎、叶　**药材名**　大叶算盘子

功能主治　清热解毒，消肿止痛。用于黄疸，口腔炎，跌打损伤。

算 盘 子 *Glochidion puberum* (L.) Hutch.

科名：大戟科　别名：野南瓜、柿子椒

识别要点　灌木。枝密被短柔毛。叶下面密被短柔毛，叶片纸质。单性花小黄绿色，无花瓣，蒴果如算盘珠密被绒毛。

药用部位　根、叶　**药材名**　算盘子

功能主治　清热利湿，解毒消肿。用于疟疾，黄疸，急性胃肠炎。

香港算盘子 *Glochidion zeylanicum* (Gaerthn.) A. Juss.

科名：大戟科　别名：美短盘

识别要点　灌木或小乔木。叶片两面均无毛。雌花幼嫩时被极短柔毛，花柱合生成圆锥状，顶端近于截平状。蒴果扁球形。

药用部位　根　**药材名**　香港算盘子

功能主治　止咳平喘，止血。用于气喘，咳嗽，鼻出血。

麻 疯 树 *Jatropha curcas* L.

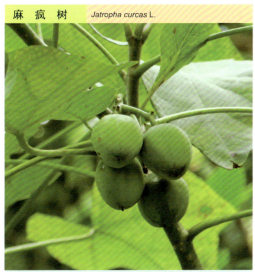

科名：大戟科　别名：羔桐、臭油桐

识别要点　灌木或小乔木。有乳汁。叶片绿色，花单性，雌雄同株，花腋生。蒴果黄色，熟时裂成3个2瓣裂的分果爿。

药用部位　叶、树皮　**药材名**　麻疯树

功能主治　散瘀消肿，止血止痒。用于跌打肿痛，创伤出血，皮肤瘙痒。

棉叶麻疯树 *Jatropha gossypiifolia* L.

科名：大戟科　别名：红叶麻疯树

识别要点　灌木。有乳汁。叶片红色，花单性，雌雄同株，花腋生。蒴果黄色，熟时裂成3个2瓣裂的分果爿。

药用部位　叶、树皮　**药材名**　棉叶麻疯树

功能主治　散瘀消肿，止血止痒。用于跌打损伤，皮肤瘙痒。有毒！

佛肚树　*Jatropha podagrica* Hook.

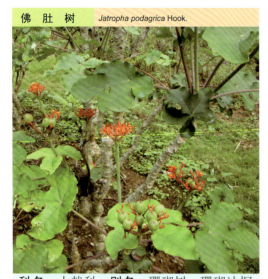

科名：大戟科　**别名：**珊瑚树、珊瑚油桐

识别要点　落叶小灌木。茎干粗壮，茎端两歧分叉，肉质，中部膨大似酒瓶，常外翻剥落，小枝红色，多分枝，似珊瑚。

药用部位　根　**药材名**　佛杜树

功能主治　清热解毒，消肿止痛。用于毒蛇咬伤。

中平树　*Macaranga denticulata* (Bl) Muell-Arg.

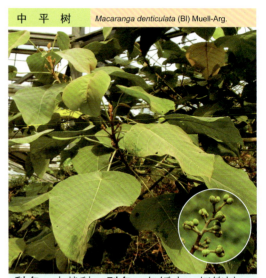

科名：大戟科　**别名：**包饭木、灯笼树

识别要点　乔木。嫩枝、叶、花序和花均被锈色或黄褐色绒毛。叶纸质，卵圆形，盾状着生。花序圆锥状，蒴果双球形。

药用部位　根　**药材名**　包饭木

功能主治　行气止痛，清热利湿。用于胃脘疼痛，胸胁胀痛，湿疹。

血桐　*Macaranga tanarius* (L.) Muell.-Arg.

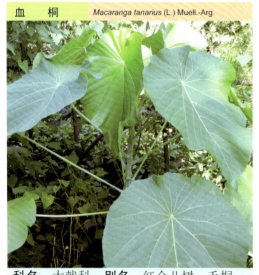

科名：大戟科　**别名：**红合儿树、毛桐

识别要点　小乔木。单叶互生，叶盾状宽卵形，叶柄长，柄上有白粉，掌状叶脉。雌雄异株，腋生，没有花瓣，蒴果球形。

药用部位　根、树皮、叶　**药材名**　血桐

功能主治　泻下通便，抗癌。用于大便秘结，恶性肿瘤。

白背叶　*Mallotus apelta* (Lour.) Muell. Arg.

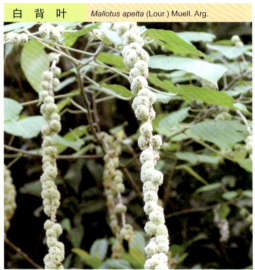

科名：大戟科　**别名：**野桐、叶下白

识别要点　灌木或小乔木。叶下面灰白色。无花瓣，蒴果近球形，密生羽毛状软刺。

药用部位　全株　**药材名**　白背叶

功能主治　清热利湿，解毒止痛，止血。用于淋浊，胃痛，口疮，外伤出血。

石岩枫 *Mallotus repandus* (Willd.) Muell.-Arg.

科名：大戟科　**别名**：黄豆树、大力王

识别要点　灌木有时藤本状。全体被星状柔毛。黄绿色花单性，雌雄异株，雄花腋生，雌花序顶生或腋生，萼3裂。

药用部位　根、茎、叶　**药材名**　山龙眼

功能主治　祛风活络，舒筋止痛。用于风湿性关节炎、腰腿痛等；外用治跌打损伤。

木薯 *Manihot esculenta* Crantz

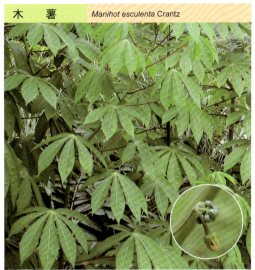

科名：大戟科　**别名**：臭薯、改伞

识别要点　灌木。块根圆柱状。叶纸质，掌状全裂，裂片3～7片。圆锥花序顶生或腋生，蒴果椭圆状、表面粗糙。

药用部位　叶　**药材名**　木薯

功能主治　消肿解毒。用于瘀肿疼痛，跌打损伤，外伤肿痛，顽癣。

红雀珊瑚 *Pedilanthus tithymaloides* (L.) Poir.

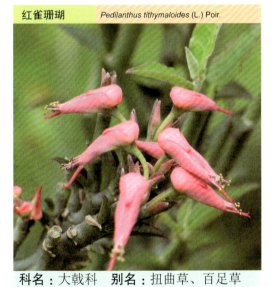

科名：大戟科　**别名**：扭曲草、百足草

识别要点　肉质草本。有白色乳汁。花小，总苞鲜红色或紫色，基部有腺体。

药用部位　全草　**药材名**　红雀珊瑚

功能主治　清热解毒，散瘀消肿，止血生肌。用于跌打损伤，外伤出血。

越南叶下珠 *Phyllanthus cochinchinensis* Spreng.

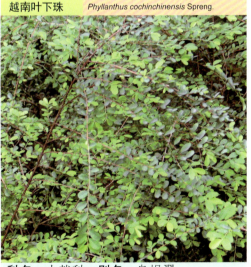

科名：大戟科　**别名**：乌蝇翼

识别要点　小灌木。多分枝，秃净。花单性，雌雄异株，雄花花丝合生成一粗厚的中柱。蒴果扁球形。

药用部位　根或枝叶　**药材名**　马蝇翼

功能主治　清湿热，解毒消积。用于腹泻下痢，五淋白浊，小儿积热。

余甘子　*Phyllanthus emblica* L.

科名： 大戟科　　**别名：** 滇橄榄、喉甘子

识别要点　落叶小乔木。黄色小花簇生于叶腋，具多数雄花和1朵雌花，果梢有6棱，熟时淡黄色或带紫红色。

药用部位　果实　　**药材名**　余甘子

功能主治　清热凉血，消食健胃，生津止咳。用于血热血瘀，消化不良，腹胀，咳嗽，喉痛，口干。

小果叶下珠　*Phyllanthus reticulatus* Poir.

科名： 大戟科　　**别名：** 烂头石本、龙眼睛

识别要点　蔓状灌木。无乳汁。单叶，互生呈羽状复叶状，全缘，托叶钻状三角形，褐色。雌雄同株，蒴果红色。

药用部位　全株　　**药材名**　小果叶下珠

功能主治　祛风除湿，清热消肿，健脾止泻。用于风湿骨痛，胃痛，跌打损伤。

叶下珠　*Phyllanthus urinaria* L.

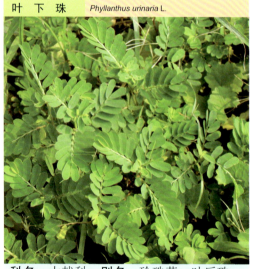

科名： 大戟科　　**别名：** 珍珠草、叶后珠

识别要点　一年生草本。茎常带赤红色。花单性，雌雄同株生于叶腋，无花瓣，蒴果表面有小凸刺或小瘤体。

药用部位　块根　　**药材名**　叶下珠

功能主治　清热利尿，明目，消积。用于肾炎水肿，泌尿系感染，赤白痢疾，目赤肿痛，结石，肠燥便秘。

蓖麻　*Ricinus communis* L.

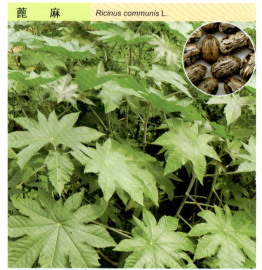

科名： 大戟科　　**别名：** 红蓖麻、天麻子果

识别要点　灌木。茎被白粉。黄色雄花在下，红色雌花在上，柱头三裂。蒴果球形被刺状物，成熟后3裂。

药用部位　种子　　**药材名**　蓖麻子

功能主治　泻下通滞，消肿拔毒。用于大便燥结，痈疽肿毒，喉痹，瘰疬。

山乌桕　*Sapium discolor* (Champ. ex Benth.) Muell.-Arg.

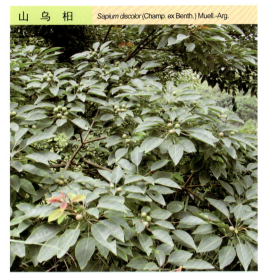

科名：大戟科　**别名**：红乌桕、红叶乌桕

识别要点　落叶乔木。嫩枝叶带红色。单叶互生，叶片长椭圆形，全缘。花单性，同株。蒴果有3棱，黑色，室背开裂。

药用部位　叶　**药材名**　山乌桕

功能主治　解毒消肿。用于跌打肿痛，毒蛇咬伤，湿疹。

圆叶乌桕　*Sapium rotundifolium* Hemsl.

科名：大戟科　**别名**：雁来红、红叶树

识别要点　灌木。小枝节间短。叶互生，近革质，叶片近圆形，顶端具2腺体。花雌雄同株，密集成顶生的总状花序。

药用部位　叶、果　**药材名**　圆叶乌桕

功能主治　解毒消肿，杀虫。用于蛇伤，疥癣，湿疹，疮毒。

乌　桕　*Sapium sebiferum* (L.) Roxb.

科名：大戟科　**别名**：桕树、木蜡树

识别要点　落叶乔木。具乳液。叶基部有蜜腺1对。绿黄色小花生于枝顶，花单性。蒴果球形。种子外被白蜡层。

药用部位　根皮　**药材名**　乌桕木根皮

功能主治　利水，消积，杀虫，解毒。用于水肿，腹水，积聚，二便不通。

天绿香　*Sauropus androgynus* (L.) Merr.

科名：大戟科　**别名**：守宫木、树仔菜

识别要点　灌木。叶厚纸质，干后黄绿色；雄花萼片黄红色盘状6浅裂，雌花萼片红色2轮，蒴果近球形，成熟时白色。

药用部位　嫩枝、叶　**药材名**　天绿香

目前用途　清热。用作蔬菜。有小毒！

龙脷叶 *Sauropus rostratus* Miq.

科名：大戟科　别名：龙舌叶、龙味叶

识别要点　常绿小灌木。单叶互生，叶脉处灰白色，常聚生于小枝顶端，托叶三角形。花细小，暗紫色，簇生，花萼6，二轮。蒴果。

药用部位　叶　**药材名**　龙脷叶

功能主治　润肺止咳，通便。用于肺燥咳嗽，咽痛失音，便秘。

白饭树 *Securinega virosa* (Roxb.ex Willd.) Baill.

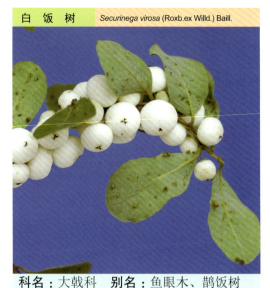

科名：大戟科　别名：鱼眼木、鹊饭树

识别要点　落叶灌木。皮红褐色，嫩枝有棱。单叶互生，叶下面苍白色。蒴果浆果状，球形，具肉质外果皮，成熟时白色。

药用部位　全株　**药材名**　白饭树

功能主治　清热解毒，消肿止痛，止痒止血。用于湿疹，脓疱疮，过敏性皮炎。

牛耳枫 *Daphniphyllum calycinum* Benth

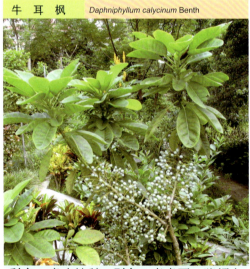

科名：虎皮楠科　别名：老虎耳、猪颔木

识别要点　灌木或小乔木。总状花序腋生，花小，雌雄异株。核果卵圆形，较小，被白粉，具小疣状突起。

药用部位　根、叶　**药材名**　牛耳枫

功能主治　清热解毒。用于感冒发热，扁桃体炎。

降真香 *Acronychia pedunculata* (L.) Miq.

科名：芸香科　别名：山橘、山油柑

识别要点　乔木。有柑橘叶的香气。叶柄顶端有1结节。聚伞花序花瓣青白色。核果黄色，圆球形而略具肋状棱，半透明。

药用部位　根　**药材名**　降真香

功能主治　祛风活血，理气止痛。用于风湿性腰腿痛，跌打肿痛。

东风橘　*Atalantia buxifolia* (Poir.) Oliv.

科名：芸香科　**别名**：狗橘、酒饼药

识别要点　灌木或小乔木。腋生强硬的茎刺。单叶互生，叶片革质，有油点，揉之有柑橘香气。白色花，无柄或近无柄。

药用部位　根　　**药材名**　东风橘

功能主治　祛风解表，化痰止咳，理气止痛。用于感冒，头痛，咳嗽，支气管炎。

酸橙　*Citrus aurantium* L.

科名：芸香科　**别名**：皮头橙、枳壳

识别要点　灌木或小乔木。枝三棱形。叶互生。白色花，其花萼有5个宽三角状裂片，花瓣5片，长圆形，覆瓦状排列。

药用部位　幼果或近成熟果实

药材名　枳壳

功能主治　破气行痰，散积消痞。用于食积痰滞，胸腹胀满，腹胀腹痛。

柠檬　*Citrus limon* (Linn.) Burm. F.

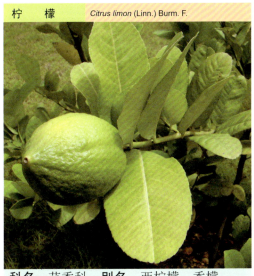

科名：芸香科　**别名**：西柠檬、香檬

识别要点　灌木。小枝有针刺。叶柄短，翼叶不明显。花白色带紫；柑果黄色有光泽，椭圆形，顶部有乳头状突起，皮不易剥离。

药用部位　果实　　**药材名**　柠檬

功能主治　生津止渴，和胃安胎。治中暑烦渴，食欲不振。

黎檬　*Citrus limonia* Osbeck

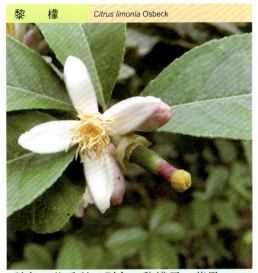

科名：芸香科　**别名**：黎檬子、药果

识别要点　常绿灌木。具硬刺。单叶互生，叶片边缘有钝锯齿。果先端有1不发达的乳头状突起。

药用部位　果实　　**药材名**　柠檬

功能主治　化痰止咳，生津健胃。用于支气管炎，食欲不振，中暑烦渴。

柚 子　*Citrus maxima* (Burm.) Merr.

科名：芸香科　**别名：**木柑、立旦

识别要点　常绿小乔木。有或无刺。单生复叶，互生，总状花序腋生，花白色，萼片杯状，5裂，花瓣4～5片。果无毛。

药用部位　果实、果皮、叶、种子、花

药材名　柚、柚核、柚花

功能主治　理气宽中，燥湿化痰。用于咳嗽痰多，食积伤酒，呕恶痞闷。

化 州 柚　*Citrus maxima* cv. Tomentosa

科名：芸香科　**别名：**化橘红

识别要点　常绿小乔木。叶互生，有柔毛及透明腺点，花梗被白柔毛，花萼杯状，4浅裂，花瓣4，长圆形，白色。果被毛。

药用部位　花、未成熟或近成熟外层果皮

药材名　柚花、化州柚

功能主治　理气宽中，燥湿化痰。用于咳嗽痰多，食积伤酒，呕恶痞闷。

枸 橼　*Citrus medica* L.

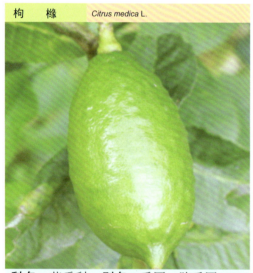

科名：芸香科　**别名：**香圆、陈香圆

识别要点　灌木。腋生短硬棘刺。单叶互生，边缘有锯齿，油点明显。萼杯状，5裂，花冠5瓣，内白而外紫。

药用部位　果实　　**药材名**　香橼

功能主治　理气，止痛，化痰。用于胸闷，气逆呕吐，胃腹胀痛，痰饮咳嗽。

佛 手 柑　*Citrus medica* cv. Fingered

科名：芸香科　**别名：**五指柑、十指柑

识别要点　灌木。具锐刺。单叶互生。花萼片5裂，花瓣5，内面白，外面紫色，子房在花柱脱落后即行分裂。

药用部位　果实　　**药材名**　佛手

功能主治　疏肝理气，和胃止痛，燥湿化痰。用于肝胃气滞，胸肋胀痛，胃脘痞满，食少呕吐，咳嗽痰多。

柑 橘　*Citrus reticulata* Blanco

科名：芸香科　**别名：**橘

识别要点　灌木。少刺。叶片顶端常有明显的凹缺，叶缘有明显的圆钝裂片。花瓣白色或背面淡紫色。

药用部位　成熟果皮　　**药材名**　橘皮

功能主治　理气健脾，燥湿化痰。用于脘腹胀满，食少吐泻，咳嗽痰多。

假 黄 皮　*Clausena excavata* Burm. F.

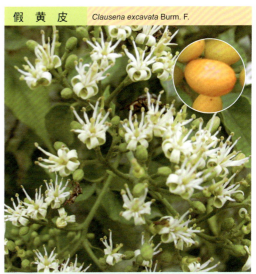

科名：芸香科　**别名：**臭黄皮、臭麻皮

识别要点　常绿灌木。单数羽状复叶，小叶片膜质，基部偏斜，边缘有不明显的圆钝齿，具透明油点。浆果先端有小突尖。

药用部位　根、叶　　**药材名**　山黄皮

功能主治　疏风解表，行气利湿，截疟。用于流行性感冒，疟疾。

黄 皮　*Clausena lansium* (Lour.) Skeels

科名：芸香科　**别名：**黄弹

识别要点　常绿小乔木。植株常有集生成簇的短毛及长毛。叶片满布半透明油点。浆果，淡黄色或暗黄色，密被毛。

药用部位　种子　　**药材名**　黄皮

功能主治　行气，止痛，散结消胀。用于腹满，胃痛，疝气痛，肠燥便秘，痛疽。

三 叉 苦　*Evodia lepta* (spreng.) Merr.

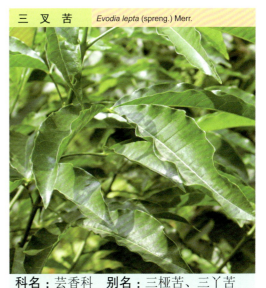

科名：芸香科　**别名：**三桠苦、三丫苦

识别要点　灌木。叶为掌状三出复叶，味苦。黄白色小花腋生，萼片、花瓣各4，外果皮暗黄褐色至红褐色，半透明，有腺点。

药用部位　根、叶　　**药材名**　三叉苦

功能主治　清热解毒，散瘀止痛。用于感冒高热，咽喉炎，胃病。外用治跌打扭伤。

楝叶吴茱萸 *Evodia meliaefolia* (Hance) Benth.

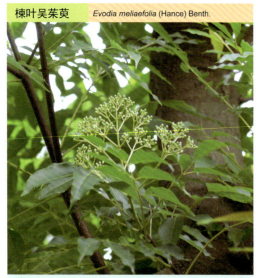

科名：芸香科　**别名**：红花树、臭油林、野米辣

识别要点　乔木。小叶纸质，下面灰白色或粉绿色。通常雌雄异株，雌花萼5，花瓣5（白色），雄蕊6。蓇果紫红色。

药用部位　果实或根、叶　**药材名**　树腰子

功能主治　祛风除湿，理气止痛，止血散瘀。用于风湿骨痛，胃痛，跌打损伤。

吴 茱 萸 *Evodia rutaecarpa* (Juss.) Benth.

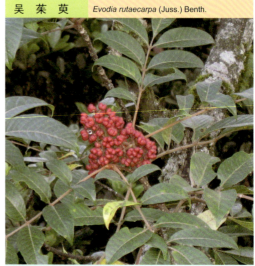

科名：芸香科　**别名**：吴萸、茶辣

识别要点　常绿灌木或小乔木。幼枝、叶轴、花序轴、叶被长毛。黄白色花顶生，萼片、花瓣各5。蓇果成熟后常有5个裂口。

药用部位　近成熟果实　**药材名**　吴茱萸

功能主治　散寒止痛，降逆止呕，助阳止泻。用于厥阴头痛，寒疝腹痛，寒湿脚气，经行腹痛，脘腹胀痛，呕吐吞酸，五更泄泻。

山 橘 *Fortunella hindsii* (Champ. ex Benth.) Swingle

科名：芸香科　**别名**：山金豆、山金橘

识别要点　小乔木。刺短小，单叶互生，叶片椭圆形。花瓣5片，花丝合生成4或5束。果稍呈扁圆形。

药用部位　根、果　**药材名**　山橘

功能主治　醒脾行气，化痰下气。用于风寒咳嗽，食积胀满，疝气。

山 小 橘 *Glycosmis parviflora* (Sims) Little

科名：芸香科　**别名**：酒饼木、野沙柑

识别要点　灌木或小乔木。新生嫩枝常呈扁压状。常为3出复叶。花被褐锈色短绒毛。半透明浆果偏红色。

药用部位　根、叶　**药材名**　山小橘

功能主治　祛痰止咳，行气消积，散瘀消肿。用于感冒咳嗽，消化不良，食欲不振。

九里香	Murraya paniculata (L.) Jack

科名：芸香科　**别名：**千里香、过山香

识别要点　常绿灌木。单数羽状复叶互生，叶面深绿色有光泽。花极芳香，萼片、花瓣各5。浆果大小不一，熟时朱红色。

药用部位　枝叶　　**药材名**　九里香

功能主治　祛风除湿，散瘀止痛。用于风湿骨痛、跌打肿痛、胃痛等。

黄檗	Phellodendron amurense Rupr.

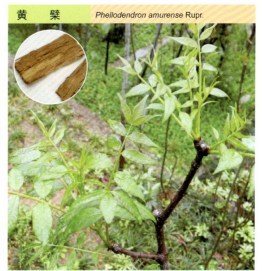

科名：芸香科　**别名：**秃叶黄皮树、关黄柏

识别要点　落叶乔木。树皮黄色。叶甚苦。雌雄异株，花轴初被毛，萼片、花瓣各5。核果有黏胶液，蓝黑色，圆球形。

药用部位　树皮　　**药材名**　黄柏

功能主治　清热燥湿，泻火除蒸，解毒疗疮。用于湿热泻痢，黄疸尿赤，骨蒸潮热，湿疹瘙痒，湿疮。

枳	Poncirus trifoliata (Linn.) Raf.

科名：芸香科　**别名：**枳壳、枸橘、臭橘

识别要点　落叶灌木。茎枝具腋生粗大的棘刺。叶互生，三出复叶，具半透明油腺点。花白色，具短柄，柑果球形。

药用部位　果实　　**药材名**　枳壳

功能主治　疏肝和胃，消积化滞。用于脘腹胀痛，乳房结块，食积。

芸香草	Ruta graveolens L.

科名：芸香科　**别名：**臭草

识别要点　草本。有刺激气味，基部木质化，小叶全缘或微有钝齿。聚伞花序顶生，花金黄色，蒴果成熟时开裂。

药用部位　全草　　**药材名**　芸香草

功能主治　清热解毒，清暑祛湿，凉血散瘀。用于感冒发热，热毒疮疡；外用治虫蛇咬伤，疮疖肿毒。

飞龙掌血　　*Toddalia asiatica* Lam.

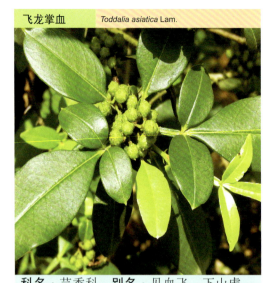

科名：芸香科　　**别名：**见血飞、下山虎

识别要点　　木质藤本。枝干密被倒钩刺。叶互生，3出复叶；小叶边缘具细圆锯齿，有隐约的腺点。果橙黄色至朱红色，有3～5条微凸起的肋纹。种子肾形，黑色。

药用部位　根或叶　　**药材名**　飞龙掌血

功能主治　　散瘀止血，祛风除湿，消肿解毒。根皮用于跌打损伤；叶外用治痈疖肿毒，毒蛇咬伤。

竹叶花椒　　*Zanthoxylum armatum* DC.

科名：芸香科　　**别名：**竹叶椒、白总管

识别要点　　小乔木。茎枝多锐刺，小叶背面中脉上有小刺。叶有小叶3～9，翼叶明显，常披针形。花序近腋生，果紫红色。

药用部位　果实　　**药材名**　竹叶椒

功能主治　　散瘀，消肿，活血，止痛。用于风湿筋骨痛，跌打肿痛。

簕欓　　*Zanthoxylum avicennae* (Lam.) DC.

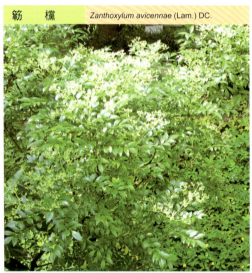

科名：芸香科　　**别名：**乌鸦不企树、鸟不宿

识别要点　　常绿灌木。干和枝具皮刺。圆锥花序顶生，花单性，花瓣5。蓇葖果紫红色，有粗大腺点。种子黑色而亮。

药用部位　根　　**药材名**　簕欓

功能主治　　祛风，化湿，消肿，通络。用于咽喉肿痛，疟疾，风湿骨痛，跌打挫伤。

花椒　　*Zanthoxylum bungeanum* Maxim.

科名：芸香科　　**别名：**巴椒、臭胡椒

识别要点　　小乔木。枝有短刺。叶有小叶5～13片，叶轴有狭叶翼，椭圆形，位于叶轴顶部的较大。花序顶生，果紫红色。

药用部位　果实　　**药材名**　花椒

功能主治　　温中止痛，杀虫止痒。用于脘腹冷痛，呕吐泄泻，虫积腹痛；外用治湿疹瘙痒。

蚬壳花椒	*Zanthoxylum dissitum* Hemsl.

科名：芸香科　**别名**：单面针、山枇杷

识别要点　藤本。老茎刺劲直，叶轴及小叶中脉上的刺向下弯钩。叶有小叶5～9片。花序腋生，果梗短，果棕色。

药用部位　根、茎皮、叶；果实

药材名　大叶花椒茎叶；大叶花椒

功能主治　活血散寒，祛风活络，散瘀止痛，解毒消肿。用于跌打损伤，扭伤，骨折，疝气痛。

两　面　针	*Zanthoxyllum nitidum* (Roxb.) DC.

科名：芸香科　**别名**：两背针、山椒

识别要点　木质藤本。单数羽状复叶，幼苗小叶中脉两面有皮刺。圆锥状聚伞花序腋生，花萼、花瓣4基数，花瓣淡青色。果成熟时紫红色，顶端具短喙。

药用部位　根、茎皮及叶　**药材名**　两面针

功能主治　活血化瘀，行气止痛，祛风通络，解毒消肿。用于跌扑损伤，胃痛，牙痛，风湿痹痛，毒蛇咬伤；外用治烧烫伤。

胡　椒　木	*Zanthoxylum odorum*

科名：芸香科　**别名**：一摸香、清香木

识别要点　常绿灌木。叶基有短刺2枚，叶轴有狭翼。小叶密生腺体。雌雄异株，雄花黄色，雌花橙红色。果实椭圆形，绿褐色。

药用部位　全草　**药材名**　胡椒木

功能主治　开胃宽肠，下气消积，消肿毒。用于胃寒纳差，消化不良，脘腹气胀，牙齿疼痛。

大叶臭椒	*Zanthoxylum rhetsoides* Drake

科名：芸香科　**别名**：驱风通、刺椿木

识别要点　小乔木。树干有尖锐刺，叶干后颜色红褐色或暗褐色，油点多且大，花瓣黄白色，果紫红色。

药用部位　茎、枝、叶　**药材名**　驱风通

功能主治　祛风除湿，活血散瘀，消肿止痛。用于风湿骨痛，感冒风寒；外用治跌打骨折，毒蛇咬伤。

鸦胆子　*Brucea javanica* (L.) Merr.

科名：苦木科　　**别名：**老鸦胆、苦参子

识别要点　灌木。全株密被柔毛。奇数羽状复叶互生，边缘有粗齿。圆锥花序腋生，雌雄异株，花小，暗紫色。

药用部位　成熟果实　　**药材名**　鸦胆子

功能主治　清热解毒，截疟，止痢；外用腐蚀赘疣。用于痢疾，疟疾；外用治赘疣，鸡眼。

苦　树　*Picrasma quassioides* (D. Don) Benn.

科名：苦木科　　**别名：**苦木、土樗子

识别要点　灌木。枝有黄色皮孔。单数羽状复叶，叶轴粉红色。聚伞花序，花杂性异株，黄绿色；核果倒卵形，蓝至红色。

药用部位　根　　**药材名**　苦木

功能主治　清热燥湿，解毒杀虫。用于湿疹，疮毒，疥癣，蛔虫病。

阿拉伯乳香　*Boswellia carterii* Birdw.

科名：橄榄科　　**别名：**滴乳香、熏陆香

识别要点　矮小灌木树干粗壮，树皮光滑，淡棕黄色，粗枝的树片鳞片状。奇数羽状复叶互生，花小，排列成稀疏的总状花序。核果倒卵形，果皮肉质，肥厚，每室具种子1颗。

药用部位　皮部伤口渗出的油胶树脂

药材名　乳香

功能主治　调气活血，定痛，追毒。用于气血凝滞、心腹疼痛，痈疮肿毒，跌打损伤，痛经，产后瘀血刺痛。

橄　榄　*Canarium album* Raeusch.

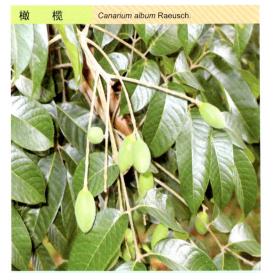

科名：橄榄科　　**别名：**白榄、黄榄

识别要点　常绿乔木。树皮损伤后有芳香黏性树液渗出。奇数羽状复叶互生，白色小花腋生，常短于叶，花瓣3片，核果。

药用部位　成熟果实　　**药材名**　橄榄

功能主治　清热生津，解毒利咽。用于热病烦渴，咽喉肿痛。

乌榄 *Canarium pimela Leenhouts*

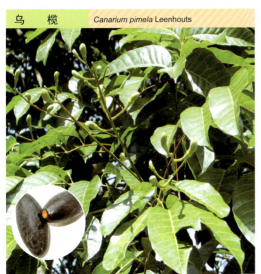

科名：橄榄科　**别名**：黑榄、木威子

识别要点　常绿乔木。小叶上面网脉明显，下面平滑。花白色，两性或单性，核果略呈三角形，成熟时紫黑色，平滑。

药用部位　根、叶　**药材名**　乌榄

功能主治　根：舒筋活络，祛风除湿。用于风湿腰腿痛，手足麻木。叶：清热解毒，消肿止痛。用于上呼吸道炎，肺炎，多发性疖肿。

米仔兰 *Aglaia odorata Lour.*

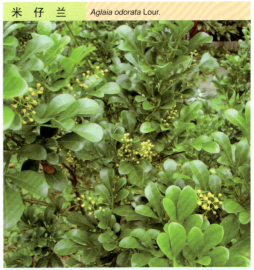

科名：楝科　**别名**：碎米兰、山胡椒

识别要点　常绿灌木。单数羽状复叶，叶轴有狭翅，小叶倒卵形。花杂性异株，圆锥花序，花黄色，极香，浆果。

药用部位　花　**药材名**　米仔兰

功能主治　解郁宽中，清肺，醒头目，醒酒，止烦渴。用于胸膈胀满，咳嗽，头昏。

大叶山楝 *Aphanamixis grandifolia Bl.*

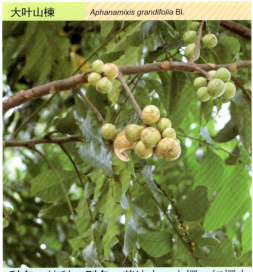

科名：楝科　**别名**：苦油木、山楝、红楝木

识别要点　乔木。小枝干时红褐色，密生瘤状皮孔。叶为奇数（稀偶数）羽状复叶，蒴果黄色，球状梨形，假种皮橙红色。

药用部位　根及叶　**药材名**　苦油木

功能主治　祛风除湿，舒筋活络。用于风寒痹痛，四肢麻木，拘挛及屈伸不利。

苦楝 *Melia azedarach L.*

科名：楝科　**别名**：楝树、森树

识别要点　落叶乔木。圆锥花序腋生，萼5深裂，花瓣5片，紫色或淡紫色，两面被毛。核果近球形，褐黄色或棕紫色。

药用部位　根皮、树皮　**药材名**　苦楝皮

功能主治　杀虫，疗癣。用于蛔虫病，蛲虫病，钩虫病，虫积腹痛。外用治疥癣，瘙痒。

香 椿	*Toona sinensis* (A. Juss.) Roem.

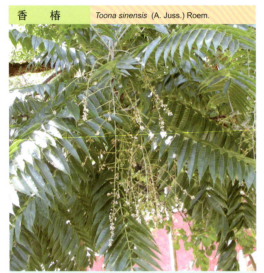

科名：楝科　　**别名：**红椿、椿芽树

识别要点　落叶乔木。树皮赭褐色，片状剥落，幼枝被柔毛。叶有特殊气味。圆锥花序顶生，白色花瓣5片。

药用部位　根皮　　**药材名**　香椿

功能主治　清热解毒，健胃理气，止痢，止崩。用于疮疡，目赤，肺热咳嗽，久泻久痢，便血，崩漏。

黄花倒水莲	*Polygala fallax* Hemsl.

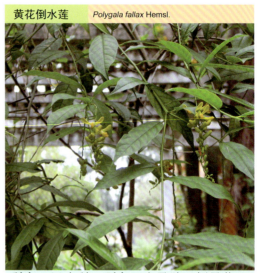

科名：远志科　　**别名：**白马胎、倒吊黄

识别要点　灌木。枝被短柔毛。叶片膜质披针形。总状花序顶生或腋生，下垂；花瓣黄色，蒴果绿黄色。

药用部位　根　　**药材名**　黄花倒水莲

功能主治　补益气血，健脾利湿，活血调经。用于病后体虚，腰膝酸痛，跌打损伤，子宫脱垂，月经不调。

小花远志	*Polygala polifolia* C. Presl

科名：远志科　　**别名：**金牛草、细叶金不换

识别要点　一年生草本。主根木质，茎多分枝，铺散，密被卷曲短柔毛。叶互生，叶片厚纸质，全缘，绿色，主脉上面微凹。总状花序腋生或腋外生，总花梗极短。

药用部位　带根全草　　**药材名**　金牛草

功能主治　解毒破血。用于风痰膈气，解罂粟毒。

广 枣	*Choerospondias axillaris* (Roxb.) Burtt et Hill

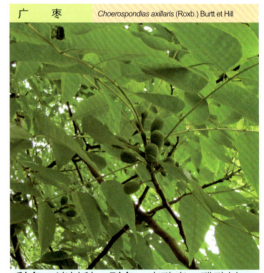

科名：漆树科　　**别名：**南酸枣、醋酸树

识别要点　乔木。奇数羽状复叶。杂性，雌雄异株，花淡紫色。雄花和假两性花排成腋生圆锥花序，雌花单生。核果卵形。

药用部位　果实　　**药材名**　广枣

功能主治　行气活血，养心，安神。用于气滞血瘀，胸痹作痛，心悸气短，心神不安。

人 面 子　*Dracontomelon duperreanum* Pierre

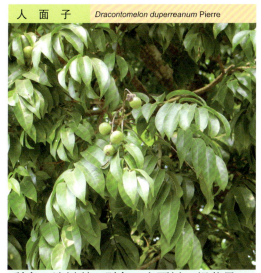

科名：漆树科　**别名**：人面树、银莲果

识别要点　常绿大乔木。幼枝具条纹，被灰色绒毛。叶脉明显。圆锥花序密被柔毛，花瓣白色，核果扁球形。

药用部位　果实　　**药材名**　人面子

功能主治　健脾消食，生津止渴，醒酒。用于消化不良，食欲不振，热病口渴。

杧 果　*Mangifera indica* L.

科名：漆树科　**别名**：望果

识别要点　常绿大乔木。单叶互生，革质，有光泽。圆锥花序顶生，被柔毛，花萼片、花瓣均5枚，核果椭圆形或肾形。

药用部位　果核　　**药材名**　杧果

功能主治　行气散结，化痰消滞。用于外感食滞所致咳嗽痰多，胃脘饱胀，疝气痛。

盐 肤 木　*Rhus chinensis* Mill

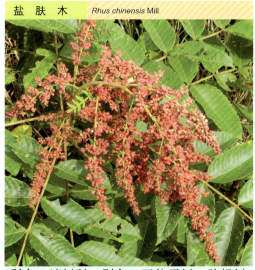

科名：漆树科　　**别名**：五倍子树、肤杨树

识别要点　灌木或小乔木。小枝、叶柄及花各部均密被锈色或灰褐色柔毛。圆锥花序顶生，长圆形花瓣白色，红色核果。

药用部位　树叶所生成的虫瘿

药材名　五倍子

功能主治　敛肺降火，涩肠止泻，敛汗，止血，收湿敛疮。用于肺虚久咳，肺热咳嗽，久泻久痢，自汗盗汗，外伤出血。

漆 树　*Rhus sylvestris* Sieb.et Zucc.

科名：漆树科　**别名**：大木漆、山漆

识别要点　落叶乔木。一回奇数羽状复叶，小叶椭圆形，圆锥花序腋生。花瓣长圆形，具细密褐色羽状脉纹。核果肾形。

药用部位　叶　　**药材名**　漆叶

功能主治　祛风湿，解毒，消肿止痛。用于风湿痹痛，疮疡肿痛。

| 倒地铃 | *Cardiospermum halicacabum* L. |

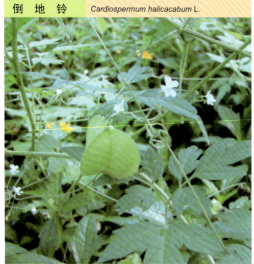

科名： 无患子科　　**别名：** 野苦瓜、灯笼草

识别要点　一年生藤本。茎有纵棱。二回三出复叶互生，叶片三角形。蒴果倒卵状三角形，成熟开裂为3果瓣。

药用部位　全草　　**药材名**　倒地铃

功能主治　散瘀消肿，凉血解毒。用于跌打损伤，疮疖痈肿。

| 龙眼 | *Dimocarpus longan* Lour. |

科名： 无患子科　　**别名：** 桂圆

识别要点　常绿乔木。叶脉突出，树皮粗。花萼5深裂，裂片三角状卵形，内外均被绒毛，花瓣5，白色。

药用部位　假种皮　　**药材名**　龙眼肉

功能主治　补益心脾，养血安神。用于气血不足，心悸怔忡，健忘失眠，血虚萎黄。

| 车桑子 | *Dodonaea viscosa* (Linn.) Jacq. |

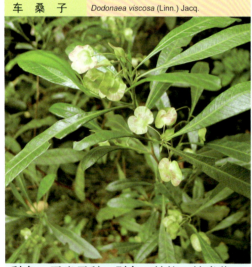

科名： 无患子科　　**别名：** 坡柳、炒米柴

识别要点　灌木。小枝扁，有狭翅或棱角。单叶，纸质，两面有黏液。花序顶生或腋生，蒴果扁球形，2或3翅。

药用部位　全株　　**药材名**　车桑子

功能主治　清热利湿，解毒消肿。花、果用于百日咳。外用治痈肿疮毒，烫伤。

| 荔枝 | *Litchi chinensis* Sonn. |

科名： 无患子科　　**别名：** 荔果

识别要点　常绿乔木。主干平滑，叶脉不突出。花序被金黄色短绒毛。花瓣常无。核果圆，有小瘤状突起。

药用部位　成熟种子　　**药材名**　荔枝核

功能主治　行气散结，祛寒止痛。用于寒疝腹痛，睾丸肿痛。

无患子　*Sapindus mukorossi* Gaertn

科名：无患子科　**别名**：洗手果、肥皂果树

识别要点　乔木。枝密生皮孔。双数羽状复叶，椭圆形，革质。圆锥花序；花杂性；花冠淡绿色。核果球形。种子球形。

药用部位　果　**药材名**　无患子

功能主治　清热，祛痰，消积，杀虫。用于喉痹肿痛，咳喘，食滞。

凤仙花　*Impatiens balsamina* L.

科名：凤仙花科　**别名**：指甲花、急性子

识别要点　一年生草本。单叶互生，狭窄披针形，边缘有疏锯齿。花白、淡红、深红或紫红色。蒴果成熟时裂开，弹出种子。

药用部位　种子　**药材名**　凤仙花

功能主治　活血通经，软坚消积。用于闭经，癥瘕积聚。

梅叶冬青　*Ilex asprella* Champ. ex Benth.

科名：冬青科　**别名**：岗梅根、秤星树

识别要点　落叶灌木。表面散生多数白色皮孔。叶柄及果柄均长，果为浆果状核果，圆球形。

药用部位　根　**药材名**　岗梅根

功能主治　清热解毒，生津止渴。用于感冒发热，肺热咳嗽。

枸骨　*Ilex cornuta* Lindl.

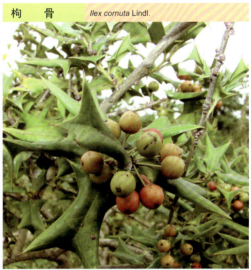

科名：冬青科　**别名**：猫儿刺、羊角刺

识别要点　常绿小乔木。叶厚革质，树皮灰白色，平滑。花小，黄绿色，核果球形，熟时鲜红色。

药用部位　根、叶及果实

药材名　枸骨

功能主治　滋阴清热，补肾壮骨，祛风湿。用于肺结核潮热，咳嗽咯血，风湿痹痛。

大叶冬青 *Ilex latifolia* Thunb.

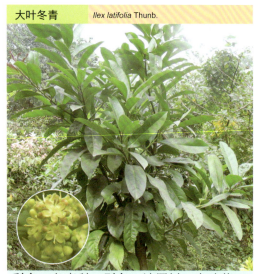

科名：冬青科　**别名：**波罗树、大叶茶

识别要点　常绿乔木。幼叶叶柄紫红色。花萼4裂，黄绿色裂片有缘毛，花瓣4。核果球形，成熟后红色，有残留花柱。

药用部位　叶　　**药材名**　四季青

功能主治　散风热，清头目，除烦渴。用于头痛，齿痛，目赤，热病烦渴。

亮叶冬青 *Ilex nitidissima* C. J. Tseng

科名：冬青科　**别名：**尾叶冬青

识别要点　小乔木。当年生幼枝具纵棱。叶片革质，椭圆形，光亮，背面褐色。果球形，成熟时，红色。

药用部位　叶　　**药材名**　亮叶冬青

功能主治　凉血解毒，通络止痛。用于热毒疮痈，痢疾，风湿热痹。

毛　冬　青 *Ilex pubescens* Hook.et Arn.

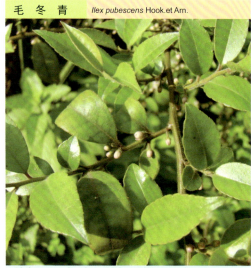

科名：冬青科　**别名：**茶叶冬青、喉毒药

识别要点　灌木。枝密生短硬毛。叶长卵形，沿脉有稠密的短柔毛。雌雄异株；雄花，粉红色；果球形，熟时红色。

药用部位　根、叶　　**药材名**　毛冬青

功能主治　清热解毒，活血通脉。用于感冒，肺热喘咳，冠心病。

铁　冬　青 *Ilex rotunda* Thunb.

科名：冬青科　**别名：**救必应、山熊胆

识别要点　常绿乔木。小枝有棱，红褐色。白色小花，雌雄异株，雄花序花朵多于雌花序。核果成熟时红色。

药用部位　树皮　　**药材名**　救必应

功能主治　泻火解毒，清热利湿，行气止痛，凉血止血。用于感冒发热，咽喉肿痛，暑湿泄泻，黄疸，痢疾，湿疹。

青江藤　*Celastrus hindsii* Benth.

科名：卫矛科　**别名：**夜茶藤、黄果藤

识别要点　藤本。小枝紫色。单叶，叶近革质，椭圆倒披针形，边缘具疏锯齿。花序顶生或腋生，花淡绿色，蒴果近球状。

药用部位　根、叶　　**药材名**　青江藤

功能主治　通经，利尿。用于经闭，小便不利。

南蛇藤　*Celastrus orbiculatus* Thunb

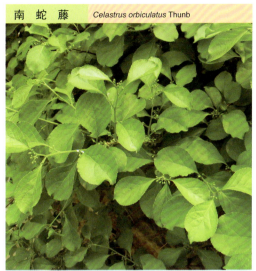

科名：卫矛科　**别名：**南蛇风、黄果藤、钻山龙

识别要点　落叶攀援灌木。腋生花序，花淡黄绿色，雌雄异株，花萼裂片5，卵形，花瓣5，5雄蕊，柱头3裂。蒴果球形。

药用部位　根、藤、叶及果实

药材名　南蛇藤

功能主治　祛风除湿，解毒消肿，活血止痛。用于筋骨疼痛，四肢麻木，小儿惊风，痢疾。

扶芳藤　*Euonymus fortunei* (Turcz.) Hand.-Mazz.

科名：卫矛科　**别名：**爬行卫矛

识别要点　攀援藤本。半直立至匍匐。叶革质浓绿。枝有细密微突气孔，能随处生根。聚伞花序，绿白色。蒴果淡黄紫色。

药用部位　茎、叶　　**药材名**　扶芳藤

功能主治　舒筋活络，止血消瘀。用于腰肌劳损，关节酸痛，风湿痹痛，咯血。

野鸦椿　*Euscaphis japonica* (Thunb.) Kanitz

科名：省沽油科　**别名：**秤杆木、寡鸡蛋

识别要点　灌木。小枝及芽红紫色，枝叶揉碎后发出恶臭气味。羽状复叶，叶边缘具锯齿，齿尖有腺体。圆锥花序顶生。

药用部位　全株　　**药材名**　野鸦椿

功能主治　祛风散寒，行气止痛。用于风湿痹痛，睾丸肿痛，跌打损伤。

山香圆 *Turpinia montana* (Bl.) Kurz

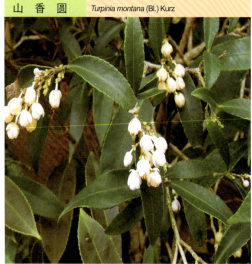

科名：省沽油科　**别名：**两指剑、千打锤

识别要点　小乔木。羽状复叶对生，小叶5枚，长椭圆形，边缘具锯齿。圆锥花序顶生，花瓣5，椭圆形，果球形。

药用部位　根　**药材名**　山香圆

功能主治　活血止痛，解毒消肿。用于跌打损伤，脾脏肿大，疮疖肿毒，乳蛾。

匙叶黄杨 *Buxus harlandii* Hanelt

科名：黄杨科　**别名：**雀舌黄杨、锦熟黄杨

识别要点　灌木。分枝多而密集成丛，小枝纤细并具四棱。叶对生，革质，倒披针形，顶端圆或微缺。花单性，雌雄同序。

药用部位　根　**药材名**　匙叶黄杨

功能主治　清热解毒，止咳，止血。用于咳嗽，咯血，疮疡肿毒。

黄　杨 *Buxus sinica* (Rehd.et Wils.)Cheng

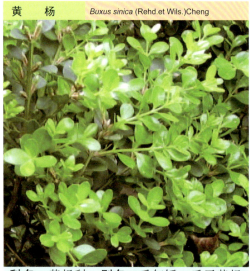

科名：黄杨科　**别名：**千年矮、瓜子黄杨

识别要点　灌木。枝灰白色，小枝四棱形。叶革质，椭圆形，先端圆或钝，叶面光亮，无侧脉。花序腋生。

药用部位　根　**药材名**　黄杨

功能主治　祛风湿，理气，止痛。用于风湿疼痛，胸腹气胀，牙痛。

铁包金 *Berchemia lineata* (L.) DC.

科名：鼠李科　**别名：**老鼠耳、米拉藤

识别要点　藤状或矮灌木。叶纸质，矩圆形或椭圆形。花白色。核果圆柱形，顶端钝。

药用部位　根　**药材名**　铁包金

功能主治　消肿解毒，止血镇痛，祛风除湿。用于痈疽疔毒，咳嗽咯血，消化道出血，跌打损伤，烫伤，风湿骨痛，风火牙痛。

枳椇 *Hovenia acerba* Lindl.

科名：鼠李科　别名：拐枣、鸡距子、棘枸子

识别要点　落叶乔木。小枝红褐色。聚伞花序腋生或顶生，花绿色。果梗肉质肥大，红褐色，成熟后味甘可食。种子扁圆，红褐色。

药用部位　果柄或种子　**药材名**　枳椇

功能主治　解酒止呕，止渴除烦，祛风通络。用于热病烦渴，小便不利，酒精中毒。

马甲子 *Paliurus ramosissimus* (Lour.) Poir.

科名：鼠李科　别名：雄虎刺、铁篱笆

识别要点　灌木。小枝褐色。叶互生，纸质，宽卵形，边缘具细锯齿，基部有2个紫红色斜向直立的针刺。腋生聚伞花序。

药用部位　根　**药材名**　马甲子根

功能主治　祛寒活血，发表解热，消肿。用于跌打损伤，心腹疼痛，无名肿痛。

雀梅藤 *Sageretia thea* (Osbeck) Johnst.

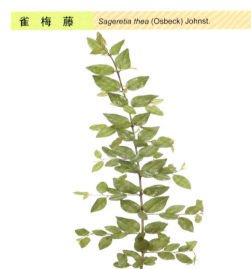

科名：鼠李科　别名：对节刺、碎米子

识别要点　灌木。小枝具刺，褐色。叶纸质，近对生或互生，椭圆形，边缘具细锯齿。花黄色，核果近圆球形，味酸。

药用部位　根、叶　**药材名**　雀梅藤根、雀梅藤叶

功能主治　祛毒生肌，利水消肿。用于疥疮，漆疮，水肿。

翼核果 *Ventilago leiocarpa* Benth

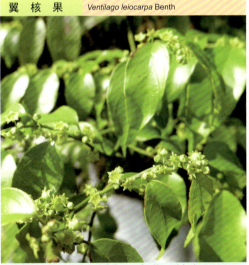

科名：鼠李科　别名：青藤、铁牛入石

识别要点　藤本。根粗壮，外皮暗紫红色。茎多分枝，有细纵纹，幼枝绿色。单叶互生，革质，卵形，腋生聚伞花序，坚果。

药用部位　根、茎　**药材名**　血风藤

功能主治　补益气血，祛风活络。用于风湿骨痛，跌打损伤，腰肌劳损，贫血头晕，四肢麻木，月经不调。

枣　　*Ziziphus jujuba* Mill.

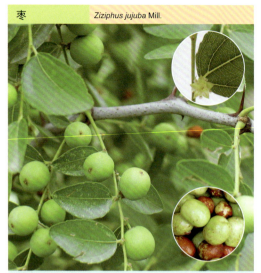

科名：鼠李科　**别名**：大枣、红枣

识别要点　落叶乔木。小枝成之字形弯曲。托叶成刺，长刺直伸，短刺钩曲。核果长圆形，果核两端尖。

药用部位　果实　**药材名**　大枣

功能主治　补益脾胃，滋养阴血，养心安神，缓和药性。用于脾虚食少，乏力便溏，血虚萎黄。

台湾青枣　*Ziziphus mauritiana* Lam.

科名：鼠李科　**别名**：滇枣、酸枣

识别要点　常绿灌木或小乔木。具三角状下弯皮刺。叶面无毛，树皮叶背密被灰黄色茸毛，花匙形，花盘厚，核果。

药用部位　树皮　**药材名**　缅枣

功能主治　清热止痛，收敛止泻。用于烧烫伤，咽喉痛，腹泻。

蛇　葡　萄　*Ampelopsis brevipedunculata* Trautv.

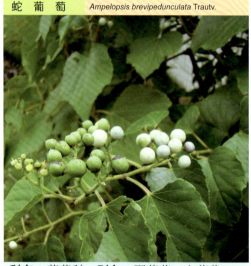

科名：葡萄科　**别名**：野葡萄、山葡萄

识别要点　木质藤本。髓白色，叶宽卵形，聚伞花序与叶对生，花序梗被柔毛；花多数，细小，绿黄色，萼片5，花瓣5，长圆形，镊合状排列。浆果由深绿色变蓝黑色。

药用部位　茎、叶　**药材名**　蛇葡萄

功能主治　消炎，止血，祛风湿。用于肺痈，肿毒，跌打损伤。

粤蛇葡萄　*Ampelopsis cantoniensis* Planch.

科名：葡萄科　**别名**：赤枝山葡萄、牛牵丝

识别要点　木质藤本。卷须与叶对生。一回或近二回羽状复叶，果倒卵状扁球形，熟时紫黑色。

药用部位　全株　**药材名**　山甜茶

功能主治　消炎解毒。用于骨髓炎、急性淋巴结炎，急性乳腺炎，脓疱疮，湿疹。

显齿蛇葡萄 *Ampelopsis grossedentata* (Hand.-Mazz.) W. T. Wang

科名：葡萄科　别名：藤婆茶、藤茶

识别要点　藤本。卷须2叉分枝，相隔2节间断与叶对生。叶为1～2回羽状复叶，2回羽状复叶者基部一对为3小叶。

药用部位　根、茎　**药材名**　甜茶藤

功能主治　平肝降压，活血通络。用于高血压，跌打损伤。

乌蔹莓 *Cayratia japonica* (Thunb.) Makino

科名：葡萄科　别名：五叶莓、地五加

识别要点　草质藤本。卷须纤细分叉，与叶对生，茎有纵条纹。花腋生。花小，黄绿色，花瓣4，有黏液。浆果熟时黑色。

药用部位　全草　**药材名**　乌蔹莓

功能主治　清热利湿，解毒消肿。用于痈肿，疔疮，痄腮，丹毒，风湿痛。

四方藤 *Cissus pteroclada* Hayata

科名：葡萄科　别名：红四方藤、翼枝白粉藤

识别要点　常绿藤本。茎四方柱形，嫩枝稍肉质。卷须与叶对生。花序与叶对生，花萼、花瓣4，萼杯状。浆果熟时紫黑色。

药用部位　藤茎　**药材名**　四方藤

功能主治　祛风湿，舒筋络。用于风湿痹痛，关节胀痛，腰肌劳损，筋络拘急。

白粉藤 *Cissus repens* Lamk.

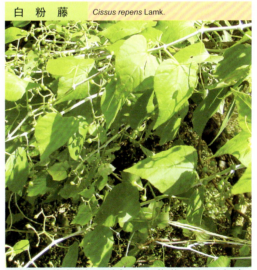

科名：葡萄科　别名：白薯藤、白面水鸡

识别要点　草质藤本。小枝常被白粉，卷须2叉分枝，相隔2节间断与叶对生。叶卵圆形，上面绿色，下面灰白色。

药用部位　根　**药材名**　白粉藤

功能主治　化痰散结，消肿解毒。用于颈淋巴结结核，扭伤骨折，腰肌劳损。

爬墙虎　*Parthenocissus tricuspidata* Planch

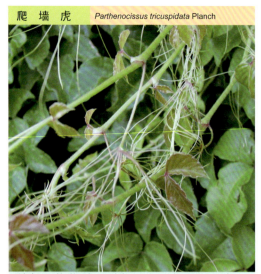

科名：葡萄科　**别名**：小红藤、爬山虎

识别要点　落叶攀援藤本。卷须短而分枝，顶端有圆形吸盘。叶与卷须对生，花5或4。浆果球形，成熟时黑褐色。

药用部位　全草　　**药材名**　爬山虎

功能主治　接骨，化瘀，祛风除湿。用于跌打损伤，骨折，风湿痹痛。

扁担藤　*Tetrastigma planicaule* (Hook.) Gagnep.

科名：葡萄科　**别名**：扁藤、腰带藤

识别要点　长大木质藤本。茎扁带状。卷须与叶对生不分枝。绿色小花腋生，花萼、花瓣4。浆果卵圆形熟时黄色。

药用部位　全株　　**药材名**　扁担藤

功能主治　祛风除湿，舒筋活络。用于风湿骨痛，腰肌劳损，跌打损伤。

葡萄　*Vitis vinifera* L.

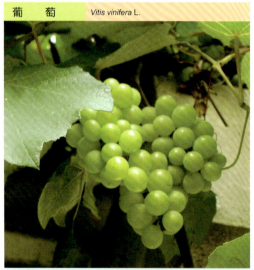

科名：葡萄科　**别名**：草龙珠、葡萄秧

识别要点　落叶木质藤本。幼枝有节，呈之字形弯曲。圆锥花序与叶对生，花黄绿色，花瓣5，上部合生呈帽状。

药用部位　根、藤、叶　　**药材名**　葡萄

功能主治　祛风湿，利尿。用于风湿痹痛，水肿，小便不利；外用治骨折。

大叶火筒树　*Leea macrophylla* Roxb. ex Hornem.

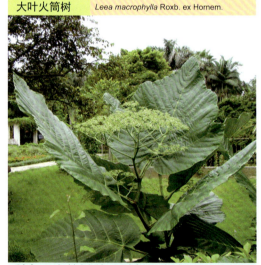

科名：火筒树科　**别名**：咚哼因

识别要点　灌木。枝有纵棱纹。叶为单叶、3小叶或1～3回羽状复叶；单叶者，叶阔卵圆形，边缘有粗锯齿。果实扁球形。

药用部位　根、叶　　**药材名**　端哼

功能主治　活血散瘀，清热解毒。用于乳房肿痛，溃疡久不收口。

山杜英　*Elaeocarpus sylvestris* Poir

科名：杜英科　**别名**：羊尿树、胆八树

识别要点　常绿乔木。皮平滑。叶革质，叶缘中上部有不明显钝锯齿。花下垂，花瓣白色，细裂如丝，总状花序腋生。

药用部位　根、皮　**药材名**　山杜英

功能主治　散瘀消肿。用于跌打损伤，瘀肿。

黄麻　*Corchorus capsularis* Linn.

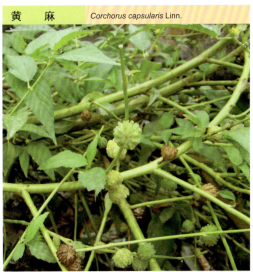

科名：椴树科　**别名**：火麻、绿麻

识别要点　草本。叶纸质，披针形，有粗锯齿。花单生或数朵排成腋生聚伞花序，花瓣黄色，蒴果球形有小瘤状突起。

药用部位　叶、根、种子　**药材名**　黄麻

功能主治　清热解暑，拔毒消肿。用于中暑发热；外用治疮疖肿毒。

破布叶　*Microcos paniculata* L.

科名：椴树科　**别名**：布渣叶、崩补叶、泡卜叶

识别要点　灌木或小乔木。托叶线状披针形，叶纸质，幼叶被星状柔毛。花淡黄色，萼片5枚，被星状柔毛，花瓣5。

药用部位　叶　**药材名**　破布叶

功能主治　清热消滞，利湿退黄。用于感冒，消化不良，腹胀，黄疸，蜈蚣咬伤。

刺蒴麻　*Triumfetta bartramia* L.

科名：椴树科　**别名**：黄花地桃花

识别要点　半灌木。全株被毛。花腋生，花黄色，子房有刺毛。果实近球形。

药用部位　根　**药材名**　黄花地桃花

功能主治　利尿化石。用于石淋，风热感冒。

毛刺蒴麻 *Triumfetta cana* Bl.

科名：椴树科　　**别名**：山黄麻、蓬绒木

识别要点　草本。嫩枝、叶被黄褐色茸毛。叶卵状披针形，边缘有锯齿。聚伞花序1至数枝腋生，蒴果球形，有刺。

药用部位　全草　　**药材名**　毛黐头婆

功能主治　祛风除湿，利尿消肿。用于风湿痹痛，脚气浮肿。

咖啡黄葵 *Abelmoschus esculentus* (Linn.) Moench

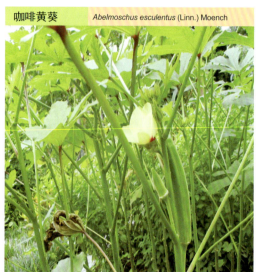

科名：锦葵科　　**别名**：黄秋葵、咖啡葵

识别要点　草本。叶、花、果被疏硬毛。叶掌状3～7裂。花单生于叶腋，花黄色，内面基部紫色；蒴果筒状尖塔形。

药用部位　全草　　**药材名**　秋葵

功能主治　利咽，下乳，调经。用于咽喉肿痛，月经不调。

黄蜀葵 *Abelmoschus manihot* (L.) Medic.

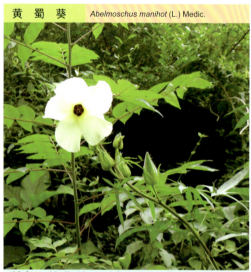

科名：锦葵科　　**别名**：侧金盏花、黄葵

识别要点　草本。被长硬毛。花单生于枝端叶腋，萼佛焰苞状，5裂；花大，淡黄色，内面基部紫色。蒴果被硬毛。

药用部位　花　　**药材名**　黄蜀葵

功能主治　利尿通淋，活血，止血，消肿解毒。用于风湿性关节炎、湿热黄疸等。

五指山参 *Abelmoschus sagittifolius* (Kurz)Merr.

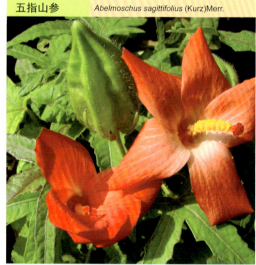

科名：锦葵科　　**别名**：箭叶秋葵、红花马宁

识别要点　草本。根肉质。叶、花被毛。上部的叶有时为箭形。花单生于叶腋，小苞片线形，花萼佛焰苞状。

药用部位　根及叶　　**药材名**　五指山参

功能主治　滋养强壮。用于神经衰弱，头晕，腰腿痛，胃痛，腹泻。

磨 盘 草	*Abutilon indicum* (L.) Sweet

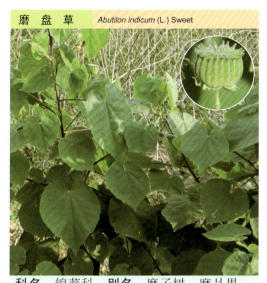

科名：锦葵科　**别名**：磨子树、磨片果

识别要点　灌木状草本。全株有灰色柔毛。叶互生，圆卵形。花单生叶腋，黄色，花瓣5。蒴果近球形，分果片15～20。

药用部位　全草　　**药材名**　磨盘草

功能主治　清热，利湿，开窍。用于泄泻，淋病，耳鸣耳聋。

纹瓣悬铃花	*Abutilon striatum* Dicks.

科名：锦葵科　**别名**：猩猩花、金铃花、灯笼花

识别要点　常绿小灌木。叶互生掌状5裂，花腋生，下垂，5瓣，具红色纹脉，半开展状，在热带地区全年开花不断。

药用部位　叶、花　　**药材名**　猩猩花

功能主治　活血散瘀，行气止痛。用于腹痛，胃脘痛。

蜀 葵	*Althaea rosea* (L.) Cavan.

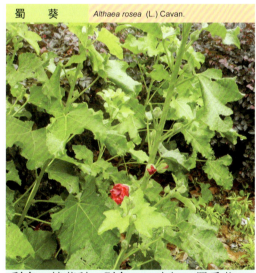

科名：锦葵科　　**别名**：一丈红、蜀季花

识别要点　二年生直立草本。全株被星状毛，叶互生，圆钝形，偶呈5～7浅裂，红、紫、白、黄及黑紫色花，单瓣或重瓣，果扁球形。

药用部位　根、叶、花、种子

药材名　蜀葵

功能主治　清热，解毒，排脓，利尿。用于肠炎，痢疾，尿路感染，小便赤痛。

草 棉	*Gossypium herbaceum* Linn.

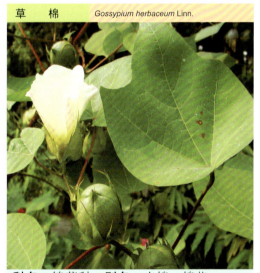

科名：锦葵科　　**别名**：小棉、棉花

识别要点　亚灌木。叶掌状5浅裂。花单生，花萼阔卵形，具裂片；副萼杯状；花白色到粉红色。蒴果，种子被白色棉毛。

药用部位　种子上的棉毛、种子、外果皮根

药材名　棉花、棉籽、棉花壳、棉花根

功能主治　止血，温肾，通乳，清热解毒，利尿排石，止咳平喘，活血化瘀，消肿止痛。用于小便热涩疼痛，尿路结石，哮喘，跌打损伤。

木芙蓉 *Hibiscus mutabilis* L.

科名：锦葵科　**别名**：酒醉芙蓉

识别要点　落叶灌木或小乔木。叶、苞片、果均被毛。花单生，线形小苞片10，萼5，花瓣5或重瓣，花由白变红。单体雄蕊。

药用部位　花　**药材名**　木芙蓉

功能主治　消肿排脓，凉血止血，清热解毒。用于肺热咳嗽，月经过多，白带；外用治痈肿疮疖，乳腺炎，烧烫伤。

朱　槿 *Hibiscus rosa-sinensis* L.

科名：锦葵科　**别名**：扶桑、赤槿、大红花

识别要点　常绿灌木。茎直而多分枝。花柄下垂或直上，花单生于上部叶腋，单体雄蕊，有红、白、黄、粉红、橙等色。

药用部位　根、叶及花　**药材名**　扶桑

功能主治　解毒消肿。用于痈疽，腮肿，肠燥便秘。

玫瑰茄 *Hibiscus sabdariffa* Linn.

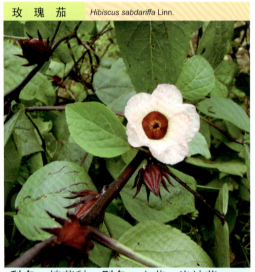

科名：锦葵科　**别名**：山茄、洛神葵

识别要点　草本。茎淡紫色。上部的叶掌状3深裂。花单生；花萼紫红色，花黄色。蒴果卵球形，密被粗毛，种子肾形。

药用部位　花萼　**药材名**　玫瑰茄

功能主治　敛肺止咳，降血压，解酒。用于肺虚咳嗽，高血压，醉酒。

吊灯扶桑 *Hibiscus schizopetalus* (Mast.) Hook. F.

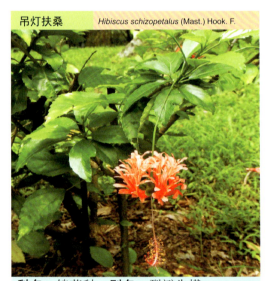

科名：锦葵科　**别名**：裂瓣朱槿

识别要点　灌木。叶椭圆形，边缘具齿缺。花单生，花梗细瘦，下垂；花瓣5，红色，细裂，向上反曲。雄蕊柱长而突出。

药用部位　叶　**药材名**　吊灯花叶

功能主治　消食行滞。用于食积。

木 槿　*Hibiscus syriacus L.*

科名：锦葵科　**别名：**平条树、菜花树

识别要点　落叶灌木。被星状绒毛。花单生于叶腋，小苞片6～7，线形，萼钟状，5裂，花冠有重瓣，单体雄蕊。蒴果。

药用部位　花　　**药材名**　木槿

功能主治　清热利湿，解毒，止痒。用于肠风下血、痢疾、疥癣等。

冬 葵　*Malva verticillata L.*

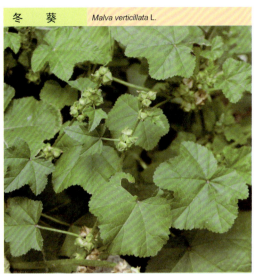

科名：锦葵科　**别名：**冬苋菜、滑滑菜

识别要点　一年生草本。叶圆形，叶柄瘦弱。花小，白色，果扁球形。种子肾形，暗黑色。

药用部位　根、茎叶　　**药材名**　冬葵

功能主治　根：补中益气，用于气虚乏力，腰膝酸软，体虚自汗；茎叶：清热利湿，用于黄疸型肝炎。

赛 葵　*Malvastrum coromandelium (L.) Garcke*

科名：锦葵科　**别名：**黄花棉、大叶黄花猛

识别要点　亚灌木状草本。茎疏被毛。叶互生，卵形，托叶披针形，边缘具粗齿。花单生于叶腋，黄色花瓣5，倒卵形。果的分果爿8～12，肾形，具2芒刺。

药用部位　全草　　**药材名**　赛葵

功能主治　清热利湿，解毒散瘀。用于感冒，肠炎，痢疾，黄疸型肝炎，风湿关节痛。

悬 铃 花　*Malvaviscus arboreus var. penduliflorus*

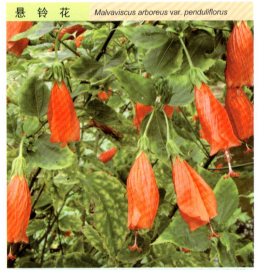

科名：锦葵科　**别名：**大红袍、卷瓣朱槿

识别要点　灌木或小乔木。花单生于上部叶腋，小苞片线形分离，萼绿色，5裂，花瓣5，颜色各异，单体雄蕊。蒴果卵形。

药用部位　花　　**药材名**　悬铃花

功能主治　清肺，化痰，凉血，解毒。用于痰火咳嗽，鼻衄，痢疾，痈肿。

| 黄花棯 | *Sida acuta* Burm. F. |

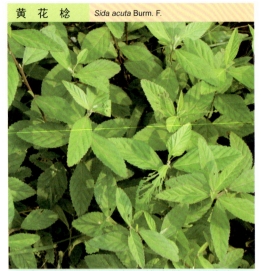

科名：锦葵科　　**别名：**拔毒散、假黄麻

识别要点　草本。叶披针形，具锯齿；托叶线形。花单朵或成对生于叶腋，花黄色。蒴果近圆球形，分果爿4～9。

药用部位　根、叶　　**药材名**　黄花棯

功能主治　清热利湿，排脓止痛。用于感冒，扁桃体炎，腹中疼痛。

| 地桃花 | *Urena lobata* L. |

科名：锦葵科　　**别名：**肖梵天花、野棉花

识别要点　灌木状草本。茎密被毛茸。花生于叶腋，苞片5，花萼5，淡红色花瓣5，单体雄蕊。蒴果球形，分果有钩状毛。

药用部位　根及全草　　**药材名**　地桃花

功能主治　祛风活血，清热利湿，解毒消肿。用于风湿性关节痛，感冒，外伤出血。

| 梵天花 | *Urena procumbens* Linn. |

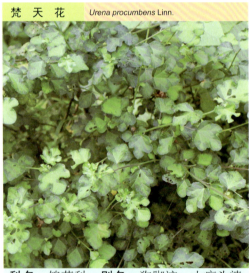

科名：锦葵科　　**别名：**狗脚迹、小痴头婆

识别要点　亚灌木。叶互生，圆卵形、菱状卵形，有锯齿，两面密生柔毛。花淡红色，果扁球形，分果爿5，有钩状刺毛。

药用部位　全株　　**药材名**　狗脚迹

功能主治　解毒定惊，清热化湿。用于痢疾，疮疡，毒蛇咬伤。

| 木　棉 | *Gossampinus malabarica* (DC.) Merr. |

科名：木棉科　　**别名：**红棉、英雄树

识别要点　落叶大乔木。树干有圆锥状硬刺。掌状复叶互生。蒴果大，木质，成熟时分裂为5瓣，果内有白色长棉毛。

药用部位　花　　**药材名**　木棉花

功能主治　清热利湿，解暑。用于肠炎，痢疾。

刺果藤 *Byttneria aspera* Colebr.

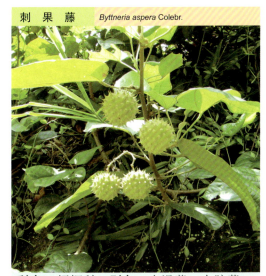

科名：梧桐科　　**别名**：大滑藤、大胶藤

识别要点　木质大藤本。叶广卵形，下面被短柔毛。花小，淡黄色。蒴果圆球形，具短而粗的刺。

药用部位　根、茎　　**药材名**　刺果藤

功能主治　祛风除湿，补肾强腰。用于风湿痹痛，肾阳虚衰。

梧桐 *Firmiana platanifolia* (L. f.) Marsili

科名：梧桐科　　**别名**：榇桐、翠果子

识别要点　乔木。叶大，三至五裂，被柔毛。圆锥花序；花单性，无花瓣；萼管披针形。蓇葖5，果在成熟前即裂开。

药用部位　花、枝、叶、种子

药材名　梧桐

功能主治　梧桐叶祛风除湿，解毒消肿，降血压。用于风湿痹痛，跌打损伤，疮痈肿毒，高血压。

山芝麻 *Helicteres angustifolia* L.

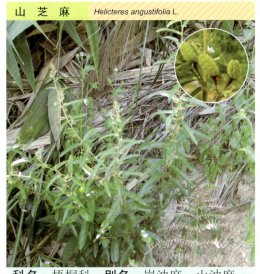

科名：梧桐科　　**别名**：岗油麻、山油麻

识别要点　小灌木。叶、花萼、果被毛。聚伞花序腋生，萼管状，5裂；花瓣5，淡红色或紫红色。蒴果卵状长圆形，顶端急尖。

药用部位　全株　　**药材名**　山芝麻

功能主治　清热解表，消肿解毒，止咳。治感冒高热，扁桃体炎，咽喉炎，咳嗽。

半枫荷 *Pterospermum heterophyllum* Hance

科名：梧桐科　　**别名**：翻白叶树、白背枫

识别要点　乔木。叶异型，革质，幼树或萌发枝上的叶盾形；生于成长树上的叶长圆形。花瓣5，白色，蒴果。

药用部位　根　　**药材名**　半枫荷

功能主治　祛风除湿，舒筋活血。治风湿性关节炎，类风湿关节炎，腰肌劳损。

胖大海　*Scaphium wallichii* Schott et Endl.

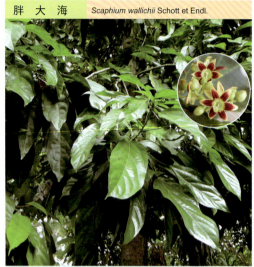

科名：梧桐科　　**别名：**大海子

识别要点　落叶乔木。叶互生，革质，卵形。花杂性同株，宿存花萼钟状，裂片披针形，花瓣呈星状。蓇葖果。种子深黑褐色，表面具皱纹。

药用部位　种子　　**药材名**　胖大海

功能主治　清肺利咽，润肠通便。用于肺热，咽干，便秘。

假萍婆　*Sterculia lanceolata* Cav.

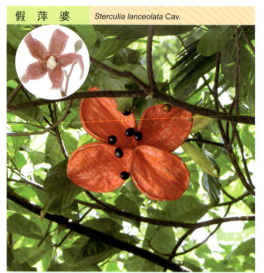

科名：梧桐科　　**别名：**大海、安南子、大洞果

识别要点　乔木。叶披针形，长7～15cm，宽2.5～7cm。圆锥花序，花淡红色无花瓣，萼片5，向外开展，呈星状。每果有种子2～4粒。

药用部位　皮、叶　　**药材名**　红郎伞

功能主治　散瘀止痛。用于跌打损伤，瘀血疼痛，青紫肿胀。

萍婆　*Sterculia nobilis* Smith

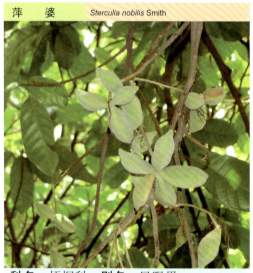

科名：梧桐科　　**别名：**凤眼果

识别要点　乔木。叶阔距圆形，长8～25cm，宽5～15cm。圆锥花序，无花瓣。萼钟状，在顶端黏合，每果有种子1～4粒。

药用部位　根、叶、种子　　**药材名**　萍婆

功能主治　温胃，杀虫，明目，理气止痛。用于风湿骨痛，胃痛，跌打损伤。

白木香　*Aquilaria sinensis* (L.) Gilg

科名：瑞香科　　**别名：**土沉香、女儿香

识别要点　常绿乔木。单叶互生，叶片卵形，无毛。伞形花序生于枝顶或叶腋。蒴果木质，倒卵形，被毛。种子1～2粒，卵形。

药用部位　含树脂的木材　　**药材名**　沉香

功能主治　行气止痛，温中止呕，纳气平喘。用于胸疼腹胀，胃寒呕吐，呃逆，肾虚气逆喘急。

了 哥 王 *Wikstroemia indica* C. A. Mey.

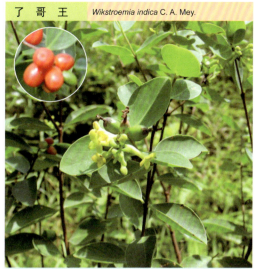

科名：瑞香科　　**别名：**南岭荛花、地棉筋

识别要点　常绿灌木。单叶对生，近无柄，叶片长椭圆形。花黄绿色，数朵簇生于枝顶，花萼管状。核果卵形。

药用部位　根或根皮　　**药材名**　了哥王

功能主治　清热解毒，化痰散结，通经利水。用于扁桃体炎，腮腺炎，淋巴结炎。

细轴荛花 *Wikstroemia nutans* Champ. ex Benth.

科名：瑞香科　　**别名：**野棉花、地麻棉

识别要点　灌木。小枝红褐色。叶纸质，披针形，下面被白粉。花黄绿色，近头状的总状花序。果椭圆形，熟时深红色。

药用部位　花、根、茎皮　　**药材名**　细轴荛花

功能主治　消坚破瘀，止血，镇痛。用于瘰疬初起，腮腺炎，跌打损伤。

胡 颓 子 *Elaeaguns pungens* Thunb.

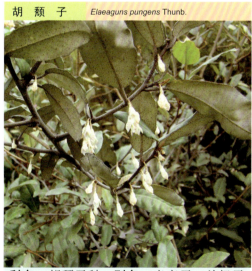

科名：胡颓子科　　**别名：**半春子、羊奶子

识别要点　常绿灌木。侧枝稠密，枝条上有刺，被厚鳞片。叶互生，椭圆形至长椭圆形。花生叶腋，1～3朵，果熟红色。

药用部位　果实　　**药材名**　胡颓子

功能主治　收敛止泻，镇咳解毒。用于肺虚喘咳，脾虚泄泻。

沙 棘 *Hippophae rhamnoides* Linn.

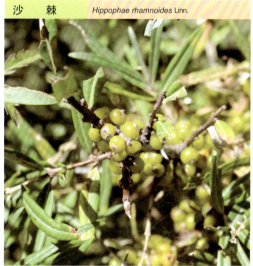

科名：胡颓子科　　**别名：**醋柳果、酸刺

识别要点　落叶灌木或乔木。具粗壮棘刺，叶互生，叶柄极短。雌雄异株，短总状花序腋生于头年枝上。

药用部位　果实　　**药材名**　沙棘

功能主治　止咳祛痰，消食化滞，活血散瘀。用于咳嗽痰多，消化不良，食积腹痛，瘀血经闭，跌扑瘀肿。

泰国大风子　*Hydnocarpus anthelmintica* Pierre ex Laness.

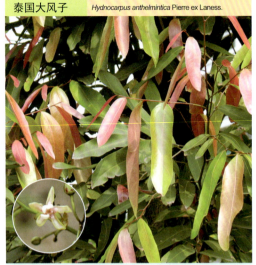

科名：大风子科　**别名：**大枫子、麻风子

识别要点　常绿乔木。单叶互生，叶片披针形至长圆形，幼叶紫红色。花簇生，萼片5，花瓣5，黄绿色。浆果球形，种子多角形或近卵形。

药用部位　种子　　**药材名**　大风子

功能主治　祛风燥湿，攻毒杀虫。用于麻风，梅毒，恶疮，疥癣。

长叶柞木　*Xylosma longifolium* Clos

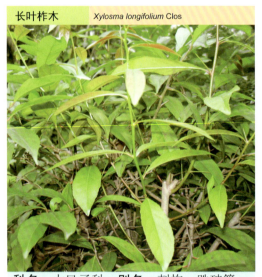

科名：大风子科　**别名：**刺柞、跌破簕

识别要点　灌木。叶披针形，边缘有粗锯齿。雌雄异株，总状花序腋生，无花瓣，雄蕊多数，雌花花盘圆盘状，浆果球形。

药用部位　叶　　**药材名**　柞木

功能主治　活血化瘀，凉血止血。用于扭挫伤或骨折，脱臼。

犁头草　*Viola betonicifolia* Sm.

科名：堇菜科　**别名：**紫花地丁

识别要点　多年生草本。主根粗短。叶基生，披针形，具浅波状锯齿，叶柄细长，微紫红色。单花顶生，萼片5，花瓣5。

药用部位　全草　　**药材名**　紫花地丁

功能主治　清热解毒，散瘀消肿。用于痈疽，疔疮，瘰疬，乳痈，外伤出血。

七星莲　*Viola diffusa* Ging.

科名：堇菜科　**别名：**蔓茎堇菜、七星莲

识别要点　一年生草本。花期生出地上匍匐枝。匍匐枝先端具莲座状叶丛；叶片卵形，幼叶两面密被白色柔毛；花淡紫色。

药用部位　全草　　**药材名**　匍伏堇

功能主治　消炎止痛，清热解毒，凉血祛湿。用于疮疡肿毒，肺热咳嗽，百日咳，跌打损伤，毒蛇咬伤。

三色堇　*Viola tricolor* Linn.

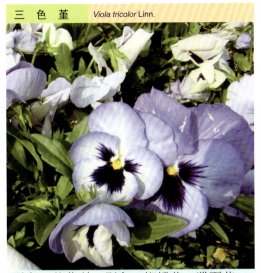

科名：堇菜科　**别名**：蝴蝶花、猫面花

识别要点　草本。茎有棱。基生叶披针形，茎生叶卵形。花大，每个茎上有3～10朵，常每花有紫、白、黄三色。蒴果。

药用部位　全草　**药材名**　三色堇

功能主治　清热解毒，止咳。用于疮疡肿毒，小儿湿疹，咳嗽。

中国旌节花　*Stachyurus chinensis* Franch.

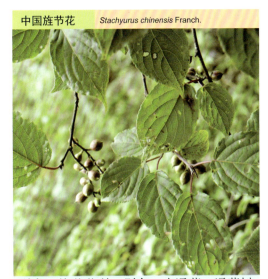

科名：旌节花科　**别名**：小通草、通草树

识别要点　落叶灌木。叶互生，叶纸质，卵圆形或卵状长圆形，先端骤尖或尾尖，基部宽楔形或圆形，边缘有疏锯齿、穗状花序。

药用部位　茎髓　**药材名**　小通草

功能主治　清热利水，通乳。用于尿路感染，尿闭或尿少，热病口渴，小便黄赤，乳汁不通。

鸡蛋果　*Passiflora edulis* Sims

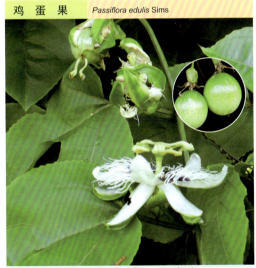

科名：西番莲科　**别名**：百香果

识别要点　草质藤本。嫩茎近四棱形。叶纸质，顶端短而渐尖，基部楔形或心形，掌状3深裂。花白色，花瓣披针形。浆果卵形，熟时紫色。

药用部位　果实　**药材名**　鸡蛋果

功能主治　清热解毒，镇痛，安神。用于痢疾，痛经，失眠。

龙珠果　*Passiflora foetida* L.

科名：西番莲科　**别名**：龙须果、大种毛葫芦

识别要点　草质藤本。茎柔弱，有臭味，被柔毛。叶膜质，卵形，浅3裂或波状。花单生，白色或淡紫色，苞片羽状分裂，花瓣5。浆果卵球形。

药用部位　全草　**药材名**　龙珠果

功能主治　清热解毒，清肺止咳。用于肺热咳嗽，小便混浊，疮痈肿毒，外伤性角膜炎。

红 木　*Bixa orellana* Linn.

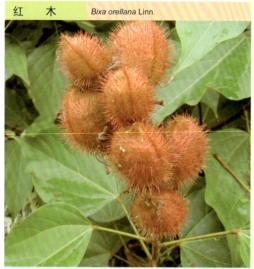

科名：红木科　　**别名**：胭脂木

识别要点　常绿灌木或小乔木。小枝有短腺毛。叶卵形。圆锥花序顶生，花粉红色。蒴果近球形，密生长刺，种子红色。

药用部位　种子　　**药材名**　胭脂木

功能主治　收敛退热。外皮可制红色染料，供染果点和纺织物用。

番木瓜　*Carica papaya* Linn.

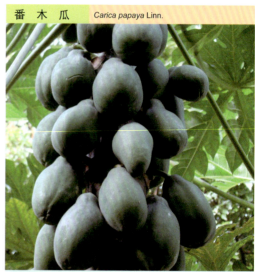

科名：番木瓜科　　**别名**：木瓜、乳果

识别要点　常绿软木质小乔木。具乳汁。叶大，聚生于茎顶端，近盾形掌状深裂；叶柄中空。植株有雄株，雌株和两性株。

药用部位　果实　　**药材名**　番木瓜

功能主治　健胃消食，滋补催乳。用于食欲缺乏，乳汁缺少。

裂叶秋海棠　*Begonia laciniata* Roxb.

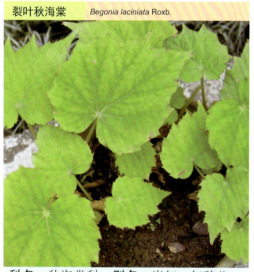

科名：秋海棠科　　**别名**：岩红、红孩儿

识别要点　多年生草本。茎直立，节膨大，被棕色棉毛。单叶互生，叶片具不规则的3～7浅裂，有棕色柔毛。花淡红色或白色。蒴果矩圆形，种子多数。

药用部位　全草　　**药材名**　红孩儿

功能主治　清热解毒，化瘀消肿。用于感冒，急性支气管炎，风湿性关节炎。

竹节秋海棠　*Begonia maculata* Raddi

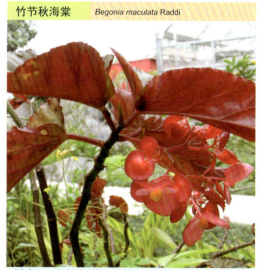

科名：秋海棠科　　**别名**：红花竹、节秋海棠

识别要点　常绿亚灌木。节稍隆起。叶互生，斜长圆形至长圆状卵形，上面深绿色，散布多数银白色小圆点，下面深红色。蒴果具3枚等大的翅。

药用部位　全草　　**药材名**　竹节海棠

功能主治　散瘀消肿。用于跌打损伤，局部红肿瘀痛。

冬 瓜	*Benincasa hispida* (Thunb.) Cogn.

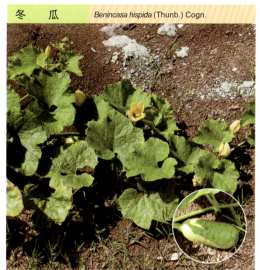

科名：葫芦科　**别名**：白瓜

识别要点　一年生蔓生或架生草本。茎被黄褐色硬毛及长柔毛。单叶互生，叶柄粗壮。花单性，雌雄同株。瓠果大型，肉质，长圆柱状或近球形。

药用部位　果实　**药材名**　冬瓜

功能主治　利水，消痰，清热，解毒。治水肿，胀满，暑热烦闷，消渴等。

节 瓜	*Benincasa hispida* (Thunb.) Cogn. var. *chiehqua* How

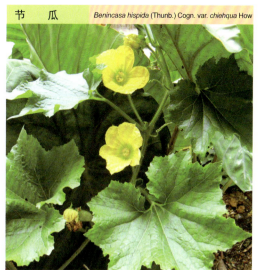

科名：葫芦科　**别名**：北瓜

识别要点　一年生攀援草本。为冬瓜的变种。茎略成方形，被黄褐色毛，卷须分枝。单叶互生，有长柄。花单性，雌雄同株。

药用部位　果实　**药材名**　节瓜

功能主治　止渴生津，驱暑，健脾，利大小肠。

西 瓜	*Citrullus lanatus* (Thunb.) Matsum. et Nakai

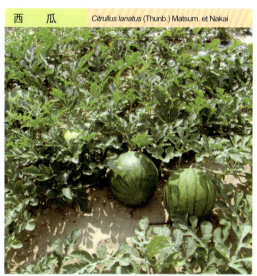

科名：葫芦科　**别名**：寒瓜、水瓜

识别要点　蔓生藤本。茎、枝具明显的棱沟。卷须较粗壮，2歧；叶纸质卵形，3深裂，裂片又重裂。雌雄同株，果实大。

药用部位　果瓤、中果皮

药材名　西瓜、西瓜皮

功能主治　清热除烦，利尿。用于暑热烦渴，小便不利，口疮。

黄 瓜	*Cucumis sativus* Linn.

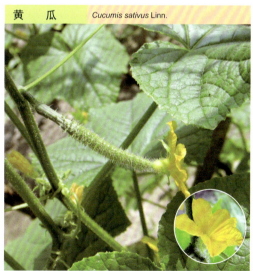

科名：葫芦科　**别名**：胡瓜、刺瓜

识别要点　攀援草本。茎被短刚毛。卷须不分叉，叶片宽卵形。雌雄同株，花冠黄色，果实常有具刺尖的瘤状凸起。

药用部位　茎、藤　**药材名**　黄瓜藤

功能主治　清热利水，解毒消肿。用于身热烦渴，咽喉肿痛，黄疸。

绞股蓝 *Gynostemma pentaphyllum* (Thunb.) Makino

科名：葫芦科　**别名：**小苦药、公罗锅底

识别要点　藤本。小叶5。雌雄异株，雌雄花均为圆锥花序，花萼筒5裂，花冠淡绿色或白色，5深裂。果实球形，黑色。

药用部位　全草　**药材名**　绞股蓝

功能主治　消炎解毒，止咳祛痰。用于慢性气管炎。

葫芦 *Lagenaria siceraria* (Molina) Standl.

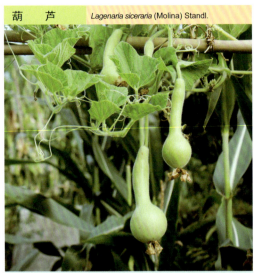

科名：葫芦科　**别名：**瓠瓜

识别要点　一年生攀援草本。茎、枝具沟纹。叶互生，叶片卵状心形或肾状卵形。花单性，雌雄同株，花白色。

药用部位　果实、种子　**药材名**　葫芦

功能主治　利水，清热，止渴，除烦。用于水肿腹胀，烦热口渴，疮毒。

苦瓜 *Momordica charantia* L.

科名：葫芦科　**别名：**凉瓜、癞瓜

识别要点　一年生攀援状柔弱草本。多分枝，茎枝被柔毛，卷须纤细，叶柄细，初时被白色柔毛，后变近无毛。雌雄同株。

药用部位　根、花、藤　**药材名**　苦瓜

功能主治　湿热，解毒。用于湿热泻痢，便血，疔疮肿毒，风火牙痛。

木鳖 *Momordica cochinchinensis* Spreng.

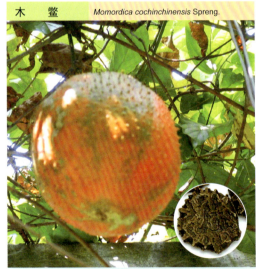

科名：葫芦科　**别名：**木鳖藤、土木鳖

识别要点　藤本。叶互生，3浅裂。雌雄异株，雄花浅黄色，雌花子房下位。瓠果成熟后红色，种子龟板状。

药用部位　成熟种子　**药材名**　木鳖子

功能主治　消肿散结，祛毒。用于痈肿，疔疮，无名肿毒，癣疮，风湿痹病。

罗汉果 *Siraitia grosvenorii* (Swingle) C. Jeffrey ex A. M. Lu et Z.Y. Zhang

科名：葫芦科　**别名**：汉果、拉汉果

识别要点　多年生藤本。茎暗紫色。卷须2分叉几达中部。叶互生，心状卵形。雌雄异株，雄花序总状，雌花单生，花萼漏斗状，5裂，花冠橙黄色。瓠果圆形。

药用部位　果实　　**药材名**　罗汉果

功能主治　润肺。用于喉痛，咳嗽。

茅瓜 *Solena amplexicaulis* (Lam.)Gandhi

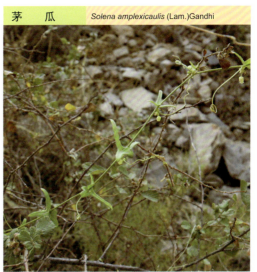

科名：葫芦科　**别名**：茅瓜叶

识别要点　攀援草本。块根呈纺锤状，茎枝柔弱，无毛，具沟纹。叶柄纤细而短，叶片薄纸质。雌雄异株，呈伞房状花序；花极小，花梗纤细。

药用部位　叶　　**药材名**　茅瓜叶

功能主治　清热解毒，化瘀散结，化痰利湿。用于疮痈肿毒，烫火伤，肺痈咳嗽，咽喉肿痛，水肿腹胀，腹泻，痢疾。

栝楼 *Trichosanthes kirilowii* Maxim.

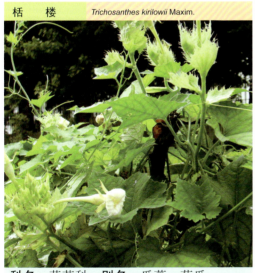

科名：葫芦科　**别名**：瓜蒌、药瓜

识别要点　攀援藤本。块根肥厚，茎、叶、花被柔毛。叶片纸质，常3～5浅裂，基出掌状脉5条。花雌雄异株，果实圆形。

药用部位　果皮、种子、根　　**药材名**　瓜蒌

功能主治　润肺，化痰，散结，润肠。用于痰热咳嗽，便秘，消渴。

马交儿 *Zehneria indica* (Lour.) Keraudren

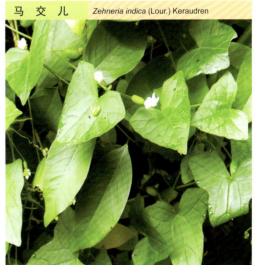

科名：葫芦科　**别名**：老鼠拉冬瓜、野稍瓜

识别要点　攀援藤本。块根纺锤形，茎枝纤细，有棱沟。卷须不分枝；叶片膜质，多形。雌雄同株，花淡黄色，果实长圆形。

药用部位　根、叶　　**药材名**　马交儿

功能主治　清热解毒，消肿散结，化痰利尿。用于疮痈疔肿，痰核瘰疬，咽喉肿痛，石淋，小便不利。

紫　薇　*Lagerstroemia indica* L.

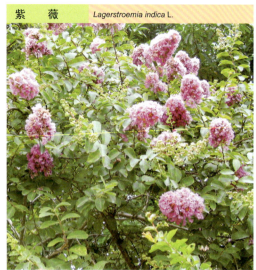

科名：千屈菜科　　**别名**：搔痒树、蚊子花

识别要点　落叶小乔木。枝干多扭曲，树皮光滑。单叶对生，全缘。圆锥花序顶生，花瓣6，近圆形皱缩状。蒴果椭圆状球形，开裂为6果瓣。

药用部位　根　　**药材名**　紫薇

功能主治　活血，止血，解毒，消肿。用于各种出血，骨折，乳腺炎，湿疹。

大花紫薇　*Lagerstroemia speciosa* (L.) Pers.

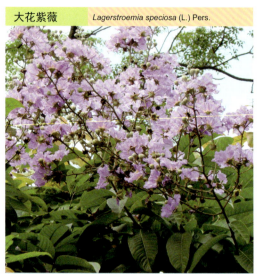

科名：千屈菜科　　**别名**：大花紫薇、百日香

识别要点　落叶乔木。小枝圆柱形。叶革质，互生，叶柄粗壮。圆锥花序，花被毛，花瓣6，近圆形或倒卵形。蒴果球形，成熟时开裂为6个果瓣。

药用部位　根、叶　　**药材名**　大叶紫薇

功能主治　收敛，止痛，敛疮，解毒。用于痈疮肿毒。

南　紫　薇　*Lagerstroemia subcostata* Koehne

科名：千屈菜科　　**别名**：苞饭花、九荆

识别要点　乔木。叶膜质，矩圆形，矩圆状披针形。花小，白色或玫瑰色，组成顶生圆锥花序，花密生。蒴果椭圆形。

药用部位　花　　**药材名**　拘那花

功能主治　败毒散瘀。用于热毒，血瘀证。

散　沫　花　*Lawsonia inermis* Linn.

科名：千屈菜科　　**别名**：指甲花、干甲树

识别要点　灌木。小枝略呈4棱形。叶交互对生，薄革质，椭圆形。花序长可达40cm；花极香，白色；蒴果扁球形。

药用部位　叶　　**药材名**　指甲花叶

功能主治　清热解毒。用于外伤出血，疮疡。

千 屈 菜	*Lythrum salicaria* Linn.

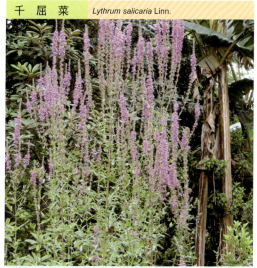

科名：千屈菜科　　**别名**：水柳、对叶莲

识别要点　草本。小枝常具4棱。叶对生或三叶轮生，披针形。花簇生，形似一大型穗状花序；花红紫色，蒴果扁圆形。

药用部位　全草　　**药材名**　千屈菜

功能主治　清热，凉血。用于痢疾，血崩，溃疡。

欧 菱	*Trapa natans* L.

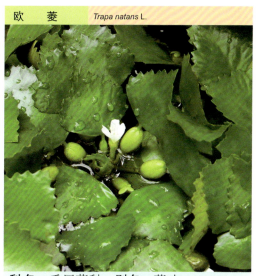

科名：千屈菜科　　**别名**：菱叶

识别要点　一年生水生草本。根二型，茎细长，叶集生茎顶，成莲座状。花两性，单生叶腋。

药用部位　叶　　**药材名**　菱叶

功能主治　清热解毒。用于小儿走马牙疳，疮肿。

岗 松	*Baeckea frutescens* L.

科名：桃金娘科　　**别名**：扫把枝、铁扫把

识别要点　灌木。嫩枝纤细，多分枝。叶小，叶片狭线形或线形。花小，白色。

药用部位　根、全株及叶　　**药材名**　岗松

功能主治　祛风除湿，解毒利尿，止痛止痒。根：用于感冒高热，黄疸型肝炎，胃痛，肠炎。全株：外用治湿疹，皮炎，脚癣。叶：毒蛇咬伤，烧烫伤。

水 翁	*Cleistocalyx operculatus* Merr. et Perry

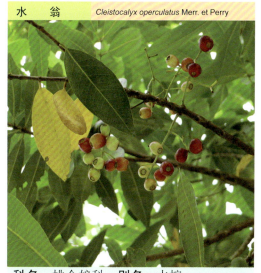

科名：桃金娘科　　**别名**：水榕

识别要点　常绿大乔木。叶对生，叶片阔披针形，全缘。聚伞状圆锥花序侧生和顶生，花小，近无梗；花蕾卵形，萼筒钟状，花瓣4，早落。

药用部位　花蕾、根、叶、树皮

药材名　水翁花、水翁根、水翁叶、水翁皮

功能主治　清热解暑，生津止渴，祛湿消滞。用于夏天感暑食滞所致发热，咽干。

柠檬桉 *Eucalyptus citriodora* Hook. f.

科名：桃金娘科　　**别名**：香桉、尤加利

识别要点　常绿乔木。树皮灰白色，光滑，会片状脱落。其幼叶呈阔披针形，边缘有波纹，叶被揉碎有强烈的柠檬味。

药用部位　叶　　**药材名**　柠檬桉

功能主治　解毒消肿。用于皮肤诸病及风湿痛，外用治疮疖。民间用治痢疾，可提取桉油。

丁香 *Eugenia caryophyllata* Thunb.

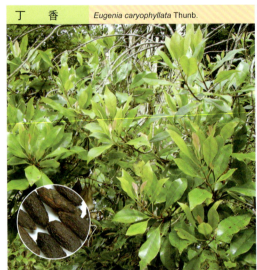

科名：桃金娘科　　**别名**：紫丁香、扁球丁香

识别要点　灌木。叶薄革质，椭圆形。圆锥花序，花冠紫色，蒴果。

药用部位　花蕾、果实　　**药材名**　丁香

功能主治　温中，暖肾，降逆。用于呃逆，呕吐，反胃，痢疾，心腹冷痛。

白千层 *Melaleuca leucadendron* L.

科名：桃金娘科　　**别名**：玉树

识别要点　乔木。树皮灰白色，厚而松软，海绵状，呈薄层状剥落。叶互生，多油腺点，气香。穗状花序，萼筒卵形，被毛，萼齿5，花瓣5，雄蕊多数。

药用部位　树皮　　**药材名**　白千层

功能主治　镇静安神，祛风除湿，止痛。用于神经衰弱，失眠头痛，风湿。

番石榴 *Psidium guajava* L.

科名：桃金娘科　　**别名**：鸡矢果、番桃

识别要点　常绿灌木或小乔木。树皮鳞片状脱落。单叶对生，叶片厚而粗糙。花单生于叶腋或2～3朵生于同一总梗上，被毛，芳香。浆果。

药用部位　叶　　**药材名**　番石榴

功能主治　收敛止泻，消炎止血。用于急、慢性肠炎，痢疾；外用治跌打扭伤。

| 桃　金　娘 | *Rhodomyrtus tomentosa* (Ait.) Hassk. |

科名：桃金娘科　　**别名**：岗稔、山稔

识别要点　常绿小灌木。单叶对生，下部叶3片轮生，叶片革质。聚伞花序，花萼5裂，密生绒毛，花冠玫瑰红色，花瓣5。浆果球形。

药用部位　果实　　**药材名**　桃金娘

功能主治　收敛止血。用于吐血，鼻衄，便血。

| 赤　楠 | *Syzygium buxifolium* Hook. et Arn. |

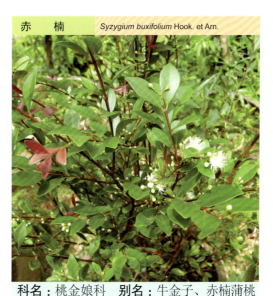

科名：桃金娘科　　**别名**：牛金子、赤楠蒲桃

识别要点　灌木或小乔木。嫩枝有棱，叶片革质，上面干后暗褐色，无光泽，下面稍浅色，有腺点，侧脉多而密。聚伞花序顶生。

药用部位　根或根皮　　**药材名**　赤楠

功能主治　健脾利湿，平喘，散瘀。用于浮肿，小儿盐哮，跌打损伤，烫伤。

| 海南蒲桃 | *Syzygium cumini* (L.) Skeels |

科名：桃金娘科　　**别名**：黑墨树、十年果

识别要点　常绿乔木。单叶对生，叶片长椭圆形，革质，全缘或微波状。聚伞状圆锥花序侧生或顶生，花多数，花瓣4。浆果卵状球形，熟时暗红紫色。

药用部位　果实　　**药材名**　野冬青果

功能主治　润肺定喘。用于肺结核，哮喘。

| 蒲　桃 | *Syzygium jambos* (L.) Alston |

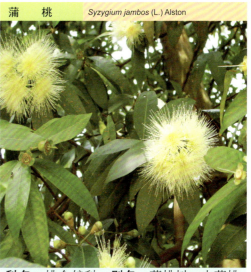

科名：桃金娘科　　**别名**：蒲桃树、水蒲桃

识别要点　常绿乔木。叶对生，革质，叶面多透明细小腺点，网脉明显。花序顶生，花多数，萼管倒圆锥形，萼齿4，花瓣分离。果球形，黄色，果皮肉质。

药用部位　根皮　　**药材名**　蒲桃

功能主治　凉血，收敛。用于腹泻，痢疾；外用治刀伤出血。

洋 蒲 桃 *Syzygium samarangense* Merr. et Perry.

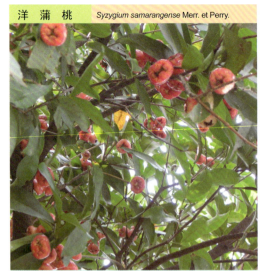

科名：桃金娘科　**别名**：莲雾

识别要点　常绿乔木。叶革质，网脉明显。聚伞花序顶生或腋生，花多数，萼管倒圆锥形，萼齿4，半圆形，花瓣圆形，流苏状。果梨形，粉红色，肉质。

药用部位　树皮及叶　**药材名**　莲雾

功能主治　利湿，止痒。用于小便不利，皮肤湿痒。

石 榴 *Punica granatum* L.

科名：石榴科　**别名**：安石榴、丹若

识别要点　落叶灌木或小乔木。叶对生或近簇生，长圆状披针形或倒卵形。花大，红色，生于枝顶或叶腋，花瓣倒卵形。浆果近球形，成熟时黄或红色。

药用部位　成熟果皮　**药材名**　石榴皮

功能主治　涩肠止泻，止血，驱虫。用于久泻，久痢，水泻不止，便血。

野 牡 丹 *Melastoma candidum* D. Don

科名：野牡丹科　**别名**：倒罐草、毛足杆

识别要点　常绿灌木。被贴生粗毛。单叶对生。花单生，或簇生于枝顶，花梗与花萼均密被长毛，花瓣5，玫瑰红色或粉红色。果稍肉质，壶形。

药用部位　全株　**药材名**　野牡丹

功能主治　清热利湿，消肿止痛，散瘀止血。用于消化不良，肠炎，痢疾，便血。

地 菍 *Melastoma dodecandrum* Lour.

科名：野牡丹科　**别名**：地茄、地石榴

识别要点　匍匐小灌木。茎上部疏被粗毛，节处生根。单叶对生。聚伞花序，花萼钟状，被长粗毛，花瓣5，紫红色。浆果球形。

药用部位　全草　**药材名**　地菍

功能主治　活血止血，清热解毒。用于痛经，产后腹痛，血崩，带下，便血。

肖野牡丹　*Melastoma normale* D. Don

科名：野牡丹科　别名：展毛野牡丹

识别要点　常绿灌木。茎枝密被长而展开的粗毛。叶对生，两面有毛，主脉3～5。花3～10朵簇生于枝梢，萼片5，花瓣5，紫红色。果实近球形，密生鳞片状毛。

药用部位　根或叶　**药材名**　大金香炉

功能主治　收敛，止血，解毒。用于泻痢，崩漏带下，内外伤出血。

毛稔　*Melastorma sanguineum* Sims

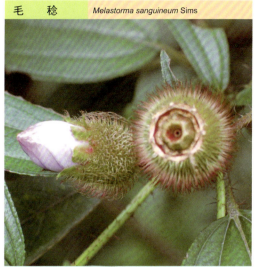

科名：野牡丹科　别名：红爆牙狼、大叶猪母稔

识别要点　大灌木。被紫红色长粗毛。单叶对生。伞房花序顶生，常1朵或3～5朵，花大，萼管被刚毛，花瓣5～7，粉红色或紫红色。蒴果杯状球形，被红色粗毛。

药用部位　根、叶　**药材名**　毛稔

功能主治　止血，止痢。用于便血，月经过多，腹泻；外用治创伤出血。

金锦香　*Osbeckia chinensis* Linn.

科名：野牡丹科　别名：天香炉、昂天巷子

识别要点　亚灌木。全体被粗伏毛，茎与枝均四棱。单叶对生，叶片条形。花浅紫色，头状花序，花瓣四，雄蕊8。

药用部位　全株　**药材名**　金锦香

功能主治　清热利湿，消肿解毒，止咳化痰。用于感冒咳嗽，咽喉肿痛，肠炎。

使君子　*Quisqualis indica* L.

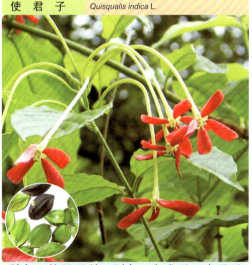

科名：使君子科　别名：留求子、史君子

识别要点　木质藤本。枝圆柱形，被短柔毛。叶对生或近对生，两面均被毛。穗状花序，花萼5，花瓣5。蒴果橄榄状，具5纵棱，熟时黑色。

药用部位　成熟果实　**药材名**　使君子

功能主治　杀虫，消积，健脾。用于蛔虫病，蛲虫病，虫积腹痛，小儿疳积。

榄仁树	*Terminalia catappa* L.

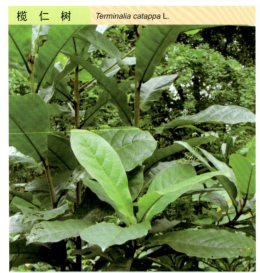

科名：使君子科　**别名**：山枇杷、枇杷树

识别要点　乔木。枝被棕黄色的绒毛，具密而明显的叶痕。叶大，叶片倒卵形。穗状花序，花白色，果椭圆形。

药用部位　树皮、叶　　**药材名**　榄仁树

功能主治　清热解毒，化痰止咳，收敛。用于痰热咳嗽，痢疾，疮疡。

诃　子	*Terminalia chebula* Retz.

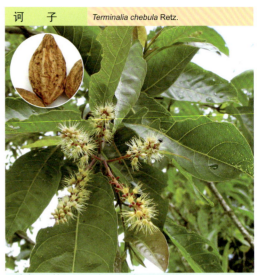

科名：使君子科　**别名**：诃黎勒

识别要点　落叶乔木。叶片椭圆形或卵形。顶生穗状花序组成圆锥状花序，花序轴被毛，花两性，花萼杯状，顶端5裂，无花瓣。核果有5～6条钝棱。

药用部位　果实　　**药材名**　诃子

功能主治　涩肠止泻，敛肺止咳，降火利咽。用于久泻久痢，久咳，咽痛音哑。

水　龙	*Ludwigia adscendens* (L.) Hara

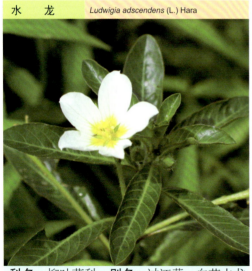

科名：柳叶菜科　**别名**：过江藤、白花水龙

识别要点　浮水草本。浮水茎节上簇生圆柱状浮器。叶倒卵形。花单生于叶腋，花瓣乳白色，蒴果淡褐色。

药用部位　全草　　**药材名**　水龙

功能主治　清热利湿，解毒消肿。用于感冒发热，麻疹不透，肠炎。

草　龙	*Ludwigia hyssopifolia* (G .Don) Exell

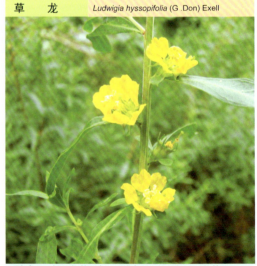

科名：柳叶菜科　**别名**：红叶丁香蓼

识别要点　草本。幼枝及花序被微柔毛。叶披针形。花腋生；花瓣4，黄色。蒴果近无梗，幼时四棱形，熟时圆柱状。

药用部位　全草　　**药材名**　草龙

功能主治　清热解毒，去腐生肌。用于感冒发热，咽喉肿痛，口腔溃疡。

毛 草 龙 *Ludwigia octovalvis* (Jacq.) Raven

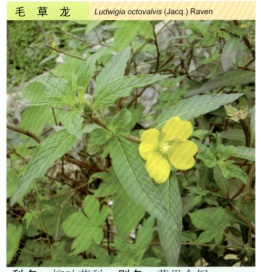

科名：柳叶菜科　　**别名**：草里金钗

识别要点　草本。枝、叶被黄褐色粗毛。叶披针形，边缘具毛；花瓣黄色；蒴果圆柱状，具8条棱，绿色至紫红色。

药用部位　全草　　**药材名**　毛草龙

功能主治　清热利湿，解毒消肿。用于感冒发热，咽喉肿痛，小儿疳热，水肿。

黄花小二仙草 *Haloragis chinensis* (Lour.) Merr.

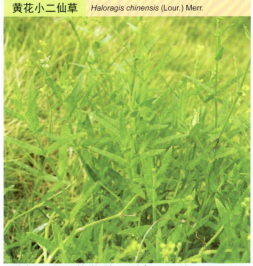

科名：小二仙草科　　**别名**：石崩

识别要点　多年生细弱陆生草本植物。茎四棱形，多分枝，节上常生不定根，叶对生，花序为纤细的总状花序及穗状花序组成顶生的圆锥花序。

药用部位　全草　　**药材名**　黄花小二仙草

功能主治　活血消肿，止咳平喘。用于跌打骨折，哮喘，咳嗽。

小二仙草 *Halorrhagis micrantha* R. Brown

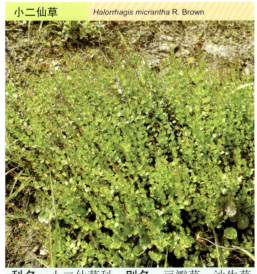

科名：小二仙草科　　**别名**：豆瓣草、沙生草

识别要点　多年生纤弱草本。丛生，茎四棱形。叶小，具短柄，对生。圆锥花序顶生，由细的总状花序组成；小花，两性；萼管具棱。

药用部位　全草　　**药材名**　小二仙草

功能主治　止咳平喘，清热利湿，调经活血。用于咳嗽哮喘，痢疾，小便不利，月经不调，跌打损伤。

八 角 枫 *Alangium chinense* (Lour.) Harms

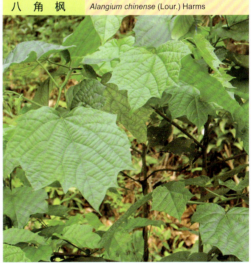

科名：八角枫科　　**别名**：华瓜木、八角梧桐

识别要点　落叶小乔木或灌木。小枝常屈曲。单叶互生，叶片基部两侧不对称。聚伞花序腋生，总轴被微柔毛，小苞片线形或披针形。核果卵圆形。

药用部位　根　　**药材名**　八角枫

功能主治　祛风除湿，舒筋活络，散瘀止痛。用于风湿关节痛，跌打损伤。

喜 树　　*Camptotheca acuminata* Decne.

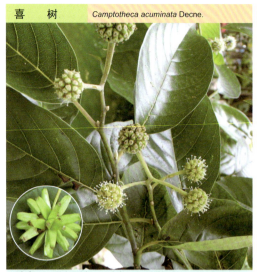

科名：珙桐科　　**别名**：旱莲木、千张树

识别要点　落叶乔木。单叶互生，叶片长卵形，叶背疏生短柔毛。花单性，同株，头状花序排成总状花序，花瓣5。

药用部位　树皮　　**药材名**　喜树

功能主治　抗癌，散结，清热，杀虫。用于慢性粒细胞性白血病，胃癌，结肠癌。

桃叶珊瑚　　*Aucuba chinensis* Benth.

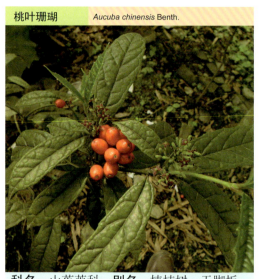

科名：山茱萸科　　**别名**：植楠树、天脚板

识别要点　常绿小乔木或灌木。小枝粗壮，绿色，光滑，皮孔白色，较稀疏。叶痕大，显著，叶上面深绿色，下面淡绿色，中脉在上面微显著。

药用部位　叶　　**药材名**　天脚板

功能主治　清热解毒，消肿止痛。用于痈疽肿毒，痔疮，水火烫伤，冻伤，跌打损伤。

山茱萸　　*Cornus officinalis* Sieb. et Zucc.

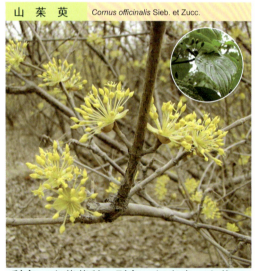

科名：山茱萸科　　**别名**：红枣皮、山萸

识别要点　灌木。冬芽被黄褐色柔毛。叶对生，纸质，卵状披针形。伞形花序；花瓣黄色，向外反卷；核果长椭圆形。

药用部位　果肉　　**药材名**　山茱萸

功能主治　补益肝肾，收涩固脱。用于腰膝酸痛，眩晕，耳鸣，遗精，遗尿。

青荚叶　　*Helwingia japonica* (Thunb.) Dietr

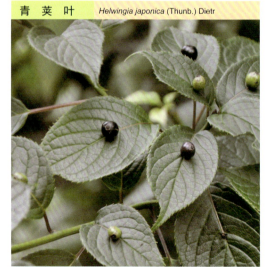

科名：山茱萸科　　**别名**：小通草、通草树

识别要点　落叶灌木。叶痕显。叶互。花雌雄异株，雄花约5～12朵形成密聚伞花序。

药用部位　茎髓　　**药材名**　小通草

功能主治　清热利水，通乳。用于热病口渴，小便黄赤，乳汁不通。

五 加	*Acanthopanax gracilistylus* W. W. Smith

科名：五加科　　**别名**：细柱五加

识别要点　攀援状灌木。掌状复叶，小叶5，互生，小叶片倒卵形至倒披针形。伞形花序单个，花瓣5，长圆状卵形。果实扁球形，宿存花柱。

药用部位　根皮　　**药材名**　五加皮

功能主治　祛风湿，强筋骨，补肝肾。用于风寒湿痹，筋骨挛急，腰痛，阳痿。

白 簕	*Acanthopanax trifoliatus* (L.) Merr.

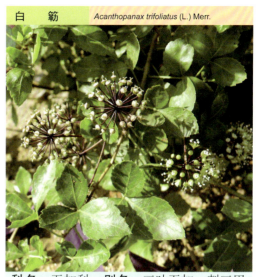

科名：五加科　　**别名**：三叶五加、刺三甲

识别要点　攀援状灌木。茎上有刺。掌状复叶，小叶3。伞形花序3～10个生于小枝顶端，萼5齿，花瓣5，黄绿色。果实扁球形，成熟时黑色。

药用部位　根皮　　**药材名**　三加

功能主治　祛风湿，补肝肾，强筋骨。用于风湿痹痛，筋骨痿软。

楤 木	*Aralia chinensis* L.

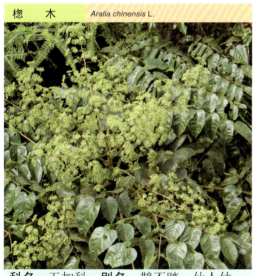

科名：五加科　　**别名**：鹊不踏、仙人仗

识别要点　落叶灌木。茎具针刺。单数羽状复叶，叶片卵形，上面粗糙，下面绒毛状。花序大，圆锥状，花萼钟状，花瓣5。浆果状核果，近球形，具5棱。

药用部位　根或根皮　　**药材名**　楤木

功能主治　补腰肾，壮筋骨，舒筋活络，散瘀止痛。用于风湿痹痛，跌打损伤。

树 参	*Dendropanax chevalieri* (Vig.) Merr. et Chun

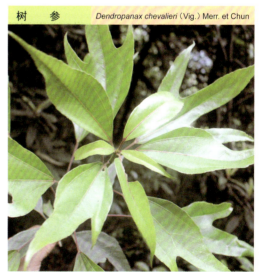

科名：五加科　　**别名**：偏荷枫、白荷、半荷枫

识别要点　乔木或灌木。叶无毛，全缘或有锯齿，三出脉。伞形花序单个顶生，或2～5个组成复伞形花序；萼缘有5细齿；花瓣淡绿白色。

药用部位　根或枝叶　　**药材名**　枫荷梨

功能主治　祛风除湿，舒筋活血。用于偏头痛，臂丛神经炎，风湿性关节炎，慢性腰腿痛，跌打损伤，扭挫伤；外用治刀伤出血。

常春藤 *Hedera nepalensis* var. *sinensis*

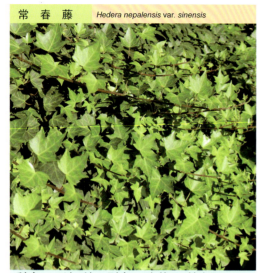

科名：五加科　**别名**：古格、犁头腰

识别要点　藤本。茎上有攀援根。单叶互生，革质，掌状浅裂。伞形花序，花淡黄色，果球形。

药用部位　全株　**药材名**　常春藤

功能主治　祛风利湿，活血消肿。用于风湿关节痛，腰痛，跌打损伤，闭经，痈疽肿毒。

幌伞枫 *Heteropanax fragrans* Seem.

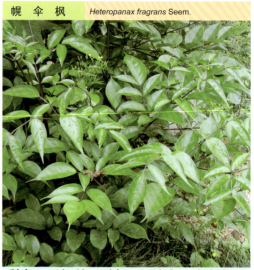

科名：五加科　**别名**：阿婆伞、凉伞木

识别要点　常绿乔木。树干直立少分枝，表皮粗糙。多回羽状复叶互生，小叶纸质，两面无毛。小伞形花序组成大圆锥花序，花瓣5。浆果状核果。

药用部位　根或树皮　**药材名**　幌伞枫

功能主治　清热解毒，活血，消肿，止痛。用于风热感冒，中暑头痛，烧伤，脓疱疮，急性热病。

三七 *Panax notoginseng* (Burkill) F. H. Chen ex C. H. Chow

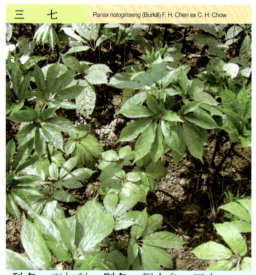

科名：五加科　**别名**：假人参、田七

识别要点　草本。根茎短。掌状复叶，具长柄，3～4片轮生于茎顶；小叶3～7，椭圆形，边缘有细锯齿。伞形花序顶生。

药用部位　块根　**药材名**　三七

功能主治　止血化瘀，消肿止痛。用于跌扑瘀血，外伤出血，肿痛。

鹅掌藤 *Schefflera arboricola* Hayata

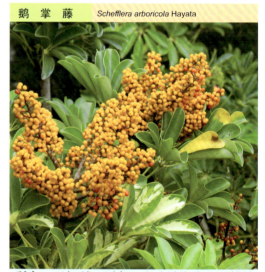

科名：五加科　**别名**：小叶鸭脚木、汉桃叶

识别要点　藤状灌木。气香。茎绿色，光滑无毛。掌状复叶互生，小叶通常7枚，椭圆形。伞形花序顶生，花萼5齿裂，花瓣5，卵形。浆果球形。

药用部位　根或茎叶　**药材名**　七叶莲

功能主治　祛风除湿，活血止痛。用于风湿痹痛，胃痛，跌打骨折，外伤出血。

广西鹅掌柴 *Schefflera kwangsiensis* Merr. ex Li.

科名：五加科　**别名：**广西鸭脚木、汉桃叶

识别要点　灌木。掌状复叶；有小叶3～5，椭圆状披针形，顶端尾状渐尖，镰刀状。圆锥果顶生，果实球形，橙红色。

药用部位　根、茎叶　**药材名**　白花鹅掌柴

功能主治　祛风止痛，舒筋活络。用于风湿痹痛，坐骨神经痛，骨折。

鸭 脚 木 *Schefflera octophylla* (Lour.) Harms

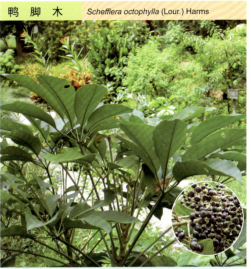

科名：五加科　**别名：**鸭母树

识别要点　小乔木或灌木。掌状复叶，小叶片椭圆形。圆锥花序顶生，花白色，花瓣5～6，花盘平坦。果实球形，黑色，宿存花柱粗短。

药用部位　树皮　**药材名**　鸭脚木

功能主治　清热解毒，止痒，消肿散瘀。用于感冒发热，咽喉肿痛，风湿骨痛。

通 脱 木 *Tetrapanax papyrifer* (Hook.) K. Koch

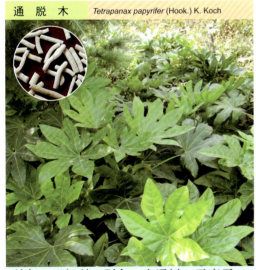

科名：五加科　**别名：**木通树、天麻子

识别要点　灌木。全株被绒毛。叶大，叶片纸质掌状深裂，托叶和叶柄基部合生。圆锥花序，花淡黄白色，果实球形。

药用部位　茎髓　**药材名**　通脱木

功能主治　清热利尿，通气下乳。用于湿温，尿赤，水肿尿少。

白 芷 *Angelica dahurica* Benth. et Hook. F.

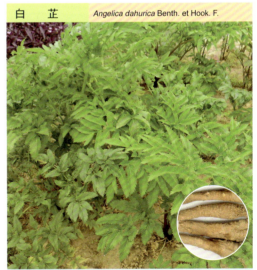

科名：伞形科　**别名：**香白芷、避蛇生

识别要点　草本。茎深紫色，密生短硬毛。下部叶及中部叶三角形，二至三回三出式羽状深裂。复伞形花序，花紫色。

药用部位　根　**药材名**　白芷

功能主治　解表散寒，祛风止痛，宣通鼻窍，燥湿止带，消肿排脓。用于感冒头痛，鼻塞流涕，疮疡肿痛。

| 旱芹 | *Apium graveolens* Linn. |

科名： 伞形科　　**别名：** 香芹、芹菜

识别要点　草本。有强烈香气，茎有棱角和直槽。叶片常3裂达中部或3全裂，边缘有圆锯齿或锯齿。复伞形花序。

药用部位　全草　　**药材名**　旱芹

功能主治　利尿，降血压。用于高血压，水肿，小便热涩不利。

| 积雪草 | *Centella asiatica* (L.) Urban. |

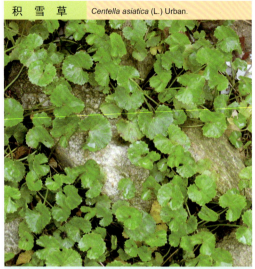

科名： 伞形科　　**别名：** 马蹄草、崩大碗

识别要点　多年生草本。茎细长匍匐。单叶，叶鞘膜质，叶片圆形、肾形或马蹄形。单伞形花序，花瓣卵形，紫红色或乳白色，膜质。果实圆球形。

药用部位　全草　　**药材名**　积雪草

功能主治　清热利湿，消肿解毒。用于痧气腹痛，暑泻，痢疾，湿热黄疸。

| 蛇床 | *Cnidium monnieri* (L.) Cusson |

科名： 伞形科　　**别名：** 野胡萝卜

识别要点　一年生草本。茎多分枝，中空。叶二至三回三出羽状全裂。复伞形花序，花瓣白色。双悬果长圆状，横剖面近五边形，主棱5，翅状。

药用部位　果实　　**药材名**　蛇床子

功能主治　温肾壮阳，燥湿祛风，杀虫。用于阳痿，寒湿带下；外用于外阴湿疹。

| 鸭儿芹 | *Cryptotaenia japonica* Hassk. |

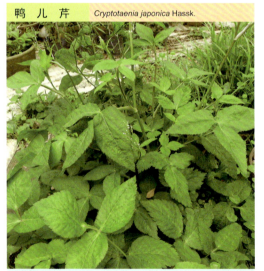

科名： 伞形科　　**别名：** 大鸭脚板、鹅脚根

识别要点　草本。叶鞘边缘膜质；叶片三出式分裂，裂片边缘有锐尖锯齿或重锯齿。花瓣白色，复伞形花序呈圆锥状。

药用部位　全株　　**药材名**　鸭儿芹

功能主治　消炎，解毒，活血，消肿。用于肺炎，肺脓肿，淋病，风火牙疼，皮肤瘙痒。

刺芫荽　*Eryngium foetidum* L.

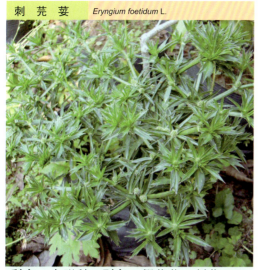

科名：伞形科　**别名：**假芫茜、刺芹

识别要点　草本。基生叶倒披针形不分裂，叶革质，边缘有骨质尖锐锯齿；茎生叶对生，边缘有深锯齿，齿尖刺状。头状花序。

药用部位　全草　　**药材名**　刺芫荽

功能主治　疏风散寒，芳香健胃。用于感冒，麻疹内陷，气管炎，肠炎，肝炎，腹泻。

天胡荽　*Hydrocotyle sibthorpiodes* Lam.

科名：伞形科　**别名：**石胡荽、盘上芫茜

识别要点　多年生匍匐状草本。气香。叶片圆形或肾圆形，掌状浅裂。伞形花序与叶对生，花瓣卵形，有腺点，雄蕊5。双悬果近圆形，中棱在果熟时极为隆起。

药用部位　全草　　**药材名**　天胡荽

功能主治　清热利尿，消肿解毒。用于黄疸，肾炎，淋病，小便不利。

川芎　*Ligusticum chuanxiong* Hort.

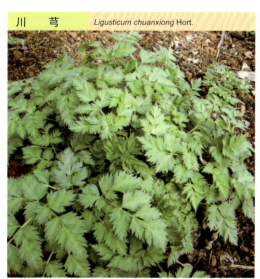

科名：伞形科　**别名：**小叶川芎

识别要点　草本。茎中空，表面有纵沟。羽状复叶，叶柄基部抱茎，小叶有锯齿。复伞形花序，花白色，双悬果卵形。

药用部位　根茎　　**药材名**　川芎

功能主治　活血行气，祛风止痛。用于月经不调，跌扑肿痛，头痛。

水芹　*Oenanthe javanica* (Bl.) DC.

科名：伞形科　**别名：**水芹菜

识别要点　水生宿根草本。根茎的地上茎节部萌芽，形成新株，似根出叶，二回羽状复叶，叶细长，互生，茎具棱，伞形花序，花小，白色，不结实或种子空瘪。

药用部位　根及全草　　**药材名**　水芹

功能主治　清热利湿，平肝健胃，止血，降血压。用于感冒发热，呕吐腹泻，尿路感染。

紫花前胡　*Peucedanum decursivum* (Miq.) Maxim.

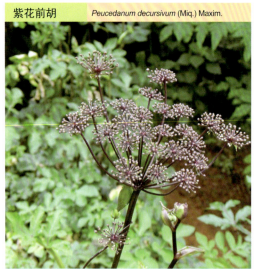

科名：伞形科　**别名**：土当归、野当归

识别要点　多年生草本。叶1回至近2回羽状分裂，茎上部叶片膨大成紫色叶鞘。复伞形花序顶生或腋生，花深紫色。果实卵圆形至卵状长椭圆形。

药用部位　根　**药材名**　前胡

功能主治　散风清热，降气化痰。用于风热咳嗽痰多，痰热喘满，咳痰黄稠。

前　胡　*Peucedanum praeruptorum* Dunn

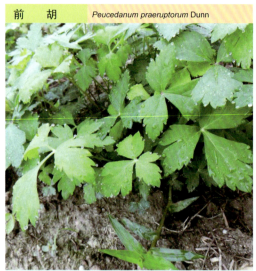

科名：伞形科　**别名**：白花前胡

识别要点　草本。根圆锥形。基生叶具叶柄，二至三回分裂，边缘具圆锯齿；茎上部叶无柄。复伞形花序，花瓣白色。

药用部位　根　**药材名**　前胡

功能主治　疏散风热，降气化痰。用于外感风热，肺热痰郁。

紫花杜鹃　*Rhododendron mariae* Hance

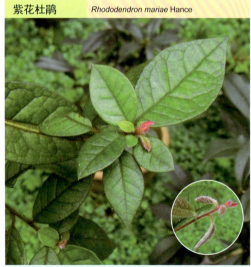

科名：杜鹃花科　**别名**：土牡丹花、岭南杜鹃

识别要点　灌木。叶二型，簇生枝顶，春叶椭圆状披针形，夏叶椭圆形至倒卵形。伞形花序顶生，花冠漏斗形，丁香紫色。蒴果圆柱形，密被红棕色扁毛。

药用部位　花、叶和嫩枝或根皮

药材名　紫杜鹃

功能主治　祛痰，止咳。用于慢性气管炎。

杜　鹃　*Rhododendron simsii* Planch.

科名：杜鹃花科　**别名**：映山红、山踯躅

识别要点　灌木。叶互生，纸质，卵状椭圆形至披针形，花冠漏斗形，玫瑰红色，5裂。蒴果卵圆形，长5～8毫米，有褐色毛。

药用部位　花或果实　**药材名**　杜鹃

功能主治　和血，调经，祛风湿。用于月经不调，闭经，崩漏，跌打损伤。

朱砂根 *Ardisia crenata* Sims.

科名：紫金牛科　　**别名**：红铜盘、大罗伞

识别要点　灌木。叶纸质至革质，椭圆状披针形至倒披针形，先端短尖或渐尖，有隆起的腺点，边常有皱纹或波纹，背卷，有腺体。

药用部位　根　　**药材名**　朱砂根

功能主治　清热降火，消肿解毒，活血祛瘀，祛痰止咳。用于上呼吸道感染，扁桃体炎，风湿性关节炎。

走马胎 *Ardisia gigantifolia* Stapf.

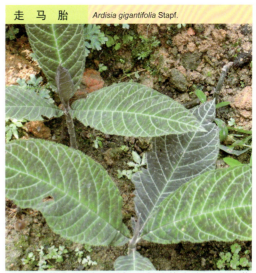

科名：紫金牛科　　**别名**：大叶紫金牛、走马藤

识别要点　常绿灌木。叶片纸质，簇生于茎顶，边缘具密啮蚀状细齿。总状圆锥花序，花萼基部连合，花冠白色，花瓣卵形。核果状浆果球形。

药用部位　根茎　　**药材名**　走马胎

功能主治　祛风湿，壮筋骨，活血祛瘀。用于风湿筋骨疼痛，跌打损伤，产后血瘀。

紫金牛 *Ardisia japonica* (Thunb.) Blume

科名：紫金牛科　　**别名**：矮地茶

识别要点　常绿小灌木。具匍匐根状茎，叶近对生，椭圆形。亚伞形花序腋生，花两性，5出数，花瓣粉红色或白色。果实圆球形。

药用部位　全草　　**药材名**　矮地茶

功能主治　镇咳，祛痰。用于慢性气管炎，肺结核咳嗽咯血。

虎舌红 *Ardisia mamillata* Hance

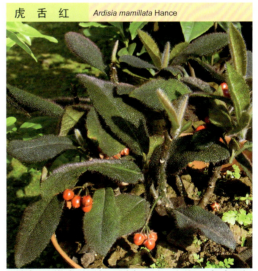

科名：紫金牛科　　**别名**：红毛毡、老虎脷

识别要点　矮小灌木。具匍匐的木质根茎。叶互生或簇生于茎顶端，叶片坚纸质。伞形花序。果球形，鲜红色，具腺点。

药用部位　全株及根　　**药材名**　红毛毡

功能主治　散瘀止血，清热利湿。用于风湿关节痛，跌打损伤，肺结核咳血，月经过多，通经，肝炎，痢疾，小儿疳积。

小罗伞　*Ardisia punctata* Lindl.

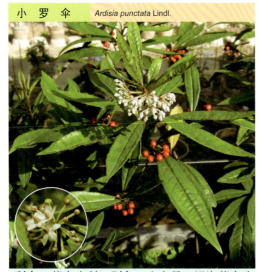

科名：紫金牛科　**别名**：山血丹、沿海紫金牛

识别要点　常绿小灌木。具匍匐根状茎。叶短圆形至椭圆状披针形。伞形花序，具叶状苞片，花瓣内面白色，里面被毛。浆果状核果球形，深红色。

药用部位　根茎　**药材名**　小罗伞

功能主治　活血调经，祛风除湿。用于闭经，痛经，风湿痹痛，跌打损伤。

东方紫金牛　*Ardisia squamulosa* Presl.

科名：紫金牛科　**别名**：兰屿树杞

识别要点　灌木。叶厚，新鲜时略肉质，倒披针形，全缘，有一边脉。复伞房花序，近顶生或腋生，花粉红色至白色。

药用部位　根　**药材名**　兰屿树杞

功能主治　解毒，破血。用于肺结核咳嗽咯血，吐血，肿毒。

酸藤子　*Embelia laeta* (L.) Mez.

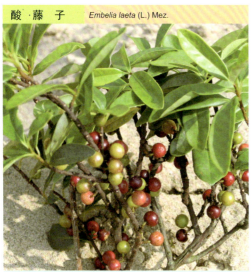

科名：紫金牛科　**别名**：酸藤果

识别要点　木质藤本。叶互生，倒卵形。花单性，雌雄异株，花瓣白色，雄花雄蕊长于花瓣，雌蕊退化，雌花雄蕊短于花瓣，雌蕊子房瓶状。果实球形。

药用部位　根和枝叶　**药材名**　酸藤木

功能主治　散瘀止痛，收敛止泻。用于跌打肿痛，肠炎腹泻，咽喉炎，痛经，闭经。

白花酸藤子　*Embelia ribes* Burm. F. var. *pachyphylla* Chun

科名：紫金牛科　**别名**：信筒子、羊公板仔

识别要点　木质藤本。有时成蔓状。叶卵形至长椭圆形，全缘。圆锥花序顶生，密被短柔毛；花极小，杂性，萼小，5深裂，花瓣5，白色，有缘毛。浆果球形。

药用部位　根　**药材名**　咸酸蔃

功能主治　消肿，散毒，止痛。用于妇女闭经，小儿头疮，跌打损伤。

杜茎山 *Maesa japonica* (Thunb.) Moritzi.

科名：紫金牛科　　**别名**：金砂根、白茅茶仔

识别要点　灌木。直立，小枝无毛，具细条纹，疏生皮孔。叶片革质，总状花序或圆锥花序。果球形，具脉状腺条纹。

药用部位　根、叶　　**药材名**　杜茎山

功能主治　祛风，解疫毒，消肿胀。用于感冒头痛眩晕，寒热燥渴，水肿，腰痛。

鲫鱼胆 *Maesa perlarius* (Lour.) Merr.

科名：紫金牛科　　**别名**：空心花

识别要点　灌木。多分枝，小枝被长硬毛或短柔毛。叶片椭圆形，被毛。总状花序或圆锥花序腋生，被毛，苞片披针形或钻形，花冠白色，钟形。肉质浆果球形。

药用部位　全株　　**药材名**　鲫鱼胆

功能主治　接骨消肿，生肌去腐。用于跌打损伤，刀伤，疔疮肿痛。

过路黄 *Lysimachia christinae* Hance

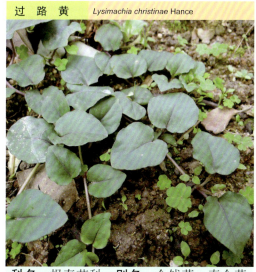

科名：报春花科　　**别名**：金钱草、真金草

识别要点　草本。茎柔弱，平卧延伸。叶对生，卵圆形，透光可见透明腺条，干时腺条变黑色。花单生，花冠黄色，蒴果。

药用部位　全草　　**药材名**　过路黄

功能主治　利水通淋，清热解毒，散瘀消肿。用于尿路结石，胆结石，水肿，跌打损伤，毒蛇咬伤。

星宿菜 *Lysimachia fortunei* Maxim.

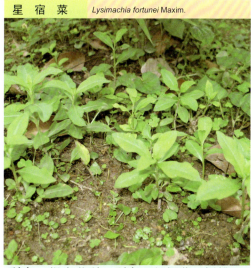

科名：报春花科　　**别名**：红根草、矮桃

识别要点　草本。根状茎横走，茎直立，圆柱形，基部紫红色。叶互生，无柄，披针形。总状花序顶生，花冠白色。

药用部位　全草　　**药材名**　星宿菜

功能主治　活血，散瘀，利水，化湿。用于跌打损伤，风湿痛，乳痈，水肿，黄疸，疟疾。

红花丹 *Plumbago indica* L.

科名：蓝雪科　别名：紫花丹、谢三娘

识别要点　多年生草本。直立或攀援状。叶互生，卵形或矩圆状卵形，先端短尖或钝，全缘，纸质。穗状花序顶生，萼管状，5裂，花冠红色，高脚蝶状，裂片5。

药用部位　茎叶及花　药材名　红花丹

功能主治　破血，止痛，通调月经。用于闭经，经期腹痛，溃疡，风湿骨痛。

白花丹 *Plumbago zeylanica* L.

科名：蓝雪科　别名：白雪花、白花仔

识别要点　半灌木。叶卵形。穗状花序顶生和腋生，花冠高脚碟状，白色或略带蓝色，顶端5裂；雄蕊5，与花冠裂片对生。蒴果膜质，盖裂。

药用部位　全草和根　药材名　白花丹

功能主治　祛风，散瘀，解毒，杀虫。用于风湿疼痛，血瘀经闭，跌打损伤。

人心果 *Manilkara zapota* (L.) van Royen

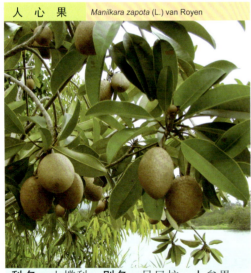

科名：山榄科　别名：吴凤柿、人参果

识别要点　乔木。茎枝灰褐色，具乳汁。叶片长椭圆形，有明显叶痕。花单生叶腋，花冠白色。浆果，果椭圆形。

药用部位　果　药材名　吴凤柿

功能主治　强心补肾，生津止渴，补脾健胃，调经活血。用于神经衰弱，失眠头昏。

蛋黄果 *Pouteria campechiana* (HKB) Bae

科名：山榄科　别名：蛋果、狮头果、桃榄

识别要点　常绿小乔木。主枝灰褐色，叶互生，螺旋状排列，长椭圆形，花聚生枝顶叶腋，肉质浆果橙黄色，富含淀粉。

药用部位　果　药材名　桃榄

功能主治　健脾，止泻。用于食欲减退，腹泻，乳汁不足。

神秘果　*Synsepalum dulcificum* Denill

科名：山榄科　**别名**：梦幻果、奇迹果

识别要点　常绿灌木。叶倒披针形或倒卵形，柄短。花数朵簇生叶腋，花冠白色。浆果长圆形，成熟后鲜红色。

药用部位　种子　**药材名**　神秘果

功能主治　解毒消肿。用于喉咙痛，痔疮。

柿　*Diospyros kaki* Thunb.

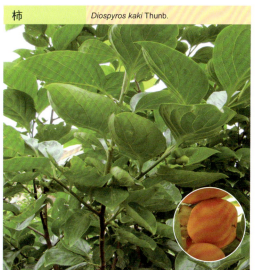

科名：柿树科　**别名**：猴枣、山柿

识别要点　乔木。叶卵形，下面有褐色柔毛。雄花成短聚伞花序，雌花单生叶腋，果熟时增大宿存，花冠白色，浆果圆形。

药用部位　叶、果实、柿蒂　**药材名**　柿

功能主治　养肺胃，清燥火。用于咳嗽，吐血，口疮。

罗浮柿　*Diospyros morrisiana* Hance

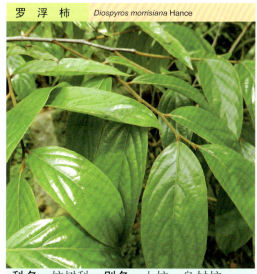

科名：柿树科　**别名**：山柿、乌材柿

识别要点　小乔木。枝灰褐色，有皮孔，嫩枝疏被短柔毛。叶薄革质，长椭圆形。雄花序腋生，雌花单生腋生，果球形。

药用部位　茎皮、叶、果　**药材名**　罗浮柿

功能主治　解毒消炎，收敛止泻。用于腹泻，痢疾，水火烫伤。

安息香　*Styrax benzoin* Dryander

科名：安息香科　**别名**：拙贝罗香

识别要点　落叶乔木。叶互生，叶缘具不规则齿牙。总状或圆锥花序腋生或顶生，花萼短钟形，5浅齿，花冠5深裂。果实扁球形，灰棕色。

药用部位　树脂　**药材名**　安息香

功能主治　开窍，辟秽，行气血。用于卒中暴厥，心腹疼痛，产后血晕，小儿惊痫。

白花龙	*Styrax faberi* Perk.

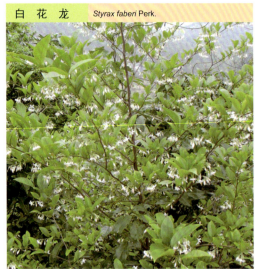

科名：安息香科　别名：白花安息香、白花朵

识别要点　灌木。嫩枝具沟槽，老枝圆柱形，紫红色。叶互生，纸质，椭圆形，边缘具细锯齿。总状花序顶生，花白色。

药用部位　根、叶　**药材名**　白花安息香

功能主治　止血，生肌，消肿。用于痈疡肿毒，跌打损伤。

华山矾	*Symplocos chinensis* (Lour.) Druce

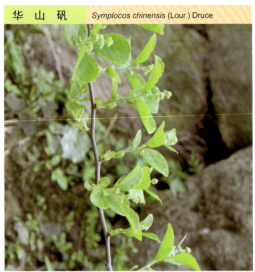

科名：山矾科　别名：土常山

识别要点　落叶灌木。单叶互生，纸质，椭圆形或倒卵形。圆锥花序狭长，腋生和顶生，花冠白色，芳香，5深裂。核果卵形，歪斜，熟时蓝色。

药用部位　枝叶　**药材名**　华山矾

功能主治　清热利湿，止血生肌。用于痢疾，泄泻，创伤出血，水火烫伤，溃疡。

白檀	*Symplocos paniculata* (Thunb.) Miq.

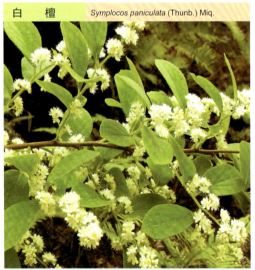

科名：山矾科　别名：碎米子树、乌子树

识别要点　小乔木。嫩枝有灰白色柔毛。叶椭圆形，边缘有细尖锯齿。圆锥花序，花冠白色，核果，顶端宿萼裂片直立。

药用部位　根、叶　**药材名**　白檀

功能主治　清热解毒，调气散结，祛风止痒。用于乳腺炎，淋巴腺炎，肠痈，疝气，荨麻疹。

连翘	*Forsythia suspensa* (Thunb.) Vahl

科名：木犀科　别名：黄寿丹、黄绶丹

识别要点　灌木。叶对生，卵形，边缘有粗锯齿；先花后叶，花黄色，单生。蒴果卵球状，二室，表面散生瘤点。

药用部位　果实　**药材名**　连翘

功能主治　清热解毒，疏散风热，散结消肿。用于咽喉肿痛，风热感冒，痈疮肿毒。

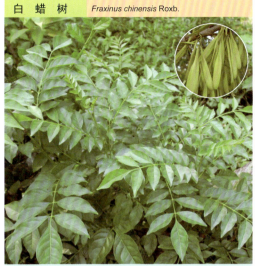

白蜡树 *Fraxinus chinensis* Roxb.

科名：木犀科　**别名：**秦皮、白荆树

识别要点　落叶乔木。单数羽状复叶对生，小叶片草质或薄革质。圆锥花序生于枝顶。翅果倒披针形，宿存花萼紧抱果的基部，顶端呈不规则2～3开裂。

药用部位　树皮　**药材名**　秦皮

功能主治　截疟，调经，解毒。用于疟疾，月经不调，经闭，小儿头疮。

扭肚藤 *Jasminum elongatum* (Bergium) Willd.

科名：木犀科　**别名：**白花茶、白金银花

识别要点　缠绕木质藤本。单叶对生，叶片纸质，两面被毛。聚伞花序密集，顶生或腋生，花冠高脚碟状，裂片6～9，披针形。果黑色，长圆形或卵圆形。

药用部位　嫩茎、叶　**药材名**　扭肚藤

功能主治　清热解毒，利湿消滞。用于急性胃肠炎，消化不良，痢疾。

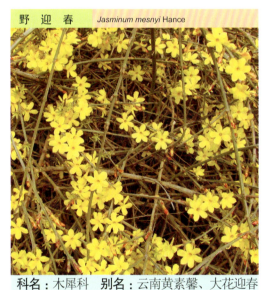

野迎春 *Jasminum mesnyi* Hance

科名：木犀科　**别名：**云南黄素馨、大花迎春

识别要点　亚灌木。枝下垂，小枝四棱形，具沟。叶对生，三出复叶；小叶近革质，披针形。花单生，花冠黄色，漏斗状。

药用部位　全株　**药材名**　野迎春

功能主治　清热解毒，消炎。用于外感发热，头痛，咳嗽。

素馨花 *Jasminum grandiflorum* L.

科名：木犀科　**别名：**素馨叶

识别要点　常绿亚灌木。单叶对生，叶片革质。聚伞花序簇生于叶腋；花极芳香，花萼裂片4，稍不整齐，花冠黄白色至淡黄色。核果椭圆形，紫黑色。

药用部位　花　**药材名**　素馨花

功能主治　舒肝解郁，行气止痛。用于胸肋不舒，心胃气痛，下痢腹痛。

厚叶茉莉　*Jasminum pentaneurum* Hand-Mazz.

科名：木犀科　**别名**：樟叶茉莉、厚叶素馨

识别要点　攀援灌木。小枝黄褐色。叶对生，单叶，叶片革质，宽卵形。聚伞花序密集似头状，花冠白色，果球形。

药用部位　全株　**药材名**　厚叶素馨

功能主治　祛瘀解毒。用于跌打损伤，喉痛，口疮，蛇伤。

茉莉花　*Jasminum sambac* (L.) Ait.

科名：木犀科　**别名**：小南强、奈花

识别要点　灌木。单叶对生，叶片纸质，圆形至椭圆形，聚伞花序顶生，通常有花3～5朵，花极芳香，白色，花萼裂片线形，花冠杯状高脚碟形。

药用部位　花　**药材名**　茉莉花

功能主治　理气和中，开郁，辟秽。用于下痢腹痛，目赤肿痛，疮疡肿毒。

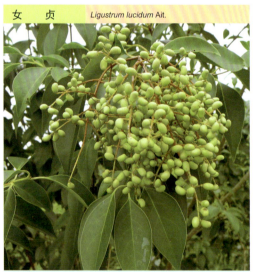

女贞　*Ligustrum lucidum* Ait.

科名：木犀科　**别名**：女贞实、白蜡树子

识别要点　常绿乔木或灌木。枝有皮孔；单叶对生，草质，卵形。圆锥花序顶生；果肾形，成熟时呈红黑色，被白粉。

药用部位　果实　**药材名**　女贞子

功能主治　滋养肝肾，强腰膝，乌须明目。用于眩晕耳鸣，腰膝酸软，须发早白，目暗不明。

山指甲　*Ligustrum sinense* Lour.

科名：木犀科　**别名**：青蜡树、大叶蜡树

识别要点　灌木或小乔木。树皮灰褐色，单叶对生，叶片革质，卵形至椭圆形。圆锥花序顶生。果肾形或近肾形，成熟时呈红黑色，被白粉。

药用部位　果实　**药材名**　小蜡树

功能主治　滋补肝肾，乌发明目。用于肝肾阴虚，头晕目眩，耳鸣，头发早白。

桂 花	*Osmanthus fragrans* Lour.

科名：木犀科　**别名**：木樨、月桂

识别要点　常绿乔木或灌木。叶薄革质，椭圆形至椭圆状矩圆形。圆锥花序，花白色，雄蕊超出花冠裂片。核果近圆形。

药用部位　花、果、根　**药材名**　桂花

功能主治　散寒破结，化痰止咳。用于牙痛，咳喘痰多，经闭腹痛。

牛 矢 果	*Osmanthus matsumuranus* Hayata

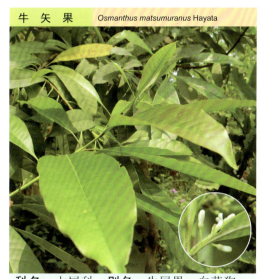

科名：木犀科　**别名**：牛屎果、白荷狗

识别要点　乔木。小枝黄褐色。叶片厚纸质，倒披针形，有锯齿，具针尖状突起腺点。聚伞花序，花冠淡绿白色，果椭圆形。

药用部位　叶　**药材名**　羊屎木

功能主治　散脓血，消炎。用于痈疮发背。

醉 鱼 草	*Buddleja lindleyana* Fort.

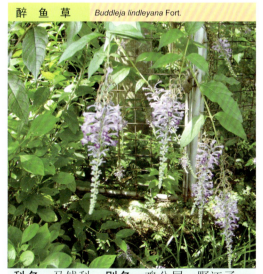

科名：马钱科　**别名**：鸡公尾、野江子

识别要点　灌木。叶卵形至卵状披针形。总状聚伞花序，生于叶枝顶端。花紫色，具短柄，花萼密被金黄色腺点，裂片三角状，花冠早落。蒴果长圆形。

药用部位　全株　**药材名**　醉鱼草

功能主治　祛风解毒，杀虫，化骨鲠。用于流行性感冒，咳嗽，哮喘，蛔虫病，钩虫病，诸鱼骨鲠。

钩 吻	*Gelsemium elegans* Benth.

科名：马钱科　**别名**：断肠草、大茶药

识别要点　木质藤本。叶对生，膜质。聚伞花序顶生或上部腋生；花密集，花冠黄色，裂片卵状长圆形。蒴果椭圆形，在开裂前具2条纵槽，果皮膜质。种子肾形。

药用部位　全株　**药材名**　钩吻

功能主治　祛风，攻毒，消肿，止痛。用于疥癣，湿疹，痈肿，疔疮，跌打损伤。

牛眼马钱 *Strychnos angustiflora* Benth.

科名：马钱科　　**别名：**高眼睛、车前树

识别要点　藤状灌木。小枝常变态成为螺旋状曲钩。叶对生，全缘，基脉三出，老叶草质。聚伞花序小，顶生，花冠白色或淡黄色，有香味。浆果球形，光滑。

药用部位　种子　　**药材名**　牛眼珠

功能主治　祛风通络，消肿止痛。用于风湿关节疼痛，手足麻木，半身不遂。

马钱 *Strychnos nux-vomica* L.

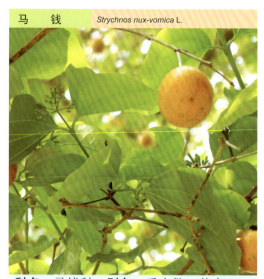

科名：马钱科　　**别名：**番木鳖、苦实

识别要点　落叶乔木。叶片革质，对生，椭圆形、卵形至广卵形。聚伞花序顶生，花较小，灰白色，花冠筒状，先端5裂，裂片卵形。浆果球形。

药用部位　成熟种子　　**药材名**　马钱子

功能主治　通络止痛，散结消肿。用于跌打损伤，骨折肿痛，风湿顽痹，麻木瘫痪，痈疽疮毒，咽喉肿痛。

滇龙胆草 *Gentiana rigescens* Franch. ex Hemsl.

科名：龙胆科　　**别名：**苦草、青鱼胆

识别要点　草本。高30～50cm，须根肉质。茎生叶多对，卵形；花多生于枝端；花冠蓝紫色，漏斗形或钟状；蒴果。

药用部位　全草　　**药材名**　龙胆草

功能主治　清热燥湿，泻肝胆火。用于湿热黄疸，阴肿阴痒，带下，湿疹瘙痒，肝火目赤，耳鸣耳聋。

软枝黄蝉 *Allemanda cathartica* L.

科名：夹竹桃科　　**别名：**黄莺

识别要点　藤状灌木。叶3～4片轮生，倒卵状披针形，先端渐尖。花腋生，聚伞花序，花冠钟状，裂片卵圆形，金黄色，冠筒细长，喉部橙褐色。

药用部位　茎、叶、根　　**药材名**　软枝黄蝉

功能主治　泻下导滞。用于便秘。

糖胶树 *Alstonia scholaris* (Linn.) R. Br.

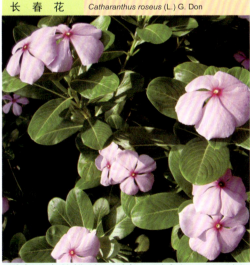

科名：夹竹桃科　　**别名**：灯台树、面条树

识别要点　乔木。有白色乳汁。叶3～8枚轮生，革质，倒披针形。聚伞花序顶生，蓇葖果2枚细长如豆角，下垂。

药用部位　叶　　**药材名**　象皮木

功能主治　清热解毒，祛痰止咳。用于感冒发热，肺热咳喘。有毒。

链珠藤 *Alyxiasinensis* Champ. ex Benth.

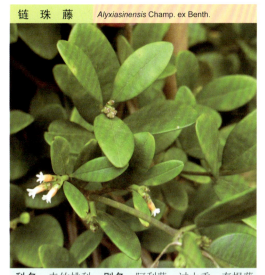

科名：夹竹桃科　　**别名**：阿利藤、过山香、春根藤

识别要点　藤状灌木。具乳汁，除花梗、苞片及萼片外，其余无毛。叶革质。聚伞花序腋生或近顶生，花冠内面无毛，近花冠喉部紧缩，喉部无鳞片。

药用部位　全株　　**药材名**　瓜子藤

功能主治　祛风活血，通经活络。用于风湿性关节炎，腰痛，跌打损伤，闭经。

长春花 *Catharanthus roseus* (L.) G. Don

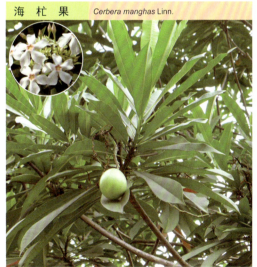

科名：夹竹桃科　　**别名**：雁来红、日日新

识别要点　亚灌木。叶对生，椭圆形。聚伞花序腋生或顶生，花多种颜色，花冠高脚碟状。蓇葖果双生。

药用部位　全株　　**药材名**　长春花

功能主治　镇静安神，凉血降压，抗癌。用于高血压病，水火烫伤，恶性淋巴瘤，绒毛膜上皮癌，单核细胞性白血病。

海杜果 *Cerbera manghas* Linn.

科名：夹竹桃科　　**别名**：黄金茄、牛心荔

识别要点　乔木。全株具丰富乳汁。叶厚纸质，倒披针形，有边脉。花冠圆筒形，白色；雄蕊着生在花冠筒喉部。核果卵形。

药用部位　乳汁　　**药材名**　海杜果

功能主治　催吐、泻下。要慎用。全株有毒，果实剧毒！

酸叶胶藤　　*Ecdysanthera rosea* Hook. et Arn.

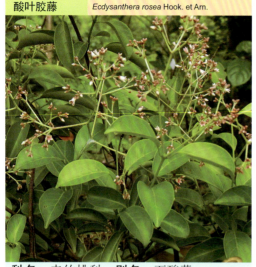

科名：夹竹桃科　　**别名：**石酸藤

识别要点　高攀木质大藤本。具乳汁，茎皮深褐色，无明显皮孔，枝条上部淡绿色，下部灰褐色。叶纸质。聚伞花序圆锥状，顶生。

药用部位　全株　　**药材名**　酸叶胶藤

功能主治　利尿消肿，止痛。用于咽喉肿痛，慢性肾炎，肠炎，风湿骨痛，跌打瘀肿。

单瓣狗牙花　　*Ervatamia divaricata* (L.) Burk.

科名：夹竹桃科　　**别名：**白狗牙、豆腐花

识别要点　灌木。小枝有皮孔。叶坚纸质，侧脉每边9～12条。聚伞花序腋生，通常双生；花冠白色，蓇葖果。

药用部位　根、叶　　**药材名**　狗牙花

功能主治　清热降压，解毒消肿。用于高血压，咽喉肿痛。

狗牙花　　*Ervatamia divaricata* (L.) Burk. cv. Gouyahua

科名：夹竹桃科　　**别名：**白狗芽、狮子花

识别要点　灌木。叶坚纸质，椭圆形或椭圆状长圆形。聚伞花序腋生，通常双生，花冠白色。蓇葖果叉开或外弯；种子3～6，长圆形。

药用部位　根或叶　　**药材名**　狗牙花

功能主治　清热解毒，散瘀消肿。用于疔病，脓肿，无名肿毒。

山　橙　　*Melodinus suaveolens* Champ.

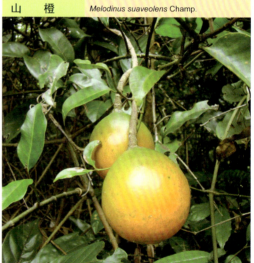

科名：夹竹桃科　　**别名：**屈头鸡、马骝藤

识别要点　攀援木质藤本。具乳汁。叶近革质，椭圆形或卵圆形。聚伞花序顶生和腋生，花白色，雄蕊着生在花冠筒中部。浆果球形。种子多数。

药用部位　果实　　**药材名**　山橙

功能主治　行气止痛，消积化痰。用于消化不良，小儿疳积，疝气痛。

夹竹桃 *Nerium indicum* Mill.

科名：夹竹桃科　**别名**：水甘草、九节肿

识别要点　灌木。叶轮生，下枝为对生。聚伞花序顶生，花芳香，花萼5深裂，红色，花冠粉红色。蓇葖果2，离生，长圆形。种子长圆形。

药用部位　叶或树皮　　**药材名**　夹竹桃

功能主治　强心利尿，祛痰定喘，镇痛，祛瘀。用于心脏病，心力衰竭，喘息咳嗽。

红鸡蛋花 *Plumeria rubra* L.

科名：夹竹桃科　**别名**：大季花

识别要点　小乔木。茎带肉质，具丰富乳汁。叶厚纸质，倒披针形，有边脉。聚伞花序顶生，花冠深红色，蓇葖果双生。

药用部位　花、树皮　　**药材名**　鸡蛋花

功能主治　清热解毒，润肺，止咳定喘。用于痈疮，咳喘。

鸡蛋花 *Plumeria rubra* L. cv. Acutifolia

科名：夹竹桃科　**别名**：蛋黄花、擂锤花

识别要点　落叶小乔木。具乳汁。叶厚纸质，长圆状倒披针形或长椭圆形。聚伞花序顶生，花冠外面白色，花冠内面黄色。蓇葖果双生。

药用部位　花　　**药材名**　鸡蛋花

功能主治　清热，利湿，解暑。用于感冒发热，肺热咳嗽，湿热黄疸，尿路结石，预防中暑。

萝芙木 *Rauvolfia verticillata* (Lour.) Baill.

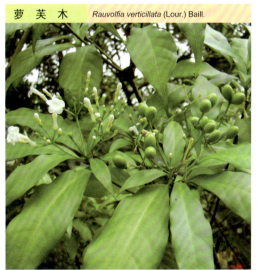

科名：夹竹桃科　**别名**：萝芙藤、鸡眼子

识别要点　灌木。叶膜质，干时淡绿色，3～4叶轮生。伞形聚伞花序生于上部小枝的腋间，花白色，花萼5裂，裂片三角形。核果卵圆形。种子具皱纹。

药用部位　根　　**药材名**　萝芙木

功能主治　镇静降压，活血止痛，清热解毒。用于高血压病，头痛，眩晕。

催吐萝芙木 *Rauvolfia vomitoria* Afzel. ex Spreng.

科名：夹竹桃科　**别名**：萝芙木

识别要点　灌木。叶膜质或薄纸质，叶轮生，广卵形或卵状椭圆形。聚伞花序顶生，花淡红色，花冠高脚碟状，冠筒喉部膨大，内面被短柔毛。核果离生，圆球形。

药用部位　根、茎、叶　**药材名**　催吐萝芙木

功能主治　清热解毒，清肝火，理气止痛，杀虫止痒。用于外感风热，温病初起。

羊　角　拗 *Strophanthus divaricatus* (Lour.) Hook. et Arn.

科名：夹竹桃科　**别名**：羊角藕、山羊角

识别要点　灌木。叶薄纸质，椭圆状长圆形或椭圆形。聚伞花序顶生。蓇葖果广叉开，木质，椭圆状长圆形，外果皮具纵条纹，种子纺锤形，扁平，种毛具光泽。

药用部位　根、茎、叶　**药材名**　羊角拗

功能主治　祛风湿，通经络，解疮毒，杀虫。用于风湿肿痛，小儿麻痹后遗症，跌打损伤，痈疮。

黄花夹竹桃 *Thevetia peruviana* (Pers.) K. Schum.

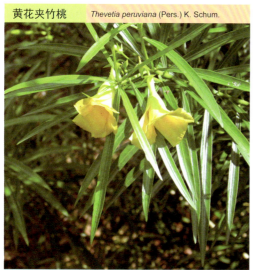

科名：夹竹桃科　**别名**：黄花状元竹、酒杯花

识别要点　小乔木。全株具乳汁。叶互生，革质。顶生聚伞花序，花大，黄色，具香味，花萼绿色，5裂，花冠漏斗状。核果扁三角状球形，干时黑色。

药用部位　种仁　**药材名**　黄花夹竹桃

功能主治　解毒消肿，强心，利尿。用于心脏病引起的心力衰竭。

络　石 *Trachelospermum jasminoides* (Lindl.) Lem.

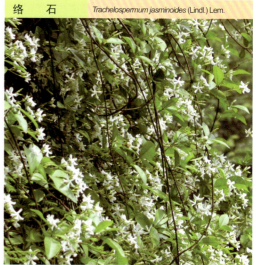

科名：夹竹桃科　**别名**：骑墙虎、石邦藤

识别要点　常绿攀援木质藤本。具乳汁。叶对生，革质。二歧聚伞花序腋生或顶生，花多朵组成圆锥状，花白色，芳香，花萼5深裂。蓇葖果双生，叉开，无毛。

药用部位　茎、叶　**药材名**　络石藤

功能主治　祛风，通络，止血，消瘀。用于风湿肿痛，筋脉拘挛，跌打损伤。

蔓长春花　*Vinca major* Linn.

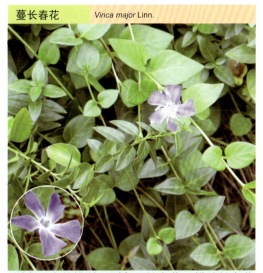

科名：夹竹桃科　**别名**：长春蔓、攀缠长春花

识别要点　蔓性半灌木。叶对生，全缘，椭圆形，先端急尖。花腋生，蓝色，花冠漏斗状，雄蕊生于花冠管中部以下。蓇葖果长约5cm。

药用部位　叶　**药材名**　蔓长春花

功能主治　止血。用于子宫出血，咯血。

盆架树　*Winchia calophylla* A. DC.

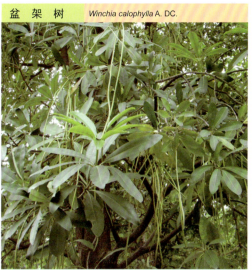

科名：夹竹桃科　**别名**：盆架子、黑板树

识别要点　乔木。枝轮生，树皮具乳汁，有腥甜味。叶3～4枚轮生，椭圆形。花白色，花冠高脚碟状，蓇葖果2个合生。

药用部位　叶、树皮、乳汁　**药材名**　盆架树

功能主治　止咳平喘。用于急慢性气管炎；乳汁外用止血。

倒吊笔　*Wrightia pubescens* R. Br.

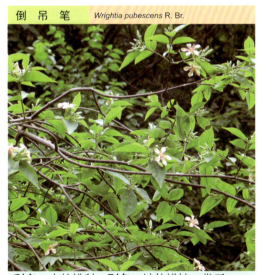

科名：夹竹桃科　**别名**：神仙蜡烛、常子

识别要点　乔木。具乳汁。叶对生，坚纸质，卵状矩圆形。聚伞花序顶生，花萼5裂。蓇葖果2个连生，条状披针形，种子条状纺锤形，顶端具种毛。

药用部位　根、叶　**药材名**　倒吊笔

功能主治　祛风利湿，化痰散结。用于颈淋巴结结核，风湿性关节炎，腰腿痛，慢性支气管炎。

马利筋　*Asclepias curassavica* L.

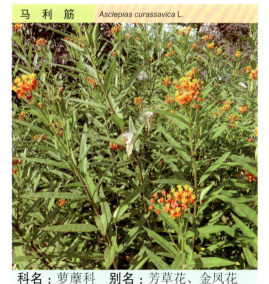

科名：萝藦科　**别名**：芳草花、金凤花

识别要点　多年生草本。有乳汁，节明显，幼枝被白色柔毛。叶对生，披针形。伞形花序，苞片细小，线形，萼5深裂，花冠5深裂，副花冠5枚。蓇葖果。

药用部位　全草　**药材名**　马利筋

功能主治　清热解毒，活血止血。用于扁桃体炎，肺炎，支气管炎，创伤出血。

白叶藤 *Cryptolepis sinensis* (Lour.) Merr.

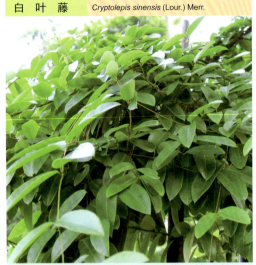

科名：萝藦科　别名：蜈蚣草、篱尾蛇

识别要点　木质藤本。具乳汁。叶长圆形，叶面深绿色，叶背苍白色，聚伞花序顶生或腋生，花蕾长圆形，花冠淡黄色，花冠筒圆筒状。蓇葖果。种子具种毛。

药用部位　全株　**药材名**　白叶藤

功能主治　清热止血，散瘀止痛，解毒消肿。用于肺结核咯血，肺热咯血，胃出血。

徐长卿 *Cynanchum paniculatum* (Bunge) Kita gawa

科名：萝藦科　别名：寮刁竹、对节莲

识别要点　多年生草本。根状茎短小，密生棕色长细根。叶对生，叶片线状披针形，复聚伞花序腋生，花黄绿色。蓇葖果长角状。种子顶端有一簇白色长毛。

药用部位　全草及根　**药材名**　徐长卿

功能主治　祛风化湿，止痛止痒。用于风湿痹痛，胃痛胀满，荨麻疹，湿疹，牙痛，腰痛。

柳叶白前 *Cynanchum stauntonii* Schltr. ex Levl.

科名：萝藦科　别名：江杨柳、水豆粘

识别要点　亚灌木。叶对生，纸质，狭披针形，伞形聚伞花序腋生，花冠紫红色，幅状。蓇葖果单生。

药用部位　根茎及根　**药材名**　白前

功能主治　降气，消痰，止咳。用于肺气壅实，痰多而咳嗽不爽，气逆喘促。

瓜子金 *Dischidia chinensis* Champ. ex Benth.

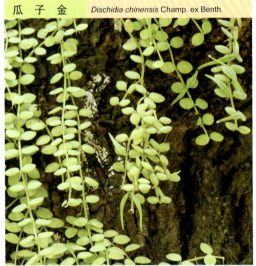

科名：萝藦科　别名：眼树莲

识别要点　藤本。常攀附树上或石上，有乳汁。茎肉质，节上生根，无毛。叶对生，肉质，卵状椭圆形。蓇葖果披针状圆柱形，种子顶端具白绢质种毛。

药用部位　全草　**药材名**　瓜子金

功能主治　清肺化痰，凉血解毒。用于肺结核，支气管炎，百日咳；外治跌打肿痛。

气球花 *Gomphocarpus fruticosus* (L.) R. Br.

科名： 萝藦科　**别名：** 钉头果

识别要点　灌木。具乳汁。叶对生或轮生，条形。聚伞花序生枝顶端叶腋，花3～7朵，蓇葖果肿胀，圆形或卵圆形。

药用部位　全草　**药材名**　钉头果

功能主治　全株浸膏用于小儿肠胃病，茎片用于喘促，叶用于肺痨。

匙羹藤 *Gymnema sylvestre* (Retz.) Schult.

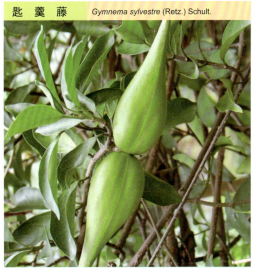

科名： 萝藦科　**别名：** 蛇天角、饭杓藤

识别要点　藤本。枝和花序被柔毛。叶对生，卵形，伞形聚伞花序腋生，花冠钟状，黄色，蓇葖果坚硬，长约5cm，基部宽。种子卵圆形，有丝质的毛。

药用部位　根、茎、叶　**药材名**　匙羹藤

功能主治　清热解毒，祛风止痛。用于风湿关节痛，痈疖肿毒，毒蛇咬伤。

球兰 *Hoya carnosa* (L.f.) R. Br.

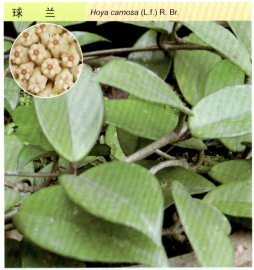

科名： 萝藦科　**别名：** 玉蝶梅、爬岩板

识别要点　攀援藤本。附生于树上或石上，茎节上生气根。叶对生，肉质，卵圆形。聚伞花序伞形，腋生，着花约30朵，花白色。蓇葖果线形，光滑，顶端具种毛。

药用部位　全株　**药材名**　球兰

功能主治　清热解毒，消肿止痛，祛风利湿。用于肺热咳嗽、痈肿、关节疼痛等。

通光散 *Marsdenia tenacissima* (Roxb.) Wight et Arn.

科名： 萝藦科　**别名：** 大苦藤、地甘草

识别要点　藤本。叶宽卵形。复聚伞花序；花萼内有腺体；花冠黄紫色，副花冠裂片短于花药，基部有距。蓇葖果。

药用部位　茎、根、叶　**药材名**　通光散

功能主治　消炎，止咳，平喘，抗癌。用于支气管炎，癌症，风湿。

夜来香　*Telosma cordata* (Burm. f.) Merr.

科名： 萝藦科　**别名：** 夜香花、夜兰香

识别要点　藤本。叶膜质，宽卵形，基部心形。聚伞花序腋生，花芳香，夜间更盛，花冠黄绿色，花冠筒圆筒形。

药用部位　叶、花、果　**药材名**　夜来香

功能主治　清肝，明目，祛翳。用于目赤肿痛，角膜炎，角膜翳，结膜炎。

卵叶娃儿藤　*Tylophora ovata*（Lindl.）Hook ex Steud.

科名： 萝藦科　**别名：** 三十六根、老虎须

识别要点　攀援半灌木。茎柔细，嫩枝被微毛，老枝无毛。叶薄纸质，两面无毛；侧脉两面扁平，不明显。聚伞花序伞形状，腋生。

药用部位　根或全草　**药材名**　卵叶娃儿藤

功能主治　祛风除湿，散瘀止痛，止咳定喘，解蛇毒。用于风湿筋骨痛，跌打肿痛，咳嗽，哮喘，毒蛇咬伤。

水杨梅　*Adina rubella* Hance

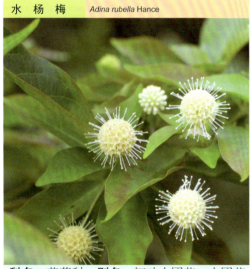

科名： 茜草科　**别名：** 细叶水团花、水团花

识别要点　落叶乔木。叶对生，卵状披针形。头状花序单生于叶腋或顶生，萼管短，萼裂片5，匙形。蒴果长卵状楔形。

药用部位　种子、茎、叶　**药材名**　水杨梅

功能主治　清热利湿。用于高热泻痢，牙痛，湿疹，外伤出血。

猪肚木　*Canthium horridum* Blume

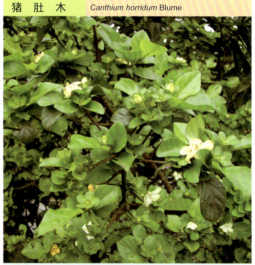

科名： 茜草科　**别名：** 山石榴、猪肚勒

识别要点　灌木。具刺，小枝纤细，被紧贴土黄色柔毛；刺对生，劲直，锐尖。叶纸质，卵形。花腋生，核果卵形。

药用部位　树皮、叶　**药材名**　猪肚木

功能主治　清热解毒，淡渗利尿。用于疮毒，小便不利。

山石榴　*Catunaregam spinosa* (Thunb.) Tirveng.

科名：茜草科　**别名：**牛头簕、刺榴

识别要点　有刺灌木或小乔木。多分枝，枝粗壮，嫩枝有时有疏毛。刺腋生，对生，粗壮。叶纸质或近革质，花单生或2～3朵簇生。

药用部位　根、叶、果　**药材名**　山石榴

功能主治　祛瘀消肿，解毒，止血。用于跌打瘀肿，外伤出血，皮肤疥疮，肿毒。

咖　啡　*Coffea arabica* L.

科名：茜草科　**别名：**小颗咖啡

识别要点　小乔木或大灌木。叶薄革质，卵状披针形。聚伞花序腋生，花白色，椭圆形浆果，成熟时呈红色，紫红色。

药用部位　种子　**药材名**　咖啡

功能主治　醒神，利尿，健胃。用于精神倦怠，食欲减退。

虎　刺　*Damnacanthus indicus* Gaertn.

科名：茜草科　**别名：**伏牛花、黄脚鸡

识别要点　具刺灌木。茎下部少分枝，上部密集多回二叉分枝，幼嫩枝密被短粗毛，节上托叶腋常生1针状刺。花两性，核果红色，近球形。

药用部位　根或全株　**药材名**　虎刺

功能主治　祛风利湿，活血止痛。用于肝炎，风湿筋骨痛，跌打损伤，龋齿痛。

狗骨柴　*Diplospora dubia* (Lindl.) Masam.

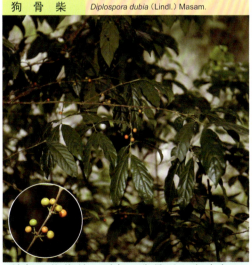

科名：茜草科　**别名：**狗骨子、白鸡金

识别要点　灌木或小乔木。除花萼及托叶被微柔毛外，全部无毛。叶对生。聚伞花序呈伞房状，腋生，稠密多花；花黄绿色。

药用部位　根　**药材名**　狗骨柴

功能主治　清热解毒，消肿散结。主瘰疬，背痛，头疖，跌打肿痛。

猪殃殃 *Galium spurium* L.

科名：茜草科　　**别名**：拉拉藤、细叶茜草

识别要点　草本。茎具4棱，棱上有倒刺。叶4～8片轮生，叶片长圆形，具针状尖头，全缘，膜质。聚伞花序腋生。

药用部位　全草　　**药材名**　猪殃殃

功能主治　清热解毒，活血通络。用于淋证，尿血，阑尾炎。

栀子 *Gardenia jasminoides* Ellis

科名：茜草科　　**别名**：木丹、水栀子

识别要点　灌木。叶革质，鞘状膜质托叶。花白色，单生，萼管倒圆锥形，花冠高脚碟状，冠管狭圆柱形。果橙黄色。

药用部位　果实　　**药材名**　栀子

功能主治　清热利尿，凉血解毒。用于热病心烦，黄疸，尿赤，血淋涩痛。

耳草 *Hedyotis auricularia* L.

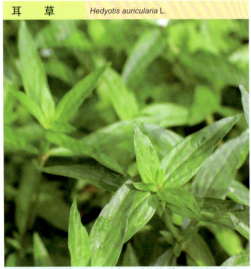

科名：茜草科　　**别名**：较剪草、蜈蚣草

识别要点　多年生草本。叶对生，下面被柔毛，托叶膜质，短鞘状。花白色，萼4裂，具毛。蒴果球形，被粗毛。

药用部位　全草　　**药材名**　耳草

功能主治　清热解毒。用于蛇虫咬伤，喉痛，便血，牙疳。

伞房花耳草 *Hedyotis corymbosa* L.

科名：茜草科　　**别名**：水线草、水胡椒

识别要点　一年生草本。叶对生，托叶成鞘。花2～5朵组成伞房花序腋生，花梗呈毛发状，萼管球状，花冠漏斗形，无毛。

药用部位　全草　　**药材名**　水线草

功能主治　清热解毒，利湿，散瘀，抗癌。用于咽喉肿痛，肠痈，黄疸，癌肿。

白花蛇舌草	*Hedyotis diffusa* Willd.

科名：茜草科　**别名：**二叶律、龙舌草

识别要点　一年生草本。叶对生，托叶成鞘状。花白色，单生或2朵生于叶腋，萼管球状，萼裂片4，花冠漏斗形，无毛。

药用部位　全草　　**药材名**　白花蛇舌草

功能主治　清热解毒，利湿，散瘀，抗癌。用于咽喉肿痛，肠痈，癌肿。

牛白藤	*Hedyotis hedyotidea* DC.

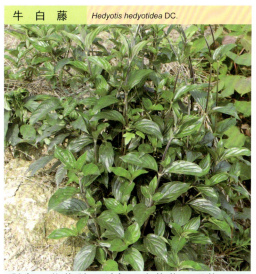

科名：茜草科　**别名：**凉茶藤、甜茶

识别要点　缠绕藤本。叶对生，卵形。球状复伞形花序，花白色，萼管陀螺状，萼裂片4，花冠管短。蒴果近球形。

药用部位　茎叶　　**药材名**　牛白藤

功能主治　清热解暑，祛风除湿。用于中暑，感冒咳嗽，胃肠炎，风湿性关节炎。

龙船花	*Ixora chinensis* Lam.

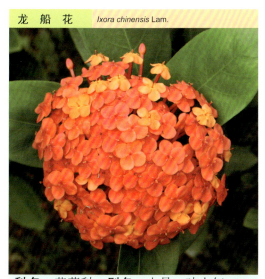

科名：茜草科　**别名：**山丹、映山红

识别要点　灌木。叶对生，主脉两面突出。聚伞花序顶生，萼宿存，4浅裂，花冠红色，裂片4，开放时，花冠管细长。

药用部位　花　　**药材名**　龙船花

功能主治　散瘀止血，调经，降压，清肝，活血，止痛。用于高血压，月经不调，筋骨折伤，疮疡。

海滨木巴戟	*Morinda citrifolia* Linn.

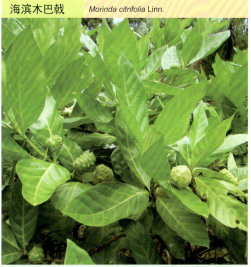

科名：茜草科　**别名：**海巴戟、诺丽果

识别要点　灌木。叶椭圆形。头状花序；花冠白色，漏斗形；聚花核果浆果状，卵形，熟时白色约如初生鸡蛋大。

药用部位　果、根　　**药材名**　橘叶巴戟

功能主治　清热解毒，止咳。用于痢疾，肺结核。

巴戟天 *Morinda officinalis How*

科名：茜草科　**别名**：鸡肠风、兔子肠

识别要点　缠绕藤本。根肉质，不定位肠状缢缩。叶对生，长椭圆形，托叶鞘状。头状花序，花冠白色，4深裂。浆果球形。

药用部位　根　　**药材名**　巴戟大

功能主治　补肾阴，强筋骨，祛风湿。用于阳痿，少腹冷痛，遗精，宫冷不孕，月经不调。

百眼藤 *Morinda parvifolia Benth.*

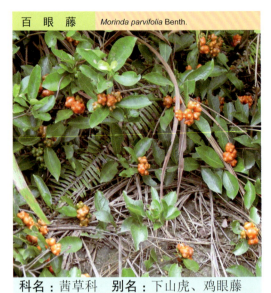

科名：茜草科　**别名**：下山虎、鸡眼藤

识别要点　缠绕藤本。叶对生，椭圆状矩圆形。头状花序合成伞形花序，花白色或绿白色，花萼合生。果球形，熟时红色。

药用部位　根、茎　　**药材名**　百眼藤

功能主治　清热解毒，散瘀止痛，和胃化湿。用于腹泻，感冒咳嗽，百日咳，消化不良，湿疹，腰肌劳损。

大叶白纸扇 *Mussaenda esquirolii Levl.*

科名：茜草科　**别名**：铁尺树、白纸扇

识别要点　灌木。叶对生，宽卵形。聚伞花序顶生，苞片叶状被毛，花黄色，5数，萼管陀螺状，花冠内面具黄色绒毛。

药用部位　枝、叶　　**药材名**　大叶白纸扇

功能主治　清热解毒，消肿排脓。用于脚底脓肿，无名肿痛，高热抽搐。

玉叶金花 *Mussaenda pubescens Ait. f.*

科名：茜草科　**别名**：野白纸扇、白蝴蝶

识别要点　缠绕藤本。叶对生。伞房花序，萼被毛，4片线形，1片扩大为卵形，白色，花冠黄色，漏斗状。浆果球形。

药用部位　茎叶　　**药材名**　玉叶金花

功能主治　解表清暑，利湿，活血。用于感冒，中暑，发热咳嗽，咽喉肿痛。

乌檀 *Nauclea officinalis* (Pierre ex Pitard) Merr. et Chun

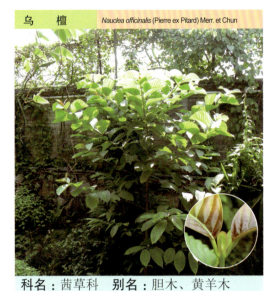

科名：茜草科　**别名**：胆木、黄羊木

识别要点　乔木。叶对生，纸质，椭圆形；托叶早落，倒卵形。头状花序顶生。小坚果合成一球状体，成熟时黄褐色。

药用部位　树皮　**药材名**　胆木

功能主治　清热解毒，消肿止痛。用于咽喉炎，乳腺炎，肠炎。

鸡屎藤 *Paederia scandens* (Lour.) Merr.

科名：茜草科　**别名**：主屎藤、臭藤根

识别要点　革质藤本。叶对生，托叶三角形。圆锥花序扩展为聚伞花序，花冠钟状，花筒内面红紫色。浆果球形。

药用部位　全草及根　**药材名**　鸡屎藤

功能主治　祛风除湿，消食化积，解毒消肿，活血止痛。用于风湿痹痛，腹泻，食积腹胀，肠痈，跌打损伤。

大沙叶 *Pavetta arenosa* Lour.

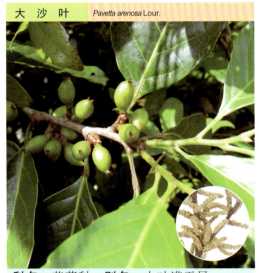

科名：茜草科　**别名**：大叶满天星

识别要点　灌木。小枝无毛，叶对生，膜质，长圆形至倒卵状长圆形。花序顶生，浆果球形。

药用部位　全株、根、叶　**药材名**　大沙叶

功能主治　清热解毒，活血祛瘀。用于暑热痧胀，跌打损伤，风毒疥疮。

香港大沙叶 *Pavetta hongkongensis* Brem.

科名：茜草科　**别名**：大叶满天星

识别要点　灌木。小枝具节。叶对生，叶面具"痣"点。花白色，伞房花序，萼钟状，花冠高脚碟状，裂片4。核果球形。

药用部位　茎叶　**药材名**　大沙叶

功能主治　清热解毒，活血祛瘀。用于暑热痧胀，跌打损伤，风毒疥疮。

九 节	*Psychotria rubra* (Lour.) Poir.

科名：茜草科　　**别名**：山大颜、九节木

识别要点　灌木。枝近四方形。叶对生，背脉腋内有簇。圆锥花序，花浅绿色或白色，萼裂片短三角形，核果近球形。

药用部位　嫩枝及叶　　**药材名**　山大颜

功能主治　清热解毒，祛风祛湿。用于扁桃体炎，白喉，疮疡肿毒，风湿疼痛。

蔓 九 节	*Psychotria serpens* L.

科名：茜草科　　**别名**：春根藤、匍匐九节

识别要点　攀援藤本。茎具不定根。叶对生，托叶短鞘状。圆锥花序顶生，萼管倒圆锥状，裂片5，花冠白色，5裂。核果。

药用部位　枝、叶或全株　　**药材名**　蔓九节

功能主治　祛风湿，壮骨，止痛消肿。用于风湿关节痛、咽喉肿痛、痈肿、疖疮等。

茜 草	*Rubia cordifolia* L.

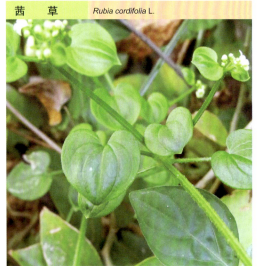

科名：茜草科　　**别名**：茹慈、茅蒐

识别要点　多年生攀援草本。茎4棱形，具倒生刺。叶4片轮生，聚伞花序圆锥状，淡黄色。浆果小球形，肉质。

药用部位　根及根茎　　**药材名**　茜草

功能主治　凉血，祛瘀，止血，通经。用于吐血，衄血，崩漏，瘀阻经闭，关节痹痛，跌扑肿痛。

白 马 骨	*Serissa serissoides* (DC.) Druce

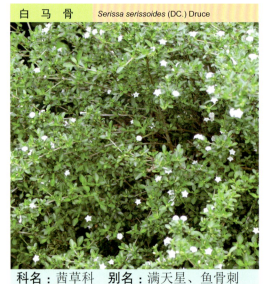

科名：茜草科　　**别名**：满天星、鱼骨刺

识别要点　灌木。托叶对生，顶具裂片数枚。花萼5裂，裂片三角状，花冠管状，白色，5裂，裂片矩圆状披针形。

药用部位　全草　　**药材名**　白马骨

功能主治　祛风，利湿，清热，解毒。用于风湿腰腿痛，痢疾，水肿。

毛钩藤　*Uncaria hirsuta* Havil

科名：茜草科　别名：倒吊风藤、台湾风藤

识别要点　木质藤本。叶对生，革质，托叶2裂。头状花序球形，总花梗被毛，花5数，淡黄或淡红色。蒴果纺锤形。

药用部位　带钩茎、枝　**药材名**　钩藤

功能主治　清热平肝，息风定惊。用于肝风内动，惊痫抽搐，高热惊厥，感冒夹惊，小儿惊啼。

钩藤　*Uncaria rhynchophylla* (Miq.) Jacks.

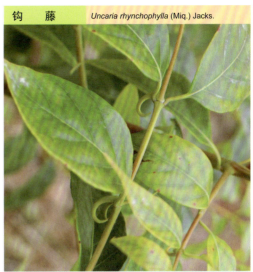

科名：茜草科　别名：老鹰爪、倒挂金钩

识别要点　木质藤本。小枝方形，具钩状变态枝。叶对生，叶下面略带粉白色。头状花序，花冠黄色，管状。果球形。

药用部位　带钩茎枝　**药材名**　钩藤

功能主治　清热平肝，息风定惊。用于肝风内动，惊痫抽搐，高热惊厥，感冒夹惊，小儿惊啼。

水锦树　*Wendlandia uvariifolia* Hance

科名：茜草科　别名：黄茅、饭汤木

识别要点　灌木或小乔木。叶对生，托叶圆形，具短柄。圆锥花序，白色，萼钟状，花冠高脚碟状，5裂。蒴果球形。

药用部位　叶及根　**药材名**　水锦树

功能主治　祛风除湿，散瘀消肿，止血生肌。用于跌打损伤，风湿骨痛，外伤出血，疮疡溃烂久不收口。

心萼薯　*Aniseia biflora* (L.) Choisy

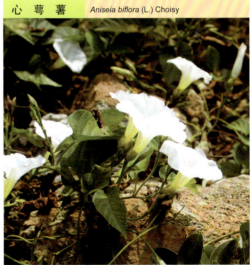

科名：旋花科　别名：毛牵牛、白花牵牛

识别要点　藤本。叶心状三角形，顶端渐尖，基部心形，全缘，两面被长硬毛。花序腋生，花冠白色，蒴果近球形。

药用部位　茎叶、种子　**药材名**　白花牵牛

功能主治　消食化积，解毒散瘀。茎、叶用于小儿疳积，种子用治跌打，蛇伤。

白鹤藤 *Argyreia acuta* Lour.

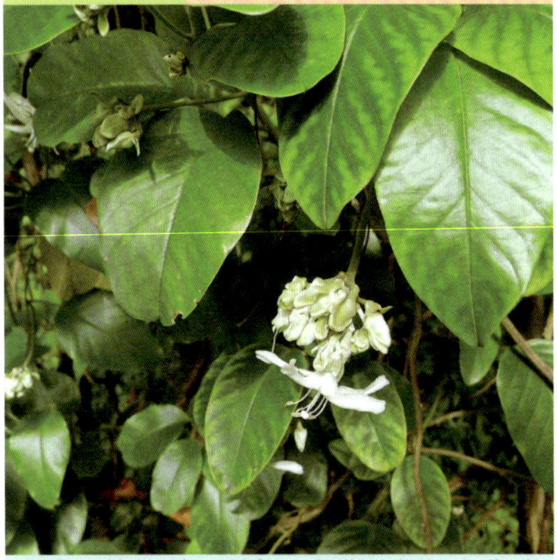

科名：旋花科　**别名：**白背丝绸、白背叶

识别要点　缠绕藤本。被银白色绢毛。叶片椭圆形或卵形。聚伞花序腋生或顶生，花冠漏斗状，白色，外面被银色绢毛。

药用部位　茎、叶　　**药材名**　白鹤藤

功能主治　化痰止咳，祛风除湿，解毒消痈，止血。用于痰喘痰多，风湿痹痛，崩漏，跌打积瘀。

菟丝子 *Cuscuta chinensis* Lam.

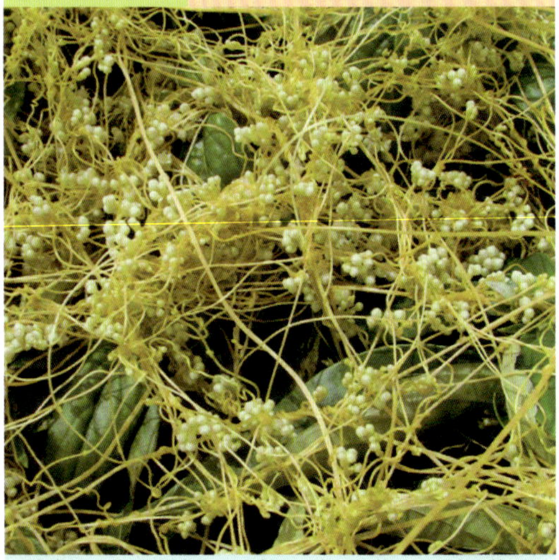

科名：旋花科　**别名：**金丝藤、无根草

识别要点　寄生草本。茎缠绕，黄色，纤细，直径约1毫米，无叶。花序侧生；花冠白色，向外反折，宿存；蒴果。

药用部位　种子　　**药材名**　菟丝子

功能主治　补肝肾，安胎。用于阳痿遗精，腰膝酸软，胎动不安。

金灯藤 *Cuscuta japonica* Choisy

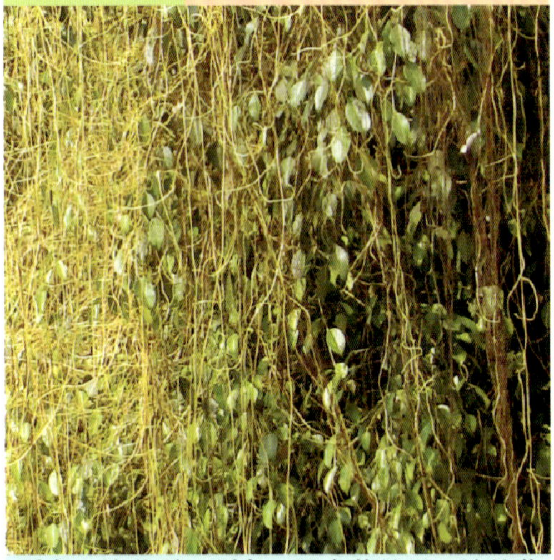

科名：旋花科　**别名：**日本菟丝子、缠丝蔓

识别要点　寄生草本。茎较粗壮，黄色，常带紫红色瘤状斑点，无叶。花序穗状；花冠钟状，绿白色；蒴果卵圆形。

药用部位　种子　　**药材名**　菟丝子

功能主治　补肝肾，安胎。用于阳痿遗精，腰膝酸软，胎动不安。

马蹄金 *Dichondra repens* Forst.

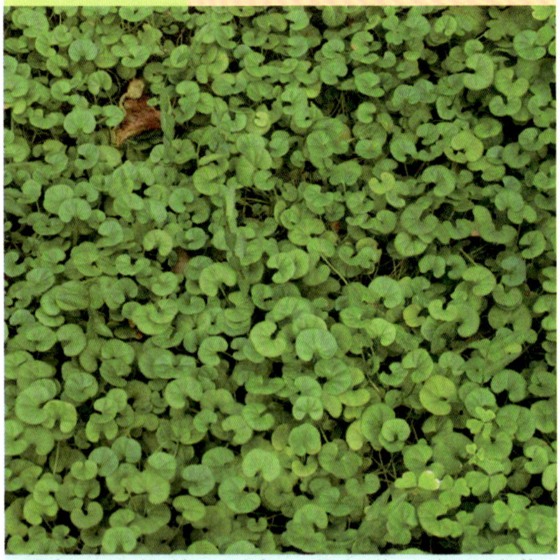

科名：旋花科　**别名：**荷包草、肉馄饨草

识别要点　多年生草本。纤细，被丁字毛。单叶互生，圆形至肾形，上面光滑，下面有疏柔毛。花小，单生叶腋，花萼5裂，花冠钟状，白色。蒴果近球形。

药用部位　全草　　**药材名**　马蹄金

功能主治　清热，解毒，利水，活血。用于黄疸，痢疾，砂石淋痛，白浊，水肿。

丁公藤　*Erycibe obtusifolia* Benth

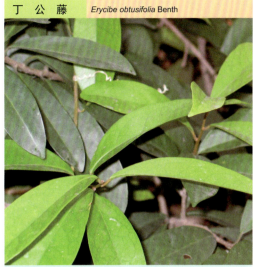

科名：旋花科　别名：麻辣子

识别要点　攀援藤本。幼枝被密柔毛。叶互生，革质。总状聚伞花序腋生或顶生，花小，萼片5，花冠浅钟状，5深裂。

药用部位　茎藤　　**药材名**　丁公藤

功能主治　祛风胜湿，舒筋活络，消肿止痛。用于风湿性关节炎，类风湿性关节炎，坐骨神经痛。

土丁桂　*Evolvulus alsinoides* (L.) L.

科名：旋花科　别名：白毛将、白头妹、过饥草

识别要点　多年生草本。茎平卧或上升，细长，具贴生的柔毛。叶长圆形、椭圆形或匙形。总花梗丝状，较叶短或长得多。蒴果球形。

药用部位　全草　　**药材名**　土丁桂

功能主治　止咳平喘，清热利湿，散淤止痛。用于支气管哮喘，咳嗽，黄疸，胃痛，消化不良，急性肠炎，跌打损伤，腰腿痛。

蕹菜　*Ipomoea aquatica* Forsk.

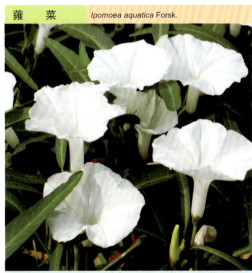

科名：旋花科　别名：空心菜、通菜

识别要点　草本。节间中空，无毛。叶片形状、大小有变化，卵形至披针形，全缘。花冠白色，漏斗状，蒴果卵球形。

药用部位　全草　　**药材名**　蕹菜

功能主治　清热解毒，利尿，止血。用于食物中毒，野菇中毒，小便不利，咯血，尿血。

五爪金龙　*Ipomoea cairica* (L.) Sweet

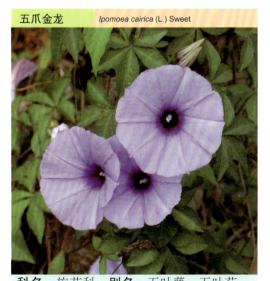

科名：旋花科　别名：五叶藤、五叶茹

识别要点　多年生缠绕藤本。茎灰绿色，叶互生，常指状5深裂，常有小瘤体。聚伞花序，花序柄短，花冠漏斗状，淡紫色。蒴果，种子4。

药用部位　根或茎叶　　**药材名**　五爪金龙

功能主治　清热，利水，解毒。用于肺热咳嗽，小便不利，淋病，尿血，痈疽肿毒。

厚　藤　*Ipomoea pes-caprae* (Linn.) Sweet

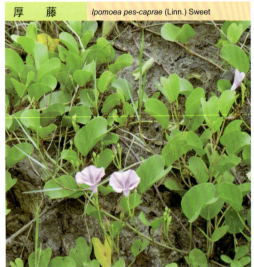

科名：旋花科　别名：二叶红薯、红花马鞍藤

识别要点　匍匐草本。有乳汁。叶互生，宽椭圆形，质厚，顶端凹陷，形似马鞍。花腋生，花冠漏斗状，紫红色，蒴果。

药用部位　全草　**药材名**　马鞍藤

功能主治　祛风除湿，拔毒消肿。用于腰肌劳损；外用治痔疮，肿毒。

篱栏网　*Merremia hederacea* (Burm. f.) Hall. F.

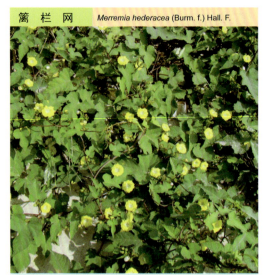

科名：旋花科　别名：鱼黄草、三裂叶鸡矢藤

识别要点　缠绕或匍匐草本。茎细长，有细棱。叶心状卵形。聚伞花序，有3～5朵花；花冠黄色，钟状，蒴果扁球形。

药用部位　全草　**药材名**　篱栏网

功能主治　清热解毒，利咽喉。用于感冒，扁桃体炎，咽喉炎。

裂叶牵牛　*Pharbitis nil* (L.) Choisy

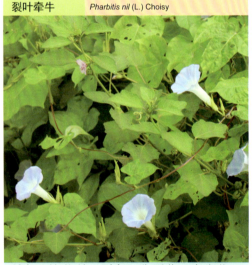

科名：旋花科　别名：狗耳草、牵牛花

识别要点　一年生缠绕草本。叶宽卵形或近圆形。花腋生，1～2朵着生于花序梗顶，花冠漏斗状，紫色。蒴果近球形，3瓣裂。种子卵状三棱形。

药用部位　种子　**药材名**　牵牛子

功能主治　泻水消肿，祛痰逐饮，杀虫攻积。用于水肿腹满，腹胀便秘，痰壅咳喘。

茑萝松　*Quamoclit pennata* (Desr.) Boj

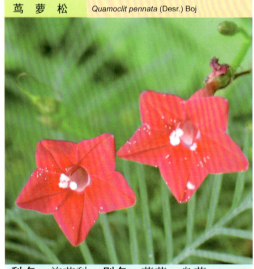

科名：旋花科　别名：茑萝、乌萝

识别要点　草本。茎柔弱缠绕，无毛。叶互生，羽状细裂。聚伞花序腋生，有花数朵，通常长于叶；花冠深红色。蒴果。

药用部位　全草　**药材名**　金凤毛

功能主治　清热解毒，消肿。用于感冒发热，疮痈肿毒。

基及树 *Carmona microphylla* (Lam.) G. Don

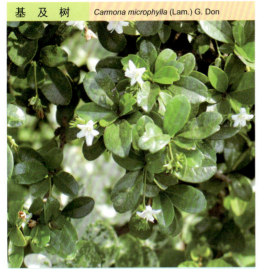

科名：紫草科　别名：福建茶

识别要点　灌木。叶互生，革质，倒卵形或匙形。聚伞花序腋生或生短枝上，花冠钟状，白色，裂片5，披针形。核果红色或黄色，先端有宿存的喙状花柱。

药用部位　叶　　**药材名**　基及树

功能主治　消肿，解毒敛疮。用于疔疮肿毒。

大尾摇 *Heliotropium indicum* Linn.

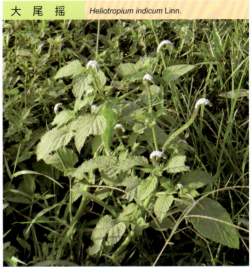

科名：紫草科　别名：象鼻草、金虫草

识别要点　草本。叶互生，卵形。镰状聚伞花序，不分枝；花无梗，密集，呈2列排列于花序轴的一侧；花冠浅蓝色。

药用部位　全草　　**药材名**　大尾摇

功能主治　清热解毒。用于肺炎，肺脓肿，腹泻，白喉。

短柄紫珠 *Callicarpa brevipes* (Benth.) Hance

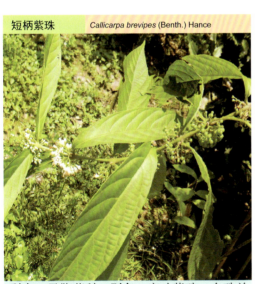

科名：马鞭草科　别名：窄叶紫珠、白珠兰

识别要点　灌木。嫩枝具黄褐色星状毛，略呈四棱形。叶片披针形，边缘中部以上疏生小齿。聚伞花序，花冠白色。

药用部位　根、叶　　**药材名**　短柄紫珠

功能主治　祛风除湿，化痰止咳。用于风湿痹证，寒痰咳喘。

白棠子树 *Callicarpa dichotoma* (Lour.) K.Koch

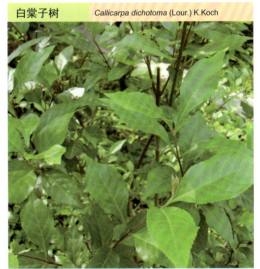

科名：马鞭草科　别名：火柴头、小泡树

识别要点　小灌木。小枝幼嫩部分有星状毛。叶长椭圆形，边缘上部具锯齿，密生细小黄色腺点。聚伞花序，花冠紫色。

药用部位　根、茎、叶　　**药材名**　紫珠

功能主治　止血，散瘀，消炎。用于胃出血，子宫出血，外伤肿痛，呼吸道感染。

杜 虹 花 *Callicarpa formosana* Rolfe

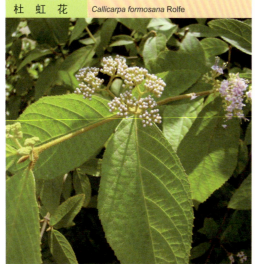

科名：马鞭草科　　**别名**：粗糠仔、紫珠草

识别要点　灌木。小枝密被灰黄色星状毛。叶片椭圆形，边缘有细锯齿，背面有细小黄色腺点。聚伞花序，花冠紫色。

药用部位　叶　　**药材名**　紫珠

功能主治　清热解毒，收敛止血。用于风湿，喉痛，牙龈出血，咯血，烧伤，毒蛇咬伤。

枇杷叶紫珠 *Callicarpa kochiana* Makino

科名：马鞭草科　　**别名**：野枇杷、山枇杷

识别要点　灌木。小枝、叶密生黄褐色茸毛。叶片长椭圆形，边缘有锯齿。聚伞花序，花冠淡红色，雄蕊伸出化冠管外。

药用部位　根、叶　　**药材名**　牛舌癀

功能主治　收敛止血。用于止刀伤出血。

广东紫珠 *Callicarpa kwangtungensis* Chun

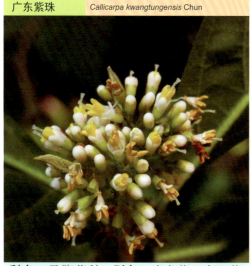

科名：马鞭草科　　**别名**：止血柴、金刀柴

识别要点　灌木。幼枝略被星状毛，老枝黄灰色，无毛。叶片狭椭圆状披针形、披针形或线状披针形。聚伞花序，具稀疏的星状毛。

药用部位　果实　　**药材名**　金刀菜

功能主治　止痛，止血。用于衄血，咯血，吐血，便血，崩漏，外伤出血，肺热咳嗽，咽喉肿痛，热毒疮疡，水火烫伤。

尖 尾 枫 *Callicarpa longissima* (Hemsl.) Merr.

科名：马鞭草科　　**别名**：起疯晒、赤药子

识别要点　灌木或小乔木。单叶对生，叶椭圆状披针形。聚伞花序，花冠管状，顶端4裂，淡紫色。果扁球形，有细小腺点。

药用部位　叶、茎　　**药材名**　尖尾风

功能主治　祛风散寒，活血解毒，散瘀止血。用于风湿骨痛，风寒咳嗽，无名肿毒。

大叶紫珠 *Callicarpa macrophylla* Vahl

科名：马鞭草科　　**别名**：大风叶、白骨风

识别要点　灌木或稀为小乔木。单叶对生，叶柄粗壮，密生灰白色茸毛，叶片长椭圆形。聚伞花序腋生，花冠紫色，顶端4裂，疏披星状毛。果球形。

药用部位　叶及根　　**药材名**　大叶紫珠

功能主治　散瘀止血，消肿止痛。用于吐血、咯血、衄血、便血、外伤出血。

裸花紫珠 *Callicarpa nudiflora* Hook. et Arn.

科名：马鞭草科　　**别名**：紫珠草、大叶斑鸠米

识别要点　灌木。老枝皮孔明显，小枝、花序密生灰褐色分枝茸毛。叶片卵状长椭圆形至披针形。聚伞花序，花冠紫色。

药用部位　叶　　**药材名**　赶风柴

功能主治　止血，祛瘀，止痛。用于肺咯血，跌打损伤，胃肠出血，风湿，肿痛。

红紫珠 *Callicarpa rubella* Lindl

科名：马鞭草科　　**别名**：对节树、红叶紫珠

识别要点　灌木。小枝、叶被黄褐色星状毛。叶边缘具细锯齿，有黄色腺点。聚伞花序，花冠紫红色，果紫红色。

药用部位　叶、根　　**药材名**　红紫珠

功能主治　活血止血，接骨疗伤。用于跌打损伤。

大青 *Clerodendrum cyrtophyllum* Turcz.

科名：马鞭草科　　**别名**：大青叶、路边青

识别要点　落叶灌木。叶对生，叶片近革质，椭圆形，两面散生白色短毛。夏季开白色管状花，外被短毛和腺点，先端5齿裂，雄蕊4。果实卵圆形，熟时紫红色。

药用部位　叶、根　　**药材名**　大青

功能主治　清热利湿，凉血解毒。用于流行性脑炎，腮腺炎，传染性肝炎。

鬼灯笼 *Clerodendrum fortunatum* L.

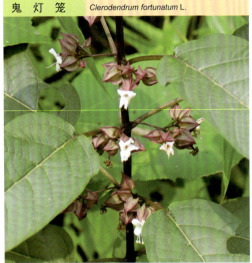

科名：马鞭草科　**别名**：灯笼草、红灯笼

识别要点　灌木。叶对生，叶片纸质，长椭圆形或倒卵状披针形。聚伞花序短于叶，腋生，花冠淡红色或白色而带紫色。核果近球形，熟时深蓝绿色。

药用部位　全株　**药材名**　鬼灯笼

功能主治　清热解毒。用于温热病，骨蒸劳热，咳嗽，小儿急惊风，跌打损伤。

苦郎树 *Clerodendrum inerme* (L.) Gaertn.

科名：马鞭草科　**别名**：许树、假茉莉

识别要点　直立灌木。枝被灰色柔毛。叶对生，全缘。花序腋生，苞片线形，萼截头形，结果时略扩大，花冠白色，裂片矩圆形。核果倒卵形，海绵质。

药用部位　嫩枝叶　**药材名**　水胡满

功能主治　祛瘀，消肿，除湿，杀虫。用于跌打瘀肿，皮肤湿疹，疮疥。

赪桐 *Clerodendrum japonicum* (Thunb.) Sweet

科名：马鞭草科　**别名**：朱桐、红池木

识别要点　灌木。叶对生，圆形，边缘有锯齿。疏松聚伞花序形成圆锥花序，顶生，苞片丝状，被短毛，花萼红色，5深裂，花冠鲜红色。

药用部位　花　**药材名**　赪桐

功能主治　祛风利湿，散瘀消肿。用于风湿骨痛，腰肌劳损，跌打损伤。

尖齿臭茉莉 *Clerodendrum lindleyi* Decne ex Planch.

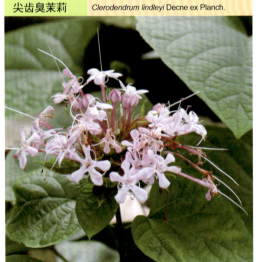

科名：马鞭草科　**别名**：臭屎茉莉、山茉莉

识别要点　落叶灌木。叶宽卵形，揉之有臭味。聚伞花序顶生，苞片披针形，花芳香，花萼紫红，花冠粉红。果近球形。

药用部位　根、叶　**药材名**　过墙风

功能主治　祛风利湿，活血消肿，杀虫止痒。用于痹证、痔疮、疥疮。

毛赪桐 *Clerodendrum petasites* (Lour.)

科名：马鞭草科　　**别名：**大叶花灯笼

识别要点　灌木。叶对生，圆形，边缘有锯齿。聚伞花序形成头状，顶生，花萼由绿变红，被毛，花冠白色，5深裂。

药用部位　根　　**药材名**　毛赪桐

功能主治　养阴清热，宣肺豁痰，凉血止血。用于肺结核咯血，感冒高热。

重瓣臭茉莉 *Clerodendrum philippinum* Schauer

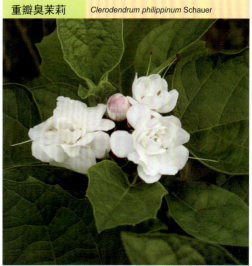

科名：马鞭草科　　**别名：**大髻婆、冬地梅

识别要点　灌木。叶对生，叶片宽卵形或近心形。伞房状聚伞花序顶生，苞片披针形，花萼钟状，花冠管短，裂片卵圆形，雄蕊常变成花瓣状而成重瓣花。

药用部位　根及叶　　**药材名**　臭茉莉

功能主治　祛风除湿，活血消肿。用于风湿骨痛，脚气水肿。

烟火树 *Clerodendrum quadriloculare* (Blanco) Merr.

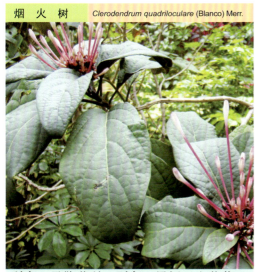

科名：马鞭草科　　**别名：**星烁、山茉莉

识别要点　灌木。幼枝方形，墨绿色。叶对生，长椭圆形，全缘，背紫红色。聚伞花序顶生，花筒紫红色，花瓣顶端白色。

药用部位　根　　**药材名**　山茉莉

功能主治　疏肝理气，养胃和中。用于肝气不舒，脘腹胀满。

龙吐珠 *Clerodendrum thomsonae* Balf.f.

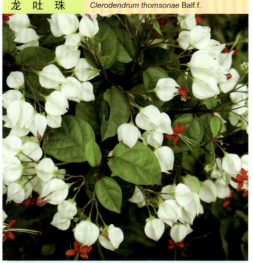

科名：马鞭草科　　**别名：**白萼、赫桐

识别要点　常绿藤本。单叶对生，叶片纸质。聚伞花序腋生或假顶生，二歧分枝，花冠深红色，外被细腺毛，裂片椭圆形。核果近球形。

药用部位　全株　　**药材名**　龙吐珠

功能主治　清热解毒，散瘀消肿。用于疔疮疖肿，跌打肿痛。

马缨丹　*Lantana camara* L.

科名：马鞭草科　**别名：**五色梅、臭草

识别要点　灌木。有强烈气味；茎被下弯钩刺。叶对生，边缘有钝齿，上面粗糙，下面被小刚毛。头状花序稠密，花冠筒细长，裂片4～5。核果球形。

药用部位　叶或带花叶的嫩枝

药材名　五色梅

功能主治　消肿解毒，祛风止痒。用于痈肿，湿毒，疥癣，毒疮。

豆腐柴　*Premna microphylla* Turcz.

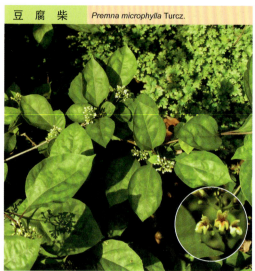

科名：马鞭草科　**别名：**臭黄荆、观音柴

识别要点　直立灌木。幼枝有柔毛，老枝变无毛。叶揉之有臭味，全缘至有不规则粗齿，无毛至有短柔毛。

药用部位　茎、叶　**药材名**　腐婢

功能主治　清热，消肿。用于疟疾，泻痢，痈，疔，肿毒，创伤出血。

玉龙鞭　*Stachytarpheta jamaicensis* (L.) Vahl

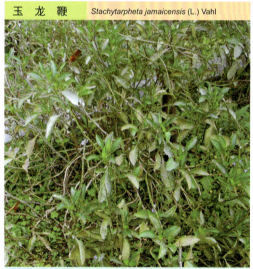

科名：马鞭草科　**别名：**假败酱、牛鞭草

识别要点　草本。单叶对生，叶片椭圆形至卵状椭圆形。穗状花序生枝顶，花单生于苞腋内，花冠蓝色或淡紫色。果实成熟后2瓣裂，每瓣具种子1枚。

药用部位　全草或根　**药材名**　玉龙鞭

功能主治　清热解毒，利水通淋。用于淋病，白浊，风湿痹痛，跌打瘀肿。

柚木　*Tectona grandis* Linn. F.

科名：马鞭草科　**别名：**埋沙、脂树

识别要点　乔木。枝条淡灰色，四方形。叶对生，宽卵形，上面粗糙，下面密生黄棕色毛。圆锥花序顶生，花冠白色。

药用部位　花、种子　**药材名**　紫柚木

功能主治　利尿通淋，宣肺止咳，清热利湿。用于水肿，热淋，咳嗽。

马鞭草　　*Verbena officinalis* L.

科名：马鞭草科　　**别名**：铁马鞭、土马鞭

识别要点　草本。茎四方形。叶对生，叶片卵圆形或长圆披针形。穗状花序顶生和腋生，花冠联合成管状，向上扩展成5裂片，裂片长圆形。果长圆形。

药用部位　全草　　**药材名**　马鞭草

功能主治　清热解毒，活血散瘀，利水消肿。用于外感发热，血瘀经闭，湿热黄疸。

黄荆　　*Vitex negundo* L.

科名：马鞭草科　　**别名**：埔姜、布荆子

识别要点　灌木或小乔木。枝、叶有香气。掌状复叶对生，小叶5。聚伞花序排成圆锥花序式，顶生，花冠外面有柔毛，顶端5裂，二唇形。核果近球形，有宿存萼。

药用部位　种子　　**药材名**　黄荆

功能主治　祛风除痰，止咳平喘，理气止痛。用于感冒，咳嗽，消化不良，胃痛。

牡荆　　*Vitex negundo* L. var. *cannabifolia*

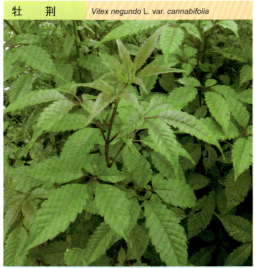

科名：马鞭草科　　**别名**：黄荆柴、五指柑

识别要点　小乔木。嫩枝四棱形，被粗毛。掌状复叶，对生，小叶5，中间1枚最大，叶边缘具粗锯齿。圆锥花序顶生。

药用部位　根、茎、叶及果　　**药材名**　牡荆

功能主治　解表化湿，祛痰平喘。用于伤风感冒，咳嗽哮喘，胃痛。

蔓荆　　*Vitex trifolia* L.

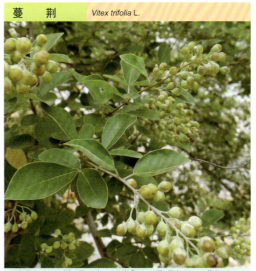

科名：马鞭草科　　**别名**：蔓荆子、荆子

识别要点　灌木。3出复叶对生，小叶片卵形或倒卵形，全缘。圆锥花序顶生，花萼钟形，顶端5浅裂，花冠管顶端5裂，二唇形。核果近球形，萼宿存，外被毛。

药用部位　果实　　**药材名**　蔓荆

功能主治　疏散风热，清利头目。用于风热感冒、头痛、齿痛、赤眼。

单叶蔓荆　*Vitex trifolia* L. var. *simplicifolia*

科名：马鞭草科　别名：蔓荆子、荆子

识别要点　蔓状灌木。单叶对生，叶片倒卵形至近圆形，全缘。圆锥花序顶生，花序梗被毛，花萼钟形，顶端5浅裂，花冠管顶端5裂，二唇形。核果近球形。

药用部位　果实　　**药材名**　蔓荆子

功能主治　疏散风热，清利头目。用于风热感冒，正、偏头痛，齿痛，赤眼。

藿　香　*Agastache rugosus* (Fisch. et Mey.) O. Ktze.

科名：唇形科　别名：土藿香、排香草

识别要点　多年生草本。有香气。茎方形，上部微被柔毛。叶对生，边缘有不整齐钝锯齿，下面有短柔毛和腺点。花萼筒状，花冠淡紫色或红色。小坚果。

药用部位　地上部分　　**药材名**　藿香

功能主治　芳香化浊，开胃止呕，发表解暑。用于寒湿闭暑，腹痛吐泻，鼻渊头痛。

筋 骨 草　*Ajuga decumbens* Thunb

科名：唇形科　别名：白毛夏枯草、金疮小草

识别要点　一或二年生草本。茎匍匐。基生叶较茎生叶长而大，叶卵状披针形，两面被糙伏毛。轮伞花序多花，排成顶生假穗状花序，苞片大。小坚果倒卵状三棱形。

药用部位　全草　　**药材名**　筋骨草

功能主治　清热解毒，凉血平肝。用于上呼吸道感染，扁桃体炎，咽喉炎，支气管炎，高血压；外用治跌打损伤。

香根异唇花　*Anisochilus carnosus* (L.) f. Benth. et Wall.

科名：唇形科　别名：排剪草、排香草

识别要点　多年生直立草本。叶对生，肉质，卵圆形至近圆形，两面密被白色绒毛和许多红色腺点。花冠紫色，排成顶生穗状花序。果序常微四棱。

药用部位　须根　　**药材名**　排香草

功能主治　祛风燥湿，利水消肿。用于风湿痹痛，水肿，脚气浮肿。

肾茶　*Clerodendranthus spicatus* (Thunb.) C. Y. Wu

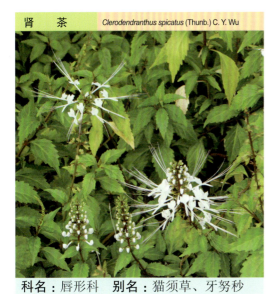

科名：唇形科　**别名**：猫须草、牙努秒

识别要点　多年生草本。茎四棱，被倒向短柔毛。叶卵形或菱状卵形。轮伞花序组成总状花序，花冠筒下部疏被毛，冠筒狭管状，冠檐2唇形。小坚果卵形。

药用部位　地上部分　**药材名**　肾茶

功能主治　清热除湿，排石利尿。用于急、慢性肾炎，膀胱炎，尿路结石。

风轮菜　*Clinopodium chinense* (Benth.) O. Ktze.

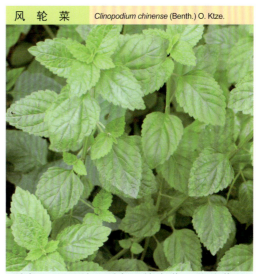

科名：唇形科　**别名**：蜂窝草、节节草

识别要点　多年生草本。茎四方，全体被毛。叶对生，卵形，边缘有锯齿。花密集成轮伞花序，花萼筒状，绿色，具5齿，分2唇。小坚果宽卵形。

药用部位　全草　**药材名**　风轮菜

功能主治　疏风清热，解毒消肿。用于感冒、中暑、肠炎、痢疾、疔疮肿毒。

细风轮菜　*Clinopodium gracile* (Benth.) Matsum

科名：唇形科　**别名**：野薄荷、剪刀草、塔花

识别要点　草本。叶卵形，边缘有锯齿。花轮排成总状花序，苞片狭披针形，被微柔毛，萼被微毛，裂片狭披针形。

药用部位　全草　**药材名**　剪刀草

功能主治　祛风散热，解毒消肿。用于乳痈，白喉。外敷治痈肿疮毒。

香青兰　*Dracocephalum moldavica* Linn.

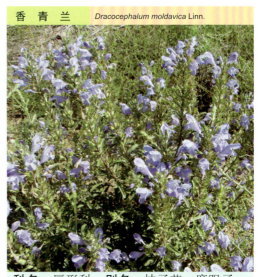

科名：唇形科　**别名**：枝子花、摩眼子

识别要点　草本。茎常带紫色。基生叶、下部叶具长柄，卵状三角形，基部心形，具疏圆齿；上部叶披针形。花淡蓝紫色。

药用部位　全草　**药材名**　香青兰

功能主治　清肺解表，凉肝止血。用于感冒，喉痛，黄疸，狂犬咬伤。

广防风 *Epimeredi indica* (L.) Rothm.

科名：唇形科　　**别名**：落马衣、蜜草

识别要点　草本。茎方柱形，密被柔毛。叶对生，阔卵形或卵形，花冠二唇形，顶生穗状花序。小坚果圆球形，黑色。

药用部位　地上部分　　**药材名**　广防风

功能主治　祛风散表，理气止痛。用于风湿骨痛，感冒发热，胃痛。

活血丹 *Glechoma longituba* Kupr.

科名：唇形科　　**别名**：大叶金钱草、连钱草

识别要点　多年生草本。具匍匐茎，逐节生根，叶心形，花冠淡蓝，下唇具深色斑点。小坚果深褐色，长圆状卵形。

药用部位　地上部分　　**药材名**　活血丹

功能主治　清热解毒，利尿通淋，散瘀消肿。用于热淋石淋，湿热黄疸，疮痈肿痛。

山香 *Hyptis suaveolens* (Linn.) Poit.

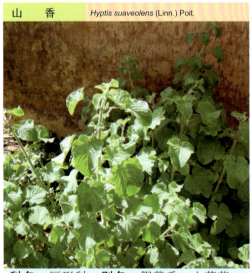

科名：唇形科　　**别名**：假藿香、山薄荷

识别要点　草本。揉之有香气，茎被平展刚毛。叶卵形，具小锯齿，被柔毛。聚伞花序，花萼被长柔毛及腺点，花冠蓝色。

药用部位　全草　　**药材名**　山香

功能主治　疏风利湿，行气散瘀。用于感冒头痛，胃肠炎，痢疾。

羽叶薰衣草 *Lavandula pinnata* L.

科名：唇形科　　**别名**：爱情草

识别要点　常绿灌木。叶对生，二回羽状复叶，小叶线形或披针形，灰绿色。穗状花序，花茎细高，花唇形，蓝紫色。

药用部位　全草　　**药材名**　爱情草

功能主治　杀菌，止痛，镇静。用于感冒，咳嗽，失眠，关节痛。

白花益母草　*Leonurus artemisia* var. *albiflorus* (Migo) S.Y.Hu

科名：唇形科　**别名**：白益母

识别要点　一年或二年生草本。茎四棱形。叶掌状3裂。轮伞花序腋生，萼齿5，花冠白色。

药用部位　全草及种子　**药材名**　益母草

功能主治　活血调经，去瘀生新。用于月经失调，痛经，子宫出血。

益母草　*Leonurus japonicus* Houtt.

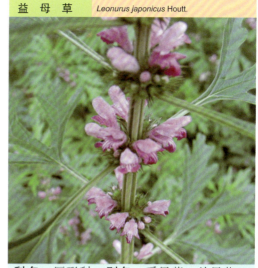

科名：唇形科　**别名**：爱母草、益母艾

识别要点　一年或二年生草本。茎四棱形，叶掌状3裂。轮伞花序腋生，萼齿5。小坚果光滑，长圆状三棱形，淡褐色。

药用部位　地上部分　**药材名**　益母草

功能主治　活血祛瘀，调经消水。用于月经不调，胞衣不下，产后血晕。

地瓜儿苗　*Lycopus lucidus* Turcz. ex Benth

科名：唇形科　**别名**：地参、泽兰

识别要点　草本。根茎先端肥大呈圆柱形。茎不分枝，具槽，节带紫红色。叶近无柄，长披针形，具锯齿。花冠白色。

药用部位　根茎　**药材名**　泽兰

功能主治　活血，益气，消水。用于吐血，衄血，产后腹痛。

毛叶地瓜儿苗　*Lycopus lucidus* Turcz.var. *hirtus* Regel

科名：唇形科　**别名**：毛叶地笋、泽兰

识别要点　多年生草本。为地瓜儿苗的变种。茎节上密集硬毛。叶披针形，上面密被细刚毛状硬毛，边缘具锐齿，有缘毛。

药用部位　全草　**药材名**　泽兰

功能主治　活血化瘀，通经利水，消肿。用于吐血，衄血，产后腹痛，带下。

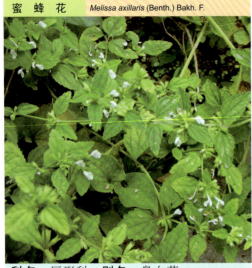

| 蜜蜂花 | *Melissa axillaris* (Benth.) Bakh. F. |

科名：唇形科　**别名**：鼻血草

识别要点　草本。茎具浅四槽，被短柔毛，叶片卵圆形，边缘具锯齿状圆齿，疏被短柔毛。轮伞花序，花冠白色。

药用部位　全草　**药材名**　鼻血草

功能主治　清热解毒，止血。用于风湿麻木，疱疹，吐血，皮肤瘙痒。

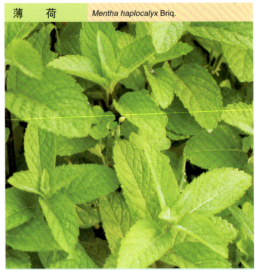

| 薄　荷 | *Mentha haplocalyx* Briq. |

科名：唇形科　**别名**：野薄荷、鱼香草

识别要点　多年生草本。具匍匐根状茎。叶披针至椭圆形。轮伞花序腋生。小坚果长卵圆形。

药用部位　地上部分　**药材名**　薄荷

功能主治　疏风散热，清利头目，利咽透疹。用于外感风热头痛，咽喉肿痛，食滞气胀，疮疥。

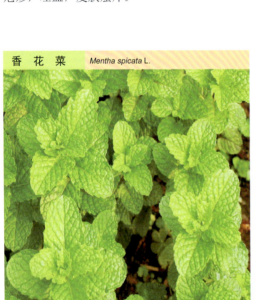

| 香花菜 | *Mentha spicata* L. |

科名：唇形科　**别名**：绿薄荷、留兰香

识别要点　多年生草本。具匍匐根状茎。叶对生，无柄。轮伞花序集成穗状花序，苞片线形，花萼钟状，花冠紫色或白色。

药用部位　叶　**药材名**　香花菜

功能主治　疏风，理气，止痛。用于感冒，咳嗽，头疼，脘腹胀痛，痛经。

| 凉粉草 | *Mesona chinensis* Benth. |

科名：唇形科　**别名**：仙草、仙人拌

识别要点　草本。茎四棱形。叶狭卵圆形。花冠檐2唇形，上唇具4齿，2侧齿较高，下唇舟状。小坚果长圆形，黑色。

药用部位　全草　**药材名**　凉粉草

功能主治　清暑，解渴，除热毒。用于中暑，消渴，高血压。

石荠苎 *Mosla scabra* (Thunb.) C. Y. Wu et H. W. Li

科名：唇形科　**别名**：痱子草、热痱草

识别要点　一年生草本。茎方柱形。叶对生，卵形。假总状花序，淡红色，花冠二唇形，外被柔毛。小坚果球形。

药用部位　全草　**药材名**　石荠苎

功能主治　疏风清暑，行气理血，利湿止痒。用于感冒头痛，咽喉肿痛，痱子。

罗　勒 *Ocimum basilicum* L.

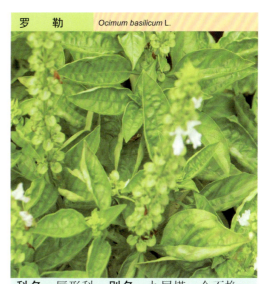

科名：唇形科　**别名**：九层塔、金不换

识别要点　一年生草本。茎直立。叶卵形。轮伞花序组成总状花序，花萼钟形，萼筒2唇形。小坚果卵球形，黑褐色。

药用部位　全草　**药材名**　罗勒

功能主治　清热解毒，利咽开音。用于咽喉炎，扁桃体炎，声音嘶哑。

毛罗勒 *Ocimum basilicum* L.var. *pilosum* (Willd.) Benth.

科名：唇形科　**别名**：零陵香、九层塔

识别要点　一年生草本。茎四棱形。叶对生卵形，叶柄下具油腺点。穗状轮散花序顶生，白色或微红色。小坚果。

药用部位　全草　**药材名**　毛罗勒

功能主治　健脾化湿，祛风活血。用于纳呆腹痛，呕吐腹泻，外感发热，月经不调。

丁香罗勒 *Ocimum gratissimum* L.

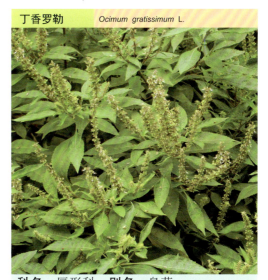

科名：唇形科　**别名**：臭草

识别要点　灌木。叶片长圆形。轮伞花序组成顶生圆锥花序，花冠白色，上唇4浅裂，下唇全缘。小坚果近球状，褐色。

药用部位　全草　**药材名**　丁香罗勒

功能主治　发汗解表，祛风利湿，散瘀止痛。用于风寒感冒，头痛，脘腹胀满，跌打肿痛。

白 苏 *Perilla frutescens* (L.) Britton

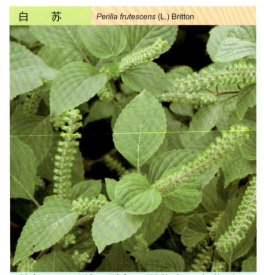

科名：唇形科　**别名：**野苏麻、白苏子

识别要点　一年生草本。茎钝四棱形。轮伞花序组成总状花序，苞片外被红褐色腺点，花冠白色，冠檐近二唇形。

药用部位　全草　**药材名**　白苏

功能主治　解表散寒，理气宽中。用于风寒感冒，头痛，咳嗽，胸腹胀满。

紫 苏 *Perilla frutescens* (L.) Britton var. *acuta*

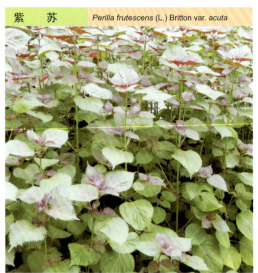

科名：唇形科　**别名：**赤苏、红苏、黑苏

识别要点　一年生草本。茎绿色或紫色。叶阔卵形。轮伞花序，冠檐近2唇形，花柱先端2浅裂。小坚果成球形，灰褐色。

药用部位　全草　**药材名**　紫苏

功能主治　发表散寒，理气和胃。用于感冒风寒，发热咳嗽，气喘，胸腹胀满。

鸡冠紫苏 *Perilla frutescens* var. *crispa* (Thunb.) Hand.-Mazz

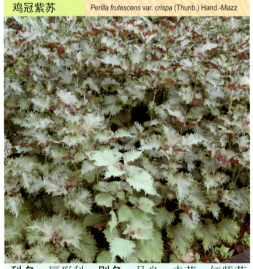

科名：唇形科　**别名：**品舟、赤苏、红紫苏

识别要点　一年生草本。茎圆角四棱形。叶对生，卵形，边缘有鸡冠状锯齿，紫绿色。轮伞花序，花萼钟形，先端唇形。

药用部位　全草　**药材名**　红紫苏

功能主治　发表散寒，理气和胃。用于感冒风寒，发热咳嗽，气喘，胸腹胀满。

水珍珠菜 *Pogostemon auricularius* (Linn.) Hassk.

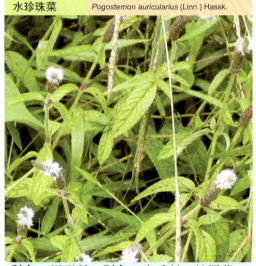

科名：唇形科　**别名：**水毛射、蛇尾草

识别要点　草本。茎四棱。叶对生，长圆形。穗状花序，苞片卵状披针形，萼钟形，花冠淡紫色至白色。坚果。

药用部位　全草　**药材名**　水珍珠菜

功能主治　清热化湿，消肿止痛。用于感冒发热；外用治湿疹。

广藿香 *Pogostemon cablin* (Blanco) Benth.

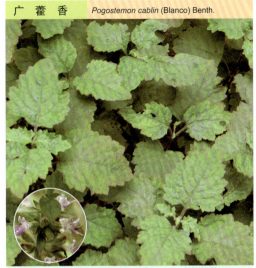

科名：唇形科　**别名**：刺香、刺蕊草

识别要点　多年生草本。被毛。叶对生，揉之有香气。轮伞花序组成穗状花序，花冠淡红紫色，冠檐近二唇形。

药用部位　全草　　**药材名**　广藿香

功能主治　芳香化浊，开胃止呕，发表解暑。用于湿浊中阻，恶心呕吐，胸闷不舒。

夏枯草 *Prunella vulgaris* L.

科名：唇形科　**别名**：棒槌草、棒头花

识别要点　多年生草本。叶下延至叶柄成狭翅。轮伞花序组成穗状花序，花萼钟形。小坚果黄褐色。

药用部位　全草　　**药材名**　夏枯草

功能主治　清肝明目，散结止痛。用于瘿瘤，乳痈，畏光流泪，头目眩晕。

内折香茶菜 *Rabdosia inflexa* (Thunb.) Hara

科名：唇形科　**别名**：山薄荷

识别要点　草本。叶片宽卵形，被疏短毛，基部宽楔形，骤然渐狭，下延至柄，边缘具锯齿。圆锥花序，花冠淡紫色。

药用部位　全草　　**药材名**　香茶菜

功能主治　清热利湿退黄。用于湿热黄疸，湿热泻痢。

线纹香茶菜 *Rabdosia lophanthoides* Hara

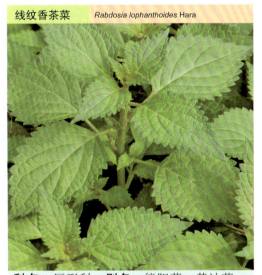

科名：唇形科　**别名**：熊胆草、黄汁草

识别要点　多年生草本。叶卵圆形或宽卵形，揉之有黄色液汁。花白色或粉红色，圆锥花序，花萼钟状，萼檐二唇形。

药用部位　全草　　**药材名**　溪黄草

功能主治　清热利湿，退黄，凉血散瘀。用于湿热黄疸，湿热泻痢，跌打瘀肿。

狭基线纹香茶菜 *Rabdosia lophanthoides var. gerardianus* (Benth.) Hara

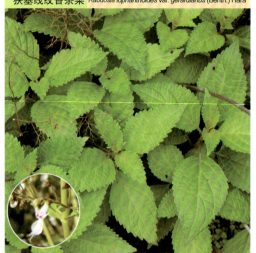

科名：唇形科　**别名**：熊胆草、土黄连

识别要点　多年生草本。茎被柔毛。叶片宽卵形，下面满布褐色腺点。圆锥花序，花萼钟形，花冠具紫色斑点。

药用部位　全草　**药材名**　香茶菜

功能主治　清热解毒，利湿退黄，凉血散瘀。用于湿热黄疸，肝炎。

细花线纹香茶菜 *Rabdosia lophanthoides var. graciliflora* (Benth.) Hara

科名：唇形科　**别名**：虫牙药、月风草

识别要点　多年生草本。下部常匍匐生根。茎方柱形。叶草质，披针形或卵状披针形。圆锥花序。小坚果卵状长椭圆形。

药用部位　全草　**药材名**　香茶菜

功能主治　清热解毒，利湿退黄。用于湿热黄疸，肝炎。

溪黄草 *Rabdosia serra* (Maxim.) Hara

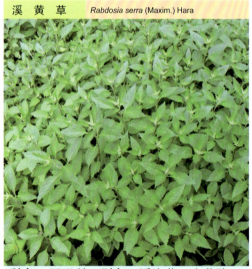

科名：唇形科　**别名**：溪沟草、土茵陈

识别要点　多年生草本。茎高达1.5m。聚伞花序组成顶生圆锥花序，花冠紫色，上唇4等裂，下唇舟形。小坚果具腺点。

药用部位　全草　**药材名**　溪黄草

功能主治　清热利湿，退黄，凉血散瘀。用于急性黄疸型肝炎，急性胆囊炎，痢疾，肠炎。

长叶香茶菜 *Rabdosia stracheyi* (Benth.) Hara

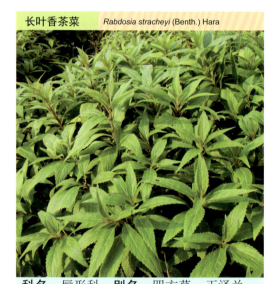

科名：唇形科　**别名**：四方草、正泽兰

识别要点　草本。茎具浅槽，被短柔毛。叶狭披针形，边缘自中部以上具锯齿，下面有紫褐色腺点。圆锥花序生于主茎或侧枝端，花冠白色。

药用部位　全草　**药材名**　香茶菜

功能主治　清热利湿，解毒消肿。用于肝炎，胆囊炎，湿疹，皮炎。

迷迭香 *Rosmarinus officinalis* L.

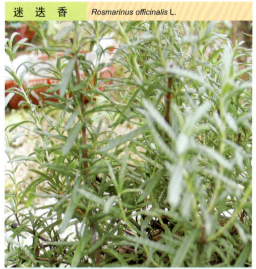

科名：唇形科　　**别名：**海洋之露

识别要点　亚灌木。株高40～60cm。叶对生，无柄，革质，线形，银绿色。总状花序，花淡蓝色或近白色。

药用部位　叶、花、茎　　**药材名**　迷迭香

功能主治　镇静安神，和胃止痛。用于头痛，腹胀，胃痛。

南丹参 *Salvia bowleyana* Dunn

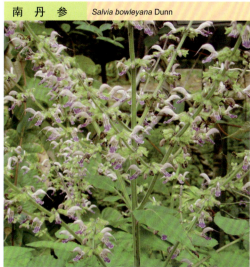

科名：唇形科　　**别名：**丹参

识别要点　多年生草本。根灰红色。小叶卵圆状披针形，两面脉上略被柔毛。花萼筒状，花冠筒内藏或微伸出花萼。

药用部位　根　　**药材名**　南丹参

功能主治　活血调经，清心除烦。用于月经不调，产后瘀阻，心烦失眠。

朱唇 *Salvia coccinea* Linn.

科名：唇形科　　**别名：**红花鼠尾草、小红花

识别要点　草本。茎具浅槽，被灰白色柔毛。叶片卵圆形，被灰色的短绒毛。轮伞花序组成顶生总状花序，花冠深红。

药用部位　全草　　**药材名**　小红花

功能主治　凉血止血，清热利湿。用于血崩，高热，腹痛不适。

丹参 *Salvia miltiorrhiza* Bunge

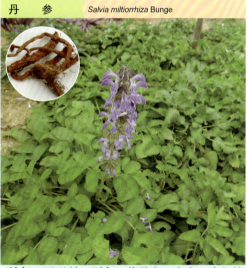

科名：唇形科　　**别名：**紫丹参、血参、大红袍

识别要点　多年生草本。根红色。轮伞花序组成假总状花序，苞片披针形，花萼2唇形，花冠蓝紫色。小坚果黑色。

药用部位　根及根茎　　**药材名**　丹参

功能主治　祛瘀止痛，活血通经，清心除烦。用于月经不调，癥瘕积聚。

一 串 红　*Salvia splendens* Ker.Gawl

科名：唇形科　　**别名：**象牙海棠、象洋红

识别要点　亚灌木。叶背具腺点。轮伞花序组成顶生假总状花序，红色花萼钟状，外被毛。小坚果椭圆形，边缘具厚而狭的翅。

药用部位　地上部分　　**药材名**　一串红

功能主治　消肿，解毒。用于蛇咬伤。

黄 芩　*Scutellaria baicalensis* Georgi

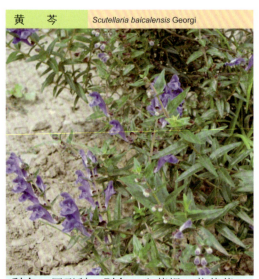

科名：唇形科　　**别名：**山茶根、黄芩茶

识别要点　多年生草本。茎四棱形。叶对生，披针形。总状花序顶生或腋生，花偏生于花序一边，蓝紫色。小坚果球形，黑褐色。

药用部位　根　　**药材名**　黄芩

功能主治　清热燥湿，泻火解毒，止血，安胎。用于湿温暑温，胸闷呕恶，湿热痞满，泻痢，黄疸。

半 枝 莲　*Scutellaria barbata* D. Don

科名：唇形科　　**别名：**牙刷草、狭叶韩信草

识别要点　草本。茎四棱形。叶面橄榄绿色。花冠蓝紫色，冠檐二唇形，上唇盔状，下唇中裂片梯形。小坚果扁球形。

药用部位　全草　　**药材名**　半枝莲

功能主治　清热解毒，散瘀止血，利尿，抗癌。用于咽喉肿痛，肺痈，乳痈。

韩 信 草　*Scutellaria indica* L.

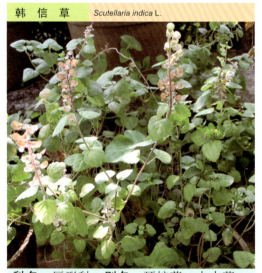

科名：唇形科　　**别名：**耳挖草、大力草

识别要点　多年生草本。叶对生，叶卵状椭圆形至线状披针形。花序顶生，粉紫色。

药用部位　全草　　**药材名**　韩信草

功能主治　舒筋活络，散瘀止痛。用于跌打肿痛，外伤出血，产后四肢麻木，毒蛇咬伤。

| 地 蚕 | *Stachys geobombycis* C.Y.Wu |

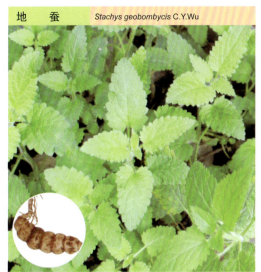

科名：唇形科　**别名**：土虫草、土冬虫草

识别要点　多年生草本。叶片卵圆形，边缘具圆齿。轮伞花序组成穗状花序，花萼倒圆锥形，花冠淡紫色，二唇形。

药用部位　块茎　**药材名**　地蚕

功能主治　益肾润肺，滋阴补血，清热除烦。用于肺结核咳嗽，肺虚气喘，吐血，盗汗，贫血。

| 荔 枝 草 | *Svlvia plebeia* R.Br. |

科名：唇形科　**别名**：雪见草、癞蛤蟆草

识别要点　二年生草本。茎方形。叶长圆形，有圆齿。轮伞花序组成假总状花序，花萼钟形，2唇，花冠唇形，淡紫色。

药用部位　地上部分　**药材名**　荔枝草

功能主治　清热解毒，凉血，利尿。用于咽喉肿痛，支气管炎，肾炎水肿。

| 血 见 愁 | *Teucrium viscidum* Bl. |

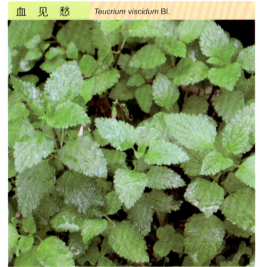

科名：唇形科　**别名**：铁苋菜、山藿香

识别要点　草本。叶对生，叶片卵形或矩圆形，纸质。疏散分枝总状花序，苞片披针形。小坚果4枚，圆形。

药用部位　全草　**药材名**　血见愁

功能主治　清热解毒，利湿，收敛止血。用于肠炎，吐血，崩漏，痈疖疮疡。

| 颠 茄 | *Atropa beuadonna* L. |

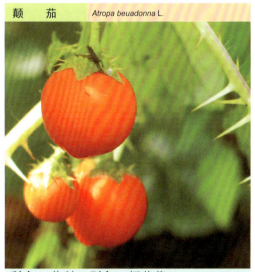

科名：茄科　**别名**：颠茄草

识别要点　亚灌木。叶互生，叶片广卵圆形或卵状长圆形，全缘，叶表面呈蝉绿色，背面灰绿色。花冠钟状，淡紫褐色。浆果球形。

药用部位　全草　**药材名**　颠茄草

功能主治　解痉止痛。用于胃脘疼痛。有毒！

鸳鸯茉莉 *Brunfelsia acuminata* (Pohl.) Benth.

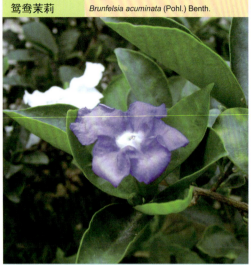

科名：茄科　　**别名**：二色茉莉

识别要点　灌木。叶互生，长披针形，叶缘略波皱。花高脚碟状，圆形花冠五裂，初开时蓝色，后转为白色。

药用部位　叶　　**药材名**　鸳鸯茉莉

功能主治　清热消肿。用于水肿。

辣　椒 *Capsicum annuum* L.

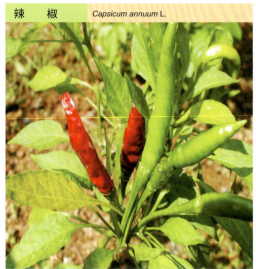

科名：茄科　　**别名**：辣茄、辣子

识别要点　一年生或多年生亚灌木。叶互生。花单生，俯垂，花萼杯状，花冠白色。果实长指状，未成熟时绿色，成熟红色。

药用部位　块根　　**药材名**　辣椒

功能主治　温中散寒，开胃消食。用于寒滞腹痛，呕吐，泻痢，冻疮，疥癣。

夜　香　树 *Cestrum nocturnum* Linn.

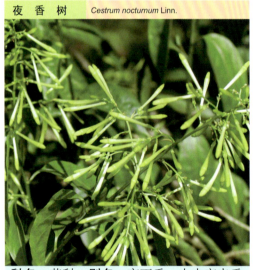

科名：茄科　　**别名**：夜丁香、木本夜来香

识别要点　常绿灌木。小枝具棱。单叶互生，多长圆状卵形。花白绿色或淡黄绿色，花冠管状，近直立或稍张开。浆果熟时雪白色。

药用部位　叶　　**药材名**　夜丁香

功能主治　行气止痛。用于胃脘痛。

木本曼陀罗 *Datura arborea* L.

科名：茄科　　**别名**：大花曼陀罗

识别要点　常绿亚灌木。茎粗。叶大，叶卵状心形，顶端渐尖，嫩枝和叶两面均被柔毛。花红色或白色，长漏斗状下垂。

药用部位　花　　**药材名**　洋金花

功能主治　行气止痛。用于胃痛。

毛曼陀罗 *Datura innoxia* Mill.

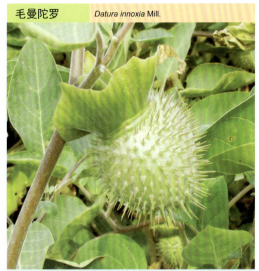

科名：茄科　　**别名**：风茄花、串筋花

识别要点　草本。茎、叶密被柔毛。叶片广卵形，全缘而微波状。花单生，花冠长漏斗状。蒴果，近球状，密生细针刺。

药用部位　花　　**药材名**　洋金花

功能主治　镇痉，镇静，镇痛，麻醉。

白花曼陀罗 *Datura metel* L.

科名：茄科　　**别名**：洋金花、闹羊花

识别要点　亚灌木。叶互生，卵形。花单生于叶腋，萼筒状，淡黄绿色，花冠漏斗状，白色。蒴果圆球形，表面有疏短刺。

药用部位　种子、茎、叶　　**药材名**　洋金花

功能主治　麻醉止痛，止咳平喘。用于麻醉，哮喘，风湿痹痛，疮疡疼痛。

曼　陀　罗 *Datura stramonium* Linn.

科名：茄科　　**别名**：醉心花、狗核桃

识别要点　草本。叶广卵形，基部不对称，边缘有不规则波状浅裂。花单生，花冠漏斗状。蒴果，表面无刺平滑。

药用部位　叶、花、果、根　　**药材名**　曼陀罗

功能主治　祛风胜湿，定喘，消肿。用于喘咳，惊痫，风寒湿痹。有毒！

红　丝　线 *Lycianthes biflora* (Loureiro) Bitter

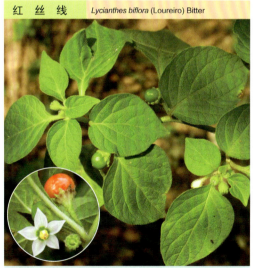

科名：茄科　　**别名**：十萼茄、衫钮子

识别要点　灌木或亚灌木。小枝、叶下面、叶柄、花梗及萼的外面密被淡黄色的单毛及1～2分枝或树枝状分枝的绒毛。花序无柄。

药用部位　全草　　**药材名**　十萼茄

功能主治　清肺止咳，散瘀止血。用于肺结核咯血，肺炎，糖尿病；外用治跌打损伤肿痛。

枸杞 *Lycium chinense* Mill.

科名：茄科　**别名：**西枸杞、白刺、山枸杞

识别要点　多年生灌木。花冠筒部与裂片等长，筒下部急缩，向上扩大成漏斗状，花紫色，边缘具缘毛。

药用部位　成熟果实　　**药材名**　枸杞

功能主治　滋补肝肾，益精明目。用于虚劳精亏，腰膝酸痛，眩晕耳鸣，血虚萎黄。

烟草 *Nicotiana tabacum* Linn.

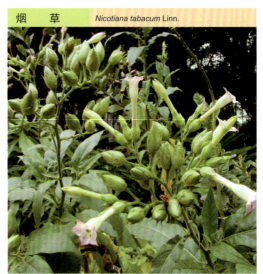

科名：茄科　**别名：**烟叶、辣烟

识别要点　草本。全体被腺毛；叶披针形，柄不明显或成翅状柄；花序顶生，花冠漏斗状，淡红色；蒴果卵状，种子小。

药用部位　全草　　**药材名**　烟草

功能主治　行气止痛，解毒杀虫。用于食滞饱胀，气结疼痛，蛇咬伤。

苦蘵 *Physalis angulata* Linn.

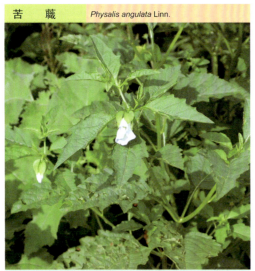

科名：茄科　**别名：**灯笼草、酸浆

识别要点　草本。叶片卵形。花冠淡黄色，喉部有紫色斑纹。果萼卵球状，直径约2cm，纸质，浆果直径约1.2cm。

药用部位　全草　　**药材名**　灯笼草

功能主治　清热，利尿，解毒。用于感冒，肺热咳嗽，咽喉肿痛。

少花龙葵 *Solanum americanum* Miller

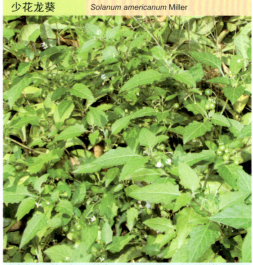

科名：茄科　**别名：**白花菜、扣子草

识别要点　一年生草本。单叶互生，叶脉于叶背隆起。伞形花序，萼绿色，裂片卵形，花冠白色。果球形肉质。

药用部位　全草　　**药材名**　少花龙葵

功能主治　清热解毒，利尿，散血，消肿。用于痢疾，热淋，目赤，疗疮。

白 英	*Solanum lyratum* Thunb.

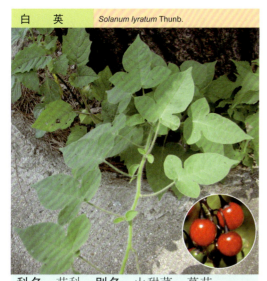

科名：茄科　　**别名：**山甜菜、蔓茄

识别要点　草质藤本。茎、叶密被柔毛。叶互生，常3～5深裂，裂片全缘。聚伞花序，花冠白色，花冠筒隐于萼内，浆果。

药用部位　全草　　　**药材名**　白英

功能主治　清热利湿，解毒消肿，抗癌。用于肝炎，胆石症，癌症。

龙 葵	*Solanum nigrum* Linn.

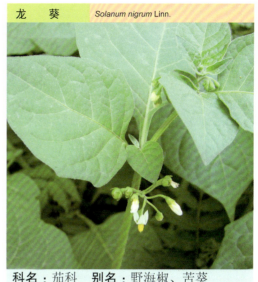

科名：茄科　　**别名：**野海椒、苦葵

识别要点　草本。叶卵形，全缘或每边具不规则的波状粗齿。蝎尾状花序腋外生，由3～6（～10）花组成；花冠白色，浆果。

药用部位　全草　　　**药材名**　龙葵

功能主治　清热解毒，利水消肿。用于感冒发热，慢性支气管炎，热淋。

水 茄	*Solanum torvum* Sw.

科名：茄科　　**别名：**山颠茄、刺茄

识别要点　灌木。单叶互生，表面密生星状毛。聚伞花序，花萼杯状，5裂，花冠白色，辐状。浆果球形，熟时黄色。

药用部位　全草　　　**药材名**　水茄

功能主治　活血散瘀，消肿止痛，清热止咳。用于跌打瘀痛，腰肌劳损，咯血。

假 烟 叶	*Solanum verbascifolium* L.

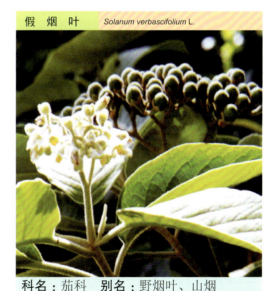

科名：茄科　　**别名：**野烟叶、山烟

识别要点　灌木。密被绒毛，具特异臭气。叶互生。复聚伞花序顶生，花萼5中裂，花冠浅钟状。浆果球形，黄褐色。

药用部位　根和叶　　　**药材名**　野茄树

功能主治　消肿解毒，止痛，收敛，杀虫。用于胃痛，腹痛，骨折，跌打损伤。

毛麝香　*Adenosma glutinosum* (L.) Druce

科名：玄参科　**别名**：饼草、蓝花草

识别要点　草本。密被柔毛。叶对生。花单生或成总状花序顶生，花冠蓝紫色，花柱上端具薄翅。蒴果卵状锥形。

药用部位　根和叶　　**药材名**　毛麝香

功能主治　祛风除湿，行气止痛，解毒止痒。用于风湿骨痛，疮疡，肿毒，皮肤湿疹。

毛地黄　*Digitalis purpurea* Linn.

科名：玄参科　**别名**：洋地黄、地钟花

识别要点　草本。全体被灰白色短柔毛和腺毛。基生叶柄具狭翅，叶片长椭圆形；茎生叶柄短。花冠紫红色。

药用部位　叶　　**药材名**　毛地黄

功能主治　强心，利尿。用于心力衰竭，心源性水肿。

母草　*Lindernia crustacea* (L.) F. Muell.

科名：玄参科　**别名**：四方拳草

识别要点　一年生草本。叶片卵形至卵圆状三角形，边缘有三角状锯齿。花单生叶腋，蒴果椭圆形，与宿存花萼等长。

药用部位　全草　　**药材名**　四方拳草

功能主治　清热利湿，解毒。用于感冒，急、慢性菌痢，肠炎，痈疖疔肿。

旱田草　*Lindernia ruellioides* (Colsm.) Pennell

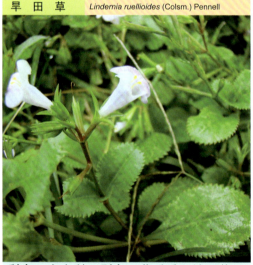

科名：玄参科　**别名**：菜瓜香、地下茶

识别要点　草本。多分枝；叶片卵形，基部楔形，边缘有细锯齿；花为顶生的总状花序，花冠紫红色，蒴果圆柱形。

药用部位　全草　　**药材名**　旱田草

功能主治　理气活血，解毒消肿。用于月经不调，胃痛，狂犬咬伤。

地黄　*Rehmannia glutinosa Libosch.*

科名：玄参科　**别名**：地髓、牛奶子

识别要点　多年生草本。根茎肉质，鲜时黄色，栽培时茎可达5.5cm。叶基生，长椭圆形。花冠筒多少弓曲，紫红色。

药用部位　块根　**药材名**　地黄

功能主治　生地黄：清热凉血，养阴生津。用于热入营血，温毒发斑，津伤便秘，内热消渴。

爆仗竹　*Russelia equisetiformis Schlecht.et Cham.*

科名：玄参科　**别名**：吉祥草、爆仗花

识别要点　亚灌木。茎分枝轮生，具棱。叶轮生，退化为鳞片。聚伞圆锥花序，花冠筒长达2cm，红色。

药用部位　全草　**药材名**　爆仗竹

功能主治　续筋接骨，活血。用于刀伤金疮，骨折筋伤。

野甘草　*Scoparia dulcis L.*

科名：玄参科　**别名**：冰糖草、土甘草

识别要点　草本或半灌木。叶对生或轮生。花单生或成簇，对生于叶腋，花冠白色，花瓣4。蒴果卵圆形。

药用部位　全株　**药材名**　野甘草

功能主治　清热利湿，疏风止痒。用于感冒发热，咳嗽，肠炎菌痢；外用治痱子。

玄参　*Scrophularia ningpoensis Hemsl.*

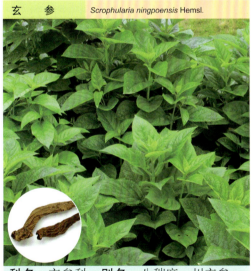

科名：玄参科　**别名**：八秽麻、川玄参

识别要点　草本。支根数条，纺锤形，粗达3厘米。茎四棱形，有浅槽；叶片多变。疏散圆锥花序，花冠唇形，蒴果。

药用部位　根　**药材名**　玄参

功能主治　清热凉血，滋阴降火，解毒散结。用于热入营血，温毒发斑，热病伤阴，津伤便秘。

独脚金　*Striga asiatica* (Linn.) O. Kuntze

科名： 玄参科　　**别名：** 疳积草

识别要点　半寄生草本。高10～20cm。叶条形，长约1cm。花单生或成顶生疏穗状花序，花冠常黄色，高脚碟状。

药用部位　全草　　**药材名**　独脚金

功能主治　健脾消积，清热杀虫。用于小儿疳积，小儿腹泻。

蓝猪耳　*Torenia fournieri* Linden. ex Fourn.

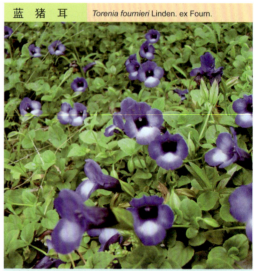

科名： 玄参科　　**别名：** 夏堇、蝴蝶草

识别要点　草本。茎具4窄棱。叶片卵形，边缘具粗锯齿。花顶生排成总状花序，萼有下延的翅，花冠蓝色。蒴果。

药用部位　全草　　**药材名**　蓝猪耳

功能主治　清热解毒，利湿，止咳，和胃止呕，化瘀。用于发痧，呕吐，黄疸，血淋，咳嗽，跌打损伤。

爬岩红　*Veronicastrum axillare* (Sieb. et Zucc.) Yamazaki.

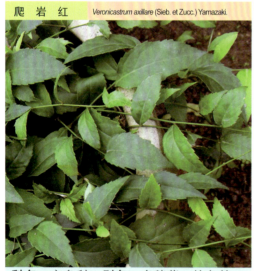

科名： 玄参科　　**别名：** 多穗草、钓鱼竿

识别要点　草本。根状茎短，茎弓曲，圆柱形，中上部有条棱。叶互生，纸质，卵形，具锯齿。花序腋生；花冠紫色。蒴果。

药用部位　全草　　**药材名**　钓鱼竿

功能主治　行水，散瘀，消肿，解毒。用于水肿，小便不利，肝炎。

腹水草　*Veronicastrum stenostachyum* (Hemsl.) Yamazaki

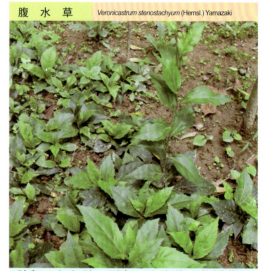

科名： 玄参科　　**别名：** 疔疮草、仙桥草

识别要点　草本。有细长软毛。叶互生，长卵形，边缘具粗锯齿。穗状花序集成球形，生于叶腋及枝梢；花冠深紫色，4浅裂。

药用部位　全草　　**药材名**　腹水草

功能主治　行水，散瘀消肿，解毒。用于水肿，小便不利，肝炎，疮疖痈肿。

凌霄花	*Campsis grandiflora* (Thunb.) Loisel.

科名：紫葳科　　**别名**：白狗肠、接骨风

识别要点　藤本。以气生根攀附它物之上。叶对生，为单数羽状复叶。顶生圆锥花序，花萼钟状，花冠橙红色。

药用部位　根状茎　　**药材名**　凌霄花

功能主治　凉血祛瘀。用于血滞经闭，癥瘕，血热风痒。

羽叶吊瓜树	*Kigelia africana* (Lam.) Benth

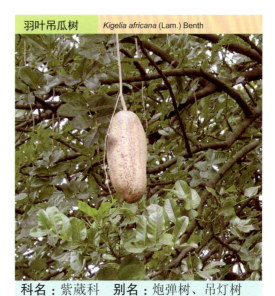

科名：紫葳科　　**别名**：炮弹树、吊灯树

识别要点　常绿乔木。奇数羽状复叶，对生，厚革质。总状花序下垂，花萼宽钟形，花冠管圆柱状，深紫褐色。果圆柱形，黄褐色，坚硬。

药用部位　种子、茎、叶　　**药材名**　吊灯树

功能主治　治皮肤病。

猫尾木	*Markhamia cauda-felina* (Hance) Craib

科名：紫葳科　　**别名**：猫尾

识别要点　常绿乔木。奇数羽状复叶对生，矩圆形至卵形。顶生总状花序，花冠漏斗状，基部暗紫色，上部黄色。蒴果下垂，密被灰黄色绒毛，状如猫尾。

药用部位　根、皮　　**药材名**　猫尾木

功能主治　清热解毒，利尿泻火。

木蝴蝶	*Oroxylum indicum* (L.) Kurz

科名：紫葳科　　**别名**：千张纸、白千层

识别要点　乔木。多回羽状复叶，小叶卵形，全缘。花序顶生，花大，紫红色，花萼钟状，蒴果，种子有薄如纸的翅。

药用部位　种子　　**药材名**　木蝴蝶

功能主治　清肺热，止咳，利咽喉。用于咽痛喉痹，声音嘶哑，咳嗽。

蒜 香 藤 *Pseudocalymma alliaceum* (Lam.) Sandwith

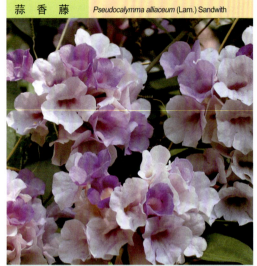

科名：紫葳科　别名：张氏紫薇、紫铃藤

识别要点　木质藤本。复叶对生，小叶2枚，卷须1或缺如，椭圆形，先端尖。聚伞花序腋生，花淡紫色，具大蒜气味。

药用部位　全草　**药材名**　蒜香藤

功能主治　抗氧化，延缓衰老。用于降血脂、防癌抗癌。

炮 仗 花 *Pyrostegia ignea* Presl.

科名：紫葳科　别名：黄鳝藤

识别要点　藤本。具有3叉丝状卷须。叶对生。圆锥花序，花萼钟状，有5小齿，花冠筒状，裂片5。果瓣革质。

药用部位　茎、叶　**药材名**　炮仗花

功能主治　清热利咽。用于咽喉肿痛。

菜 豆 树 *Radermachera sinica* (Hance) Hemsl

科名：紫葳科　别名：蛇树、豆角树

识别要点　落叶乔木。根皮肥厚，色白。叶对生，卵形。总状花序顶生，花冠白色，长筒状，裂片5。果实长圆柱状。

药用部位　根、叶　**药材名**　菜豆树

功能主治　清热解毒，散瘀消肿。用于伤暑发热。外用治跌打骨折，毒蛇咬伤。

硬骨凌霄 *Tecoma capensis* Lindl.

科名：紫葳科　别名：南非凌霄、四季凌霄

识别要点　常绿半藤状或近直立灌木。单数羽状复叶对生，小叶边缘具锯齿。总状花序顶生，萼钟状，5齿裂，花冠具深红色纵纹。

药用部位　根或叶　**药材名**　硬骨凌霄

功能主治　清热消炎，散瘀消肿。用于肺结核，支气管炎，咽喉肿痛，瘀血肿痛。

黄钟花　*Tecoma stans* H. B. K.

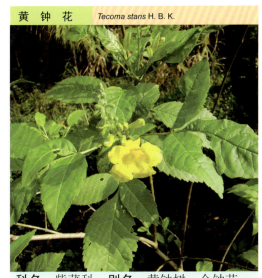

科名：紫葳科　别名：黄钟树、金钟花

识别要点　灌木。奇数羽状复叶，椭圆状披针形，边缘被粗锯齿。圆锥花序，花纯黄色，花冠漏斗状钟形。

药用部位　叶　　**药材名**　金钟花

功能主治　降血糖。用于糖尿病。

老鼠簕　*Acanthus ilicifolius* L.

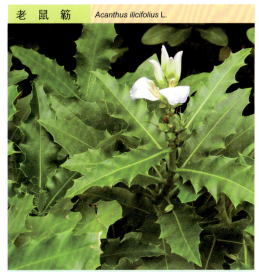

科名：爵床科　别名：木老鼠簕、水老鼠簕

识别要点　直立灌木。茎圆柱状，上部有分枝，无毛，托叶成刺状。穗状花序顶生，苞片对生，宽卵形。

药用部位　全株或根　　**药材名**　老鼠簕

功能主治　清热解毒，消肿散结，止咳平喘。用于淋巴结肿大，急、慢性肝炎，肝脾肿大，胃痛，咳嗽，哮喘。

鸭嘴花　*Adhatoda vasica* Nees

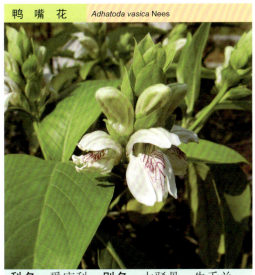

科名：爵床科　别名：大驳骨、牛舌兰

识别要点　常绿灌木。植株揉之有异味。叶对生，矩圆状披针形。穗状花序，花冠唇形，白色有条纹，形似鸭嘴。

药用部位　全株　　**药材名**　鸭嘴花

功能主治　祛风活血，散瘀止痛，接骨。用于骨折，扭伤，风湿关节痛，腰痛。

穿心莲　*Andrographis paniculata* (Burm. F.) Nees

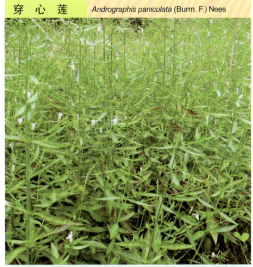

科名：爵床科　别名：一见喜、苦胆草

识别要点　一年生草本。茎四棱。叶矩圆状披针形。总状花序集成圆锥花序，花冠白色，下唇带紫色斑纹。蒴果扁，具1沟。

药用部位　全草　　**药材名**　穿心莲

功能主治　清热解毒，凉血消肿。用于急性菌痢，感冒，流脑，气管炎，咽喉肿痛。

宽叶十万错	*Asystasia gangetica* (Linn.) T. Anders.

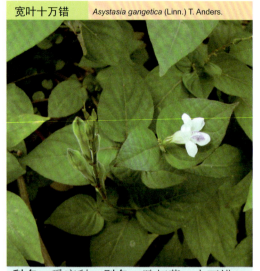

科名：爵床科　　**别名**：跌打草、十万错

识别要点　草本。叶椭圆形，全缘。总状花序顶生，花序轴4棱，花偏向一侧；苞片对生，三角形；花冠略两唇形。

药用部位　全草　　**药材名**　跌打草

功能主治　续伤接骨，解毒止痛，凉血止血。用于跌打骨折，瘀阻肿痛，痈肿疮毒，毒蛇咬伤。

马　蓝	*Baphicacanthus cusia* (Nees) Bremek.

科名：爵床科　　**别名**：南板蓝、广东大青叶

识别要点　多年生草本。叶对生，椭圆形或卵形。花深紫色，穗状花序，苞片对生，萼5深裂。蒴果棒状，上端稍粗。

药用部位　根茎　　**药材名**　南板蓝根

功能主治　清热解毒，凉血利咽。用于热毒发斑，痄腮，喉痹，丹毒。

假 杜 鹃	*Barleria cristata* L.

科名：爵床科　　**别名**：蓝钟花、洋杜鹃

识别要点　灌木。枝被淡蓝色短毛。叶对生，椭圆形。花淡蓝色，穗状花序，萼片卵状披针形，绿色，边缘有刺状小齿。

药用部位　全草　　**药材名**　紫靛

功能主治　清热化痰，止血截疟。用于风湿病，关节炎。

花叶假杜鹃	*Barleria lupulina* Lindl

科名：爵床科　　**别名**：刺血红、七星剑

识别要点　灌木。叶对生，披针形，叶柄基部具针刺，紫红色。穗状花序，花黄色，萼片4，花冠管长，5裂。蒴果。

药用部位　全草　　**药材名**　刺血红

功能主治　通经活络，解毒消肿，用于毒蛇咬伤，跌打损伤，痈肿，外伤出血。

扭序花 *Clinacanthus nutans* (Burm. f.) Lindau

科名：爵床科　别名：竹节黄（王）、鳄嘴花

识别要点　多年生草本。茎具纵纹。叶披针形，镰状。花暗红色，聚伞花序顶生，萼片5。蒴果长椭圆形。

药用部位　全草　　**药材名**　扭序花

功能主治　清热除湿，消肿止痛。用于黄疸型肝炎，跌打骨折，风湿疼痛。

狗肝菜 *Dicliptera chinensis* (L.) Juss.

科名：爵床科　别名：金龙棒、青蛇

识别要点　草本。聚伞花序，苞片椭圆形，具柔毛，花萼裂片5，钻形，花冠淡紫红色，2唇形，下唇3浅裂。蒴果。

药用部位　全草　　**药材名**　狗肝菜

功能主治　清热，凉血，利尿。用于热病斑疹，便血，溺血，小便不利，疔疮肿毒。

华南可爱花 *Eranthemum austrosinensis* Lo

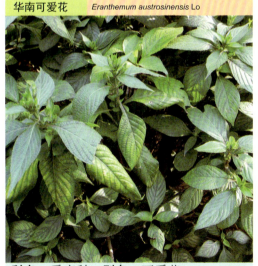

科名：爵床科　别名：可爱花

识别要点　常绿灌木。高约120cm。叶椭圆形，对生，脉纹突出，叶缘有齿。顶生或腋生圆锥花序，小花淡蓝色。

药用部位　根　　**药材名**　华南可爱花

功能主治　散瘀消肿。用于跌打肿痛。

大驳骨 *Gendarussa ventricosa* (Wall. ex Sims.) Nees

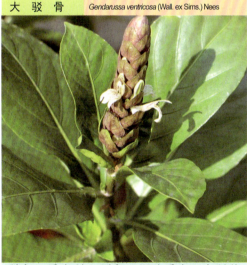

科名：爵床科　别名：黑叶爵床、大驳节

识别要点　常绿灌木。叶对生，椭圆形。穗状花序顶生，具阔卵形苞片多数，萼片5，花冠2唇形，上唇2裂，下唇较大。

药用部位　茎，叶　　**药材名**　大驳骨

功能主治　活血散瘀，祛风除湿。用于跌打损伤，风湿性腰腿痛，外伤出血。

小 驳 骨 *Gendarussa vulgaris* Nees

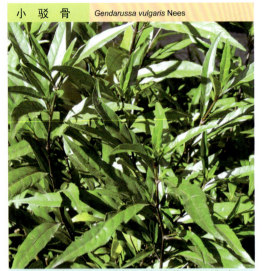

科名：爵床科　**别名：**接骨草、驳骨消

识别要点　灌木。叶互生。穗状花序，苞片狭小，萼5齿裂，线形，花冠唇形，白色或粉红色，有紫斑。蒴果棒状，无毛。

药用部位　茎、叶　**药材名**　驳骨丹

功能主治　祛瘀生新，消肿止痛。用于跌打损伤，骨折，风湿骨痛。

水 蓑 衣 *Hygrophila salicifolia* (Vahl) Nees

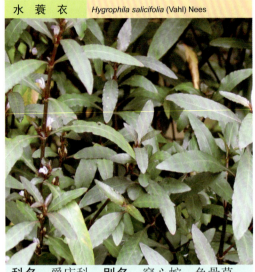

科名：爵床科　**别名：**穿心蛇、鱼骨草

识别要点　草本。茎4棱形。叶近无柄，纸质，披针形。花簇生于叶腋，无梗，苞片披针形；小苞片条。花冠淡紫色。

药用部位　全草　**药材名**　水蓑衣

功能主治　清热解毒，化瘀止痛。用于咽喉炎，乳腺炎，吐血，衄血。

糯米香草 *Ophiorrhiziphyllon macrobotryum* Kurz

科名：爵床科　**别名：**蛇根叶

识别要点　草本。高约30cm。枝丫上长着像薄荷一样的绿叶，叶如指甲盖大小，具有浓郁的糯米香。

药用部位　全草　**药材名**　蛇根叶

功能主治　清热解毒。用于小儿疳积和妇女带下。

观 音 草 *Peristrophe bivalvis* (L.) Merr.

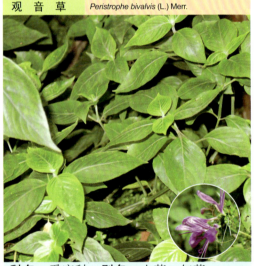

科名：爵床科　**别名：**山蓝、红蓝

识别要点　一年生草本。叶互生，心状三角形，托叶鞘短筒状。总状花序短而密集成簇，白色或淡红色，花被5深裂。

药用部位　种子、茎、叶　**药材名**　红丝线

功能主治　清肺热，止咳。用于痰火咳嗽，吐血。

九头狮子草　*Peristrophe japonica* (Thunb.) Bremek.

科名：爵床科　**别名：**接骨草、土细辛

识别要点　多年生草本。根细长，茎直立，本棱形，深绿色，节显着膨大。叶对生，叶片纸质，全缘。聚伞花序短。

药用部位　全草　　**药材名**　九头狮子草

功能主治　发汗解表，清热解毒，镇痉。用于感冒，咽喉肿痛，白喉，小儿消化不良，小儿高热，痈疖肿毒，毒蛇咬伤。

白鹤灵芝草　*Rhinacanthus nasutus* (L.) Kurz

科名：爵床科　**别名：**癣草、仙鹤草

识别要点　草本。叶披针形，渐尖。头状花序，苞片条形，花萼裂片5，花冠红色，2唇形，上唇2浅裂，下唇3浅裂。

药用部位　全草　　**药材名**　白鹤灵芝

功能主治　润肺降火，杀虫止痒。用于早期肺结核，湿疹，体癣，皮肤瘙痒。

中华孩儿草　*Rungia chinensis* Benth

科名：爵床科　**别名：**蓝色草、由甲草

识别要点　草本。叶对生，椭圆形，先端渐尖。穗状花序，苞片椭圆形，花萼5裂，花冠淡紫蓝色。蒴果。

药用部位　全草　　**药材名**　孩儿草

功能主治　清热解毒，利湿消滞，活血。用于感冒，咳嗽，咽喉痛，痢疾。

直立山牵牛　*Thunbergia eracta* (Benth.) T. Anders.

科名：爵床科　**别名：**硬枝老鸦嘴

识别要点　灌木。叶对生，椭圆形或长卵形，先端尾尖。花冠弯漏斗形，先端5裂，粉紫色带条纹，中心黄色。

药用部位　全草　　**药材名**　硬枝老鸦嘴

功能主治　祛风除湿，理气止痛，止血散瘀。用于风湿骨痛，胃痛，跌打损伤。

大花老鸦嘴　　*Thunbergia grandiflora Roxb*

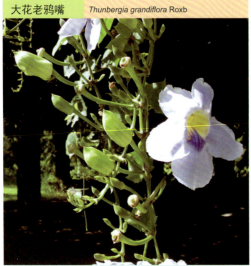

科名：爵床科　　别名：大邓伯花

识别要点　常绿藤本。叶对生，阔卵形，先端渐尖，基部心形。总状花序，初花蓝色，盛花浅蓝色，末花近白色，喇叭状。

药用部位　根、叶　　**药材名**　老鸦嘴

功能主治　消肿拔毒，排脓生肌。用于跌打损伤，开放性骨折。

桂叶山牵牛　　*Thunbergia laurifolia Lindl.*

科名：爵床科　　别名：桂叶老鸦嘴、樟叶老鸦嘴

识别要点　藤本。嫩枝近4棱形，具沟状凸起。叶片长圆状披针形，近革质。总状花序，花冠管和喉白色，冠檐淡蓝色。

药用部位　叶　　**药材名**　桂叶山牵牛

功能主治　活血化瘀止血。用于月经过多，涂敷刀伤，疡肿。

车 前 草　　*Plantago asiatica* L.

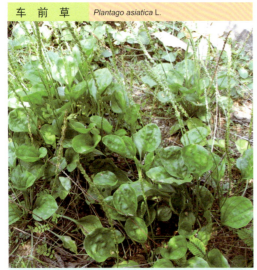

科名：车前草科　　别名：蛤蟆草、钱贯草

识别要点　多年生草本。叶片宽卵形，弧形脉5～7条，先端钝，花葶数个，顶生穗状花穗，蒴果卵状，圆锥形。

药用部位　全草　　**药材名**　车前草

功能主治　清热利尿，祛痰，凉血，解毒。用于小便不利，淋浊，带下，尿血，痰热咳喘。

大车前草　　*Plantago major* L.

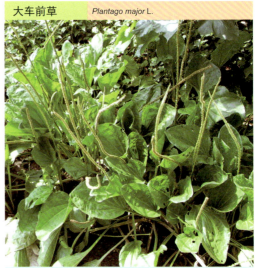

科名：车前草科　　别名：大车前、大叶车前

识别要点　多年生草本。叶片卵形。花茎直立，穗状花序，苞片卵形，较萼裂片短，均有绿色龙骨状突起，蒴果椭圆形。

药用部位　全草　　**药材名**　车前草

功能主治　清热利尿，祛痰，凉血，解毒。用于小便不利，淋浊，带下，尿血，痰热咳嗽。

华南忍冬　　*Lonicera confusa* (Sweet) DC.

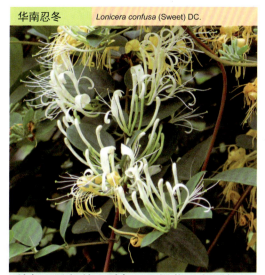

科名：忍冬科　　**别名：**山银花、土忍冬

识别要点　藤本。叶纸质，卵形。花有香味，双花腋生或短枝顶集合成具2～4节的短总状花序；花冠白色，后变黄色。

药用部位　花　　**药材名**　山银花

功能主治　清热解毒，疏散风热。用于风热感冒，痈肿疔疮。

忍　冬　　*Lonicera japonica* Thunb.

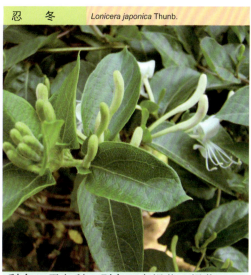

科名：忍冬科　　**别名：**金银花、银花

识别要点　藤本。叶卵状椭圆形。花成对而生，苞片叶状；萼筒无毛；花冠先白色后黄色，唇形；雄蕊和花柱超过花冠。

药用部位　花蕾　　**药材名**　金银花

功能主治　清热解毒，疏散风热。用于风热感冒，痈疽疔毒，热淋，痢疾。

灰毡毛忍冬　　*Lonicera macranthoides* Hand.-Mazz.

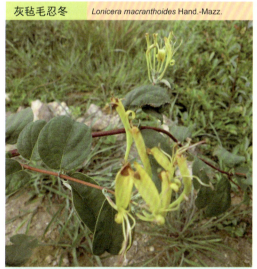

科名：忍冬科　　**别名：**山银花、大金银花

识别要点　藤本。幼枝、叶背、总花梗、苞片、花萼、花冠有薄绒状短糙伏毛或灰白（黄）色毡毛、腺毛，叶革质，宽披针形，网脉凸起而呈明显蜂窝状，果实黑色，常有蓝白色粉。

药用部位　花蕾　　**药材名**　金银花

功能主治　清热解毒，疏散风热。用于痈肿疔疮，喉痹，丹毒，热毒血痢，风热感冒。

蒴藋　　*Sambucus chinensis* Lindl.

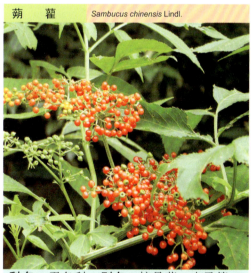

科名：忍冬科　　**别名：**接骨草、走马箭

识别要点　亚灌木。羽状复叶。伞房状聚伞花序，白色，花萼杯状，裂片5，花冠辐状，檐部5裂。红色核果球形。

药用部位　根　　**药材名**　蒴藋

功能主治　祛风消肿，舒经活络，行气止痛。用于风湿性关节炎，脚气病，风疹瘙痒，肾炎水肿。

南方荚蒾 *Viburnum fordiae* Hance.

科名：忍冬科　**别名**：火柴子木、猫尿果

识别要点　灌木。幼枝、叶被绒毛。叶纸质至厚纸质，宽卵形，边缘有小尖齿。复伞形聚伞花序，花冠白色，果实红色。

药用部位　根、茎、叶

药材名　南方荚蒾

功能主治　清热解表，消肿止痛。用于感冒，月经不调，风湿骨痛。

珊　瑚　树 *Viburnum odoratissimum* Ker

科名：忍冬科　**别名**：早禾树、高栌树

识别要点　灌木或小乔木。叶草质。圆锥花序塔形，花冠白色，辐状，花冠筒裂片长于花冠筒。核果卵状矩圆形。

药用部位　枝及嫩叶　**药材名**　早禾树

功能主治　祛风湿，通经活络，拔毒生肌。用于感冒，风湿痛，跌打肿痛，骨折。

蝴蝶戏珠花 *Viburnum plicatum* var. f. *tomentosum*

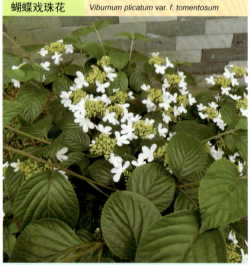

科名：忍冬科　**别名**：蝴蝶荚蒾、蝴蝶木

识别要点　灌木。叶宽卵形。花序外围有4～6朵白色、大型的不孕花，花冠蝴蝶状；中央可孕花，花冠辐状，黄白色。

药用部位　根或茎　**药材名**　蝴蝶树

功能主治　清热解毒，健脾消积，祛风止痛。用于疮毒，淋巴结炎，小儿疳积，风热感冒，风湿痹痛。

常绿荚蒾 *Viburnum sempervirens* K. Koch.

科名：忍冬科　**别名**：竖荚莲

识别要点　常绿灌木。小枝略成四棱形。叶革质椭圆形，具离基3出脉，下面生小腺点。花序复伞形，花冠白色，核果红色。

药用部位　叶　**药材名**　白花坚荚树

功能主治　活血散瘀，续伤止痛。用于跌打损伤，瘀血肿痛。

败　酱	*Patrinia scabiosifolia* Fisch. ex Trevir.

科名：败酱科　　**别名**：黄花龙芽、苦斋

识别要点　草本。全株有陈腐气味。基部叶簇生，卵形；茎生叶对生，披针形。顶生大型伞房状聚伞花序，花冠黄色。

药用部位　全草　　**药材名**　败酱

功能主治　清热利湿，解毒排脓。用于阑尾炎，肠炎，肝炎。

白花败酱	*Patrinia villosa* Juss.

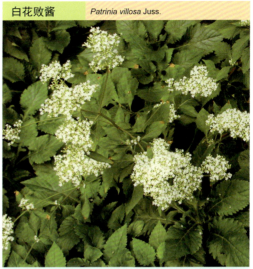

科名：败酱科　　**别名**：胭脂麻、苦斋婆

识别要点　多年生草本。具白色粗毛。叶对生，卵形，边缘具粗锯齿。聚伞花序呈圆锥花丛，花冠5裂，白色，筒部短。

药用部位　带根全草　　**药材名**　败酱草

功能主治　清热解毒，排脓破瘀。用于肠痈，下痢，赤白带下，产后瘀滞腹痛。

大花金钱豹	*Campanumoea javanica* Bl.

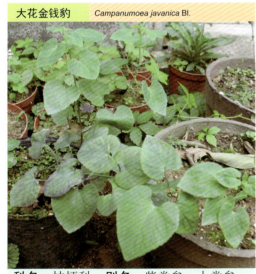

科名：桔梗科　　**别名**：柴党参、土党参

识别要点　草质缠绕藤本。具乳汁，具胡萝卜状根。叶对生，叶片心形，边缘有浅锯齿。花单生，花冠白色，浆果。

药用部位　根　　**药材名**　土党参

功能主治　健脾胃，补肺气，祛痰止咳。用于虚劳内伤，肺虚咳嗽。

同瓣草	*Isotoma longiflora* Presl.

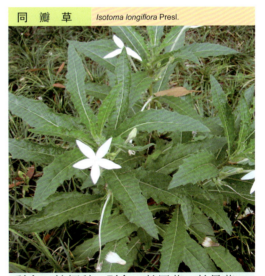

科名：桔梗科　　**别名**：长冠花、长星花

识别要点　草本。全株具乳汁，株高约50cm。叶互生，纸质，披针形。花单生叶腋，花冠管长，白色，蒴果椭圆形。

药用部位　全草　　**药材名**　同瓣草

功能主治　解毒，消肿，止痛。

半 边 莲　*Lobelia chinensis* Lour.

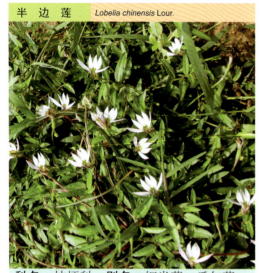

科名：桔梗科　**别名：**细米草、瓜仁草

识别要点　草本。有白色乳汁。茎平卧。花单生，花瓣生于一侧，花冠粉红色或白色，5裂，裂片近相等。蒴果倒锥状。

药用部位　全草　　**药材名**　半边莲

功能主治　清热解毒，利水消肿。用于咽喉肿痛，水肿，黄疸，泻痢，蛇虫咬伤。

桔　梗　*Platycodon grandiflorus* (Jacq) A.DC.

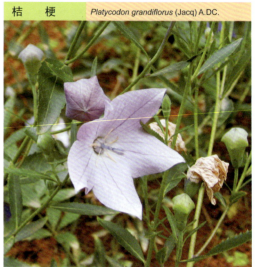

科名：桔梗科　**别名：**苦菜根、包袱根

识别要点　多年生草本。有白色乳汁。叶轮生至互生，叶背具白粉。花萼齿5裂，蓝紫色，裂片三角形。蒴果顶端5裂。

药用部位　根　　**药材名**　桔梗

功能主治　宣肺，祛痰，利咽，排脓。用于咳嗽痰多，咽喉肿痛，肺痈吐脓。

铜锤玉带草　*Pratia nummularia* A. Brown et Aschers.

科名：桔梗科　**别名：**扣子草

识别要点　草本。有白色乳汁，茎平卧，被开展的柔毛。叶互生，叶片心形。花单生叶腋，花冠紫红色，浆果紫红色。

药用部位　全草　　**药材名**　铜锤玉带草

功能主治　祛风除湿，活血，解毒。用于风湿痹痛，跌打损伤，乳痈。

胜 红 蓟　*Ageratum conyzoides* L.

科名：菊科　**别名：**臭草、白花草

识别要点　一年生草本。叶边缘有钝圆锯齿。头状花序排成伞房花序，总苞片矩圆形，花淡紫色，冠毛鳞片状，5枚。

药用部位　全草　　**药材名**　胜红蓟

功能主治　祛风清热，止痛，止血，排石。用于上呼吸道感染，急性胃肠炎，肾结石，膀胱结石。

杏香兔儿风　*Ainsliaea fragrans* Champ.

科名：菊科　**别名：**一支香、兔耳风、兔耳一支香

识别要点　多年生草本。茎直立，不分枝。叶聚生于茎的基部，叶片厚纸质，上面绿色，下面淡绿色或带紫红色，叶柄无翅。头状花序。

药用部位　全草　　**药材名**　杏香兔耳风

功能主治　清热解毒，消积散结，止咳，止血。用于上呼吸道感染，肺脓肿，肺结核咯血，黄疸，小儿疳积，消化不良，乳腺炎；外用治中耳炎，毒蛇咬伤。

黄花蒿　*Artemisia annua* L.

科名：菊科　**别名：**蒿、青蒿、方溃

识别要点　草本。有臭气。茎具纵棱线。叶互生，三回羽状深裂。头状花序球形，小花均为管状，黄色。瘦果椭圆形。

药用部位　全草　　**药材名**　黄花蒿

功能主治　清虚热，除骨蒸，解暑热，截疟，退黄。用于温邪伤阴，阴虚发热，疟疾寒热。

奇蒿　*Artemisia anomala* S. Moore

科名：菊科　**别名：**六月霜、刘寄奴

识别要点　多年生草本。主根稍明显或不明显，侧根多数，根状茎稍粗，茎单生，具纵棱，黄褐色或紫褐色。头状花序长圆形或卵形。

药用部位　带花全草　　**药材名**　奇蒿

功能主治　清暑利湿，活血行瘀，通经止痛。用于中暑，头痛，肠炎，痢疾，经闭腹痛，风湿疼痛，跌打损伤。

艾蒿　*Artemisia argyi* Levl. et Vant.

科名：菊科　**别名：**艾、蕲艾

识别要点　多年生草本。单叶互生，羽状深裂，边缘具粗锯齿。由多数头状花序集合而成的花序总状，顶生。瘦果长圆形。

药用部位　种子、茎、叶　　**药材名**　艾叶

功能主治　理气血，逐寒湿，温经，止血，安胎。用于月经不调，心腹冷痛，泄泻转筋。

南牡蒿　*Artemisia eriopoda* Bunge

科名：菊科　**别名：**黄蒿、米蒿

识别要点　草本。基部叶羽状深裂；上部叶三裂或不裂，裂片条形，叶下面被微柔毛。头状花序多数，排成复总状花序。

药用部位　全草　　**药材名**　南牡蒿

功能主治　祛风除湿，解毒。用于风湿关节痛，头痛，毒蛇咬伤。

牡蒿　*Artemisia japonica* Thunb.

科名：菊科　**别名：**齐头蒿、香蒿

识别要点　多年生草本。植株有香气，主根稍明显，侧根多，茎单生或少数，有纵棱。叶纸质。头状花序多数，卵球形或近球形。

药用部位　全草　　**药材名**　牡蒿

功能主治　清热，凉血，解暑。用于感冒发热，中暑，疟疾，肺结核潮热，高血压；外用治创伤出血，疔疖肿毒。

白苞蒿　*Artemisia lactiflora* Wall. ex DC.

科名：菊科　**别名：**珍珠菜、白花蒿

识别要点　多年生草本。叶互生，羽状分裂。头状花序卵状球形，排成圆锥花序，小花全为管状花，裂齿圆。瘦果圆柱形。

药用部位　全草　　**药材名**　鸭脚艾

功能主治　破血通经，止血止痛，消积除胀。用于血瘀经闭，胸腹胀痛。

芦蒿　*Artemisia selengensis* Turcz. ex Bess.

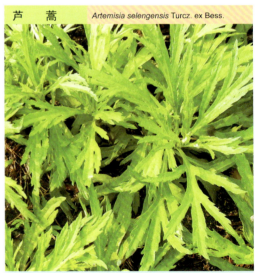

科名：菊科　**别名：**蒌蒿、柳蒿

识别要点　草本。具清香气味，有匍匐地下茎。叶卵形至长椭圆形，5或3全裂或深裂，边缘常具锯齿。头状花序多数。

药用部位　全草　　**药材名**　蒌蒿

功能主治　清热解毒，平肝降火。用于牙痛，喉痛，便秘。

木 香　*Aucklandia lappa* Decne.

科名： 菊科　　**别名：** 云木香、广木香

识别要点　多年生草本。主根粗大，茎被稀疏短柔毛，茎生叶有长柄，茎生叶基部翼状抱茎。头状花序顶生和腋生。

药用部位　根　　**药材名**　木香

功能主治　行气止痛，健脾消食。用于胸脘胀痛，泻痢后重，食积不消，不思饮食，泄泻腹痛。

三叶鬼针草　*Bidens pilosa* L.

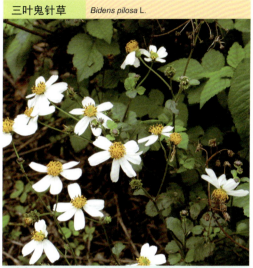

科名： 菊科　　**别名：** 毛鬼针草、鬼针草

识别要点　一年生草本。茎四棱。叶对生。头状花序，花杂性，舌状花白色或黄色，管状花两性，黄褐色。瘦果线形。

药用部位　全草　　**药材名**　鬼针草

功能主治　疏表清热，解毒散瘀。用于流感，乙脑，肠炎，疮疡疖痔。

艾 纳 香　*Blumea balsamifera* (L.) DC.

科名： 菊科　　**别名：** 冰片艾、大风艾

识别要点　亚灌木。叶片长圆状卵形。头状花序排成圆锥花序，花黄色，雌花丝状，两性花管状，裂片卵形。

药用部位　叶及嫩枝　　**药材名**　艾纳香

功能主治　温中活血，祛风除湿，杀虫。用于寒湿泻痢，腹痛肠鸣，肿胀，筋骨疼痛。

石 胡 荽　*Centipeda minima* (Linn.) A. Br. et Aschers.

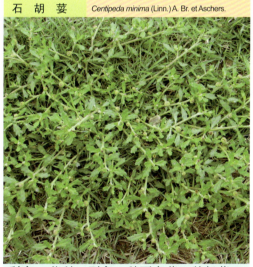

科名： 菊科　　**别名：** 鹅不食草、鹅仔草

识别要点　一年生小草本。茎多分枝。叶互生，楔状倒披针形，边缘有少数锯齿。头状花序，扁球形，单生于叶腋。

药用部位　全草　　**药材名**　鹅不食草

功能主治　通窍散寒，祛风利湿。用于伤风感冒，鼻炎，气管炎。

芙蓉菊　*Crossostephium chinense* (Linn.) Makino

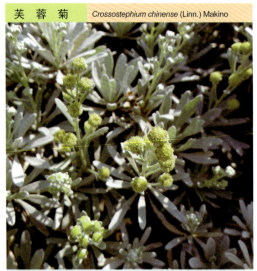

科名：菊科　**别名**：玉芙蓉、白芙蓉

识别要点　半灌木。密被灰色短柔毛。叶聚生枝顶，全缘或浅裂，质地厚。头状花序排成有叶的总状花序，瘦果矩圆形。

药用部位　叶、根　**药材名**　芙蓉菊

功能主治　祛风除湿，温中止痛。用于痹证，脘腹冷痛，呕吐，泄泻。

野菊　*Dendranthema indicum* (L.) Des Moul.

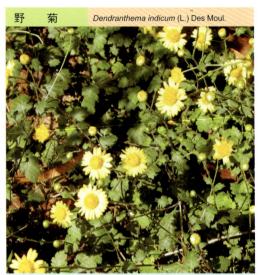

科名：菊科　**别名**：野山菊、黄菊仔

识别要点　多年生草本。具匍匐茎。叶片羽状半裂。头状花序组成伞房花序，边缘舌状，雌性，黄色，中央花管状，两性。

药用部位　头状花序　**药材名**　野菊

功能主治　清热解毒，祛风明目，降血压。用于感冒，肺炎，白喉，疔痈。

鱼眼草　*Dichrocephala auriculata* (Thunb.) Druce

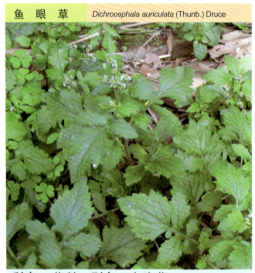

科名：菊科　**别名**：白头菜

识别要点　草本。茎枝被白色绒毛。叶卵形，大头羽裂，对生。头状花序，球形；外围雌花紫色，中央两性花黄绿色。

药用部位　全株　**药材名**　鱼眼草

功能主治　清热解毒，利湿，祛翳。用于疟疾，痢疾，目翳，疮疡。

川木香　*Dolomiaea souliei* (Franch.) C. Shih

科名：菊科　**别名**：木香

识别要点　无茎草本。叶基生，椭圆形，质地厚，边缘有刺齿。头状花序，苞片质地坚硬，先端成针刺状，小花红色。

药用部位　根　**药材名**　川木香

功能主治　行气止痛。用于胸肋脘腹胀痛，肠鸣腹泻，里急后重。

墨旱莲 *Eclipta prostrata* L.

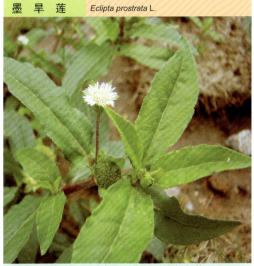

科名：菊科　**别名**：鳢肠、墨汁草

识别要点　一年生草本。叶对生，披针形。头状花序，舌状花为雌花，1层，白色，管状花两性，花冠4裂。瘦果黑色。

药用部位　全草　**药材名**　墨旱莲

功能主治　滋阴补肾，凉血止血。用于牙齿松动，须发早白，眩晕耳鸣，阴虚血热出血。

地胆草 *Elephantopus scaber* L.

科名：菊科　**别名**：土蒲公英、地胆头

识别要点　多年生草本。单叶基生。头状花序，苞叶卵形或长圆状卵形，小花管状，两性，淡紫色。瘦果具长硬刺。

药用部位　全草　**药材名**　苦地胆

功能主治　凉血，清热，利水，解毒。用于鼻衄，黄疸，淋病，水肿，痈肿。

白花地胆草 *Elephantopus tomentosa* L.

科名：菊科　**别名**：白花药丸草

识别要点　多年生草本。植株较地胆草高大。头状花序密集，具3片叶状苞，小花管状，两性，花白色。

药用部位　全草　**药材名**　苦地胆

功能主治　凉血清热，利水解毒，行气止痛。用于鼻衄，黄疸，淋病，脚气，水肿。

一点红 *Emilia sonchifolia* (L.) DC.

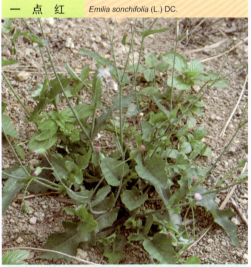

科名：菊科　**别名**：叶下红、红背叶

识别要点　草本。全株含有白色乳汁。叶稍肉质，下部叶卵形，上部叶细小，抱茎生，叶背紫红色。头状花序紫红色。

药用部位　全草　**药材名**　一点红

功能主治　清热解毒，消炎，利尿。用于肠炎、痢疾、尿路感染。

短葶飞蓬　*Erigeron breviscapus* (Vant.) Hand.-Mazz.

科名：菊科　　**别名**：灯盏细辛、灯盏花

识别要点　草本。基生叶卵状披针形，茎生叶狭披针形。头状花序，舌状花蓝色或粉紫色，管状花黄色，花药伸出花冠。

药用部位　全草　　**药材名**　灯盏细辛

功能主治　散寒解表，活血舒筋，止痛。用于感冒头痛，跌打损伤。

华泽兰　*Eupatorium chinense* L.

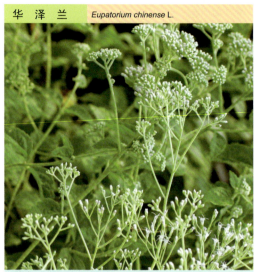

科名：菊科　　**别名**：多须公、六月雪

识别要点　半灌木。茎散生红色斑点。单叶互生，先端短尖，基部圆形或楔形，托叶鞘膜质。圆锥花序腋生。

药用部位　根状茎　　**药材名**　华泽兰

功能主治　清热解毒，利咽化痰。用于白喉，扁桃体炎，咽喉炎，感冒发热，麻疹，肺炎，支气管炎。

佩兰　*Eupatorium fortunei* Turcz.

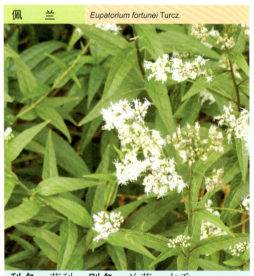

科名：菊科　　**别名**：兰草、水香

识别要点　草本。叶互生，心状三角形，托叶鞘短筒状。总状花序短而密集成簇，白色或淡红色，花被5深裂。

药用部位　种子、茎、叶　　**药材名**　佩兰

功能主治　芳香化湿，醒脾开胃，发表解暑。用于湿浊中阻，脘痞呕恶，暑湿表证，湿温初起。

飞机草　*Eupatorium odoratum* L.

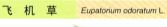

科名：菊科　　**别名**：香泽兰

识别要点　亚灌木。茎有细纵纹，叶对生。头状花序排成伞房状，小花管状，花冠淡黄色。瘦果，黑色。

药用部位　全草　　**药材名**　飞机草

功能主治　散瘀消肿，止血，杀虫。用于跌打肿痛，外伤出血，疮疡肿毒。

鼠曲草　*Gnaphalium affine* D. Don

科名：菊科　**别名：**鼠麹草、白艾

识别要点　草本。茎有沟纹，被白色厚棉毛。叶无柄，匙状倒披针形。头状花序组成伞房花序，花黄色至淡黄色，瘦果。

药用部位　全草　　**药材名**　鼠曲草

功能主治　化痰止咳，祛风散寒。用于咳嗽痰多，气喘，感冒风寒。

紫背菜　*Gynura bicolor* DC.

科名：菊科　**别名：**红菜、血皮菜

识别要点　多年生草本。叶互生，叶缘具粗锯齿，表面绿色，背面紫色。头状花序排成伞房状，总苞管状花，花冠黄色。

药用部位　全草　　**药材名**　紫背菜

功能主治　接筋续骨，消肿散瘀。用于骨折，跌打损伤，风湿性关节炎。

三七草　*Gynura segetum* (Lour.) Merr.

科名：菊科　**别名：**菊叶三七、白背菜

识别要点　多年生草本。叶互生，长椭圆形，边缘具锯齿。头状花序伞房状。瘦果线形，有纵棱，冠毛白色。

药用部位　根　　**药材名**　三七草

功能主治　祛瘀止血，解毒消肿。用于跌打损伤，血瘀经闭。

向日葵　*Helianthus annuus* L.

科名：菊科　**别名：**葵花、向阳花

识别要点　一年生高大草本。茎直立，被白色粗硬毛。叶互生，头状花序极大，单生于茎端或枝端，常下倾。总苞片多层。

药用部位　花序托、根、茎髓、叶及种子

药材名　向日葵

功能主治　花序托养肝补肾，降压，止痛；根、茎髓：清热利尿，止咳平喘；种子：滋阴，止痢，透疹；叶：截疟，用于疟疾，外用治烫火伤。

| 羊耳菊 | *Inula cappa* (Buch.-Ham.) DC. |

科名：菊科　　**别名**：猪耳风、白牛胆

识别要点　亚灌木。根状茎粗壮，多分枝，茎直立，全部被污白色或浅褐色绢状或棉状密茸毛，上部或从中部起有分枝。

药用部位　根或全草　　**药材名**　羊耳菊

功能主治　散寒解表，祛风消肿，行气止痛。用于风寒感冒，咳嗽，神经性头痛，胃痛，白带，血吸虫病。

| 剪刀股 | *Ixeris debilis* A. Gray |

科名：菊科　　**别名**：假蒲公英

识别要点　多年生草本。具匍匐茎。基生叶排列成莲座状。头状花序排列成伞房状，总苞圆筒状，花黄色。瘦果长圆形。

药用部位　全草　　**药材名**　剪刀股

功能主治　清热凉血，利尿消肿。用于肺热咳嗽，喉痛，水肿，小便不利，乳痈，疔毒。

| 多头苦荬 | *Ixeris polycephala* Cass. |

科名：菊科　　**别名**：黄花地丁、剪刀草

识别要点　一年或二年生草本。头状花序密集成伞房状，外层总苞片卵形，内层卵状披针形，舌状花黄色。瘦果纺锤形。

药用部位　全草　　**药材名**　黄花地丁

功能主治　清热解毒。用于喉痛，腹痛，阑尾炎，风疹。

| 马 兰 | *Kalimeris indica* (L.) Sch. Bip. |

科名：菊科　　**别名**：马兰菊、旧边菊

识别要点　多年生草本。叶互生，边缘有疏齿。夏季开花，头状花序生于被顶，总苞半球形，瘦果倒卵状长圆形，扁平。

药用部位　全草　　**药材名**　马兰

功能主治　清热解表，消肿解毒。用于外感风热头痛，咽喉肿痛。

雪莲果 *Polymnia sonchifolia* Griseb.

科名：菊科　**别名：**菊果、菊薯

识别要点　多年生草本。具块根。叶对生，阔叶形如心状；叶上密生绒毛。花顶生，黄色。蒴果，无籽。

药用部位　块根　**药材名**　菊薯

功能主治　通经活血，强筋骨，促进子宫收缩。用于风湿性关节炎，妇女小腹冷痛，闭经，麻疹不透，肺寒咳嗽，阳痿。

除虫菊 *Pyrethrum cinerariifolium* Trev.

科名：菊科　**别名：**白花除虫菊

识别要点　草本。茎直立，银灰色，被柔毛。基生叶卵形，二回羽状分裂，叶面银灰色。头状花序舌状，花白色，瘦果。

药用部位　全株　**药材名**　除虫菊

功能主治　燥湿杀虫、除蚊杀虫。用于疥癣，灭蚊，灭蝇，灭臭虫。

千里光 *Senecio scandens* Buch. Ham.

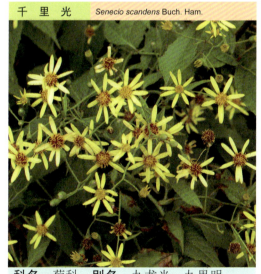

科名：菊科　**别名：**九龙光、九里明

识别要点　亚灌木。枝具线纹，呈"之"字形。头状花序排成伞房花序式，总苞片10～12枚，狭长圆形。

药用部位　地上部分　**药材名**　千里光

功能主治　清热解毒，明目，止痒。用于风热感冒，目赤肿痛，泄泻，痢疾。

豨莶草 *Siegesbeckia orientalis* L.

科名：菊科　**别名：**感冒草

识别要点　一年生草本。叶对生，阔卵状三角形，边缘浅裂。头状花序排成圆锥花序，总苞片2层，外层的狭匙形。

药用部位　全草　**药材名**　豨莶草

功能主治　祛风湿，利关节，解毒。用于风湿痹痛，筋骨无力，腰膝酸软，四肢麻痹。

水 飞 蓟 *Silybum marianum* (Linn.) Gaertn.

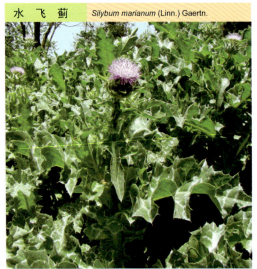

科名：菊科　**别名：**乳蓟、小飞蓟

识别要点　草本。茎有条棱，粉白色。叶具大型白色花斑，边缘有坚硬的黄色的针刺。头状花序，小花红紫色。

药用部位　种子　**药材名**　水飞蓟

功能主治　清利湿热。用于黄疸，肝肿大，肝硬化，胆结石。

一枝黄花 *Solidago decurrens* Lour.

科名：菊科　**别名：**朝鲜一枝蒿

识别要点　多年生草本。根茎平卧或斜升，茎直立。叶互生，叶两面无毛或沿中脉有稀疏短柔毛。头状花序排列成总状或总状圆锥状花序。

药用部位　全草　**药材名**　一枝黄花

功能主治　疏风清热，解毒消肿。用于风热感冒，咽喉肿痛，肾炎，膀胱炎，痈肿疔毒，跌打损伤。

裸 柱 菊 *Soliva anthemifolia* (Juss.) R. Br.

科名：菊科　**别名：**座地菊、裸果菊

识别要点　一年生草本。茎极短。叶互生，二至三回羽状分裂，被长柔毛或近于无毛。头状花序近球形。

药用部位　全草　**药材名**　裸柱菊

功能主治　解毒散结。用于痈疮疔肿，风毒流注，瘰疬，痔疮。

苦 苣 菜 *Sonchus oleraceus* L.

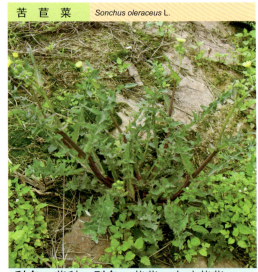

科名：菊科　**别名：**苦菜、尖叶苦菜

识别要点　草本。有纺锤状根，茎中空。叶片柔软无毛，基生叶羽状深裂，茎生叶抱茎。头状花序，舌状花黄色。

药用部位　全草　**药材名**　苦菜

功能主治　清热解毒，祛湿止泻。用于咽喉肿痛，肠炎，痢疾。

天文草　*Spilanthes paniculata* Wall.ex DC.

科名：菊科　**别名：**金纽扣、散血草

识别要点　一年生草本。叶对生，卵形，顶端钝渐尖，基出脉3条。头状花序，总苞片2层，卵形。瘦果倒卵形，黑色。

药用部位　全草　**药材名**　天文草

功能主治　止咳定喘，消肿止痛。用于外感风寒咳嗽，哮喘，百日咳。

甜叶菊　*Stevia rebaudiana* (Bertoni) Hemsl.

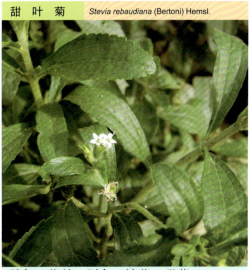

科名：菊科　**别名：**糖草、甜草

识别要点　草本。叶对生，椭圆形，纸质，叶面粗糙。花序多排列成稀疏房状，总苞筒状，花冠白色，瘦果纺锤形。

药用部位　全草　**药材名**　甜叶菊

功能主治　生津止渴。用于消渴，糖尿病，高血压。

金腰箭　*Synedrella nodiflora* (Linn.) Gaertn.

科名：菊科　**别名：**苞壳菊、黑点旧

识别要点　草本。茎被贴生的粗毛。叶阔卵形至卵状披针形，被糙毛。头状花序簇生于叶腋，小花黄色，瘦果。

药用部位　全草　**药材名**　金腰箭

功能主治　清热透疹，解毒消肿。用于感冒发热，斑疹，疮痈肿毒。

蒲公英　*Taraxacum mongolicum* Hand.

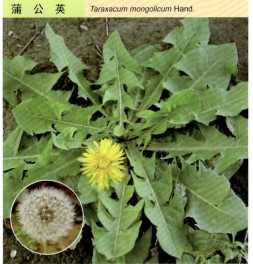

科名：菊科　**别名：**蒲公草、尿床草、凫公英

识别要点　多年生草本。含白色乳汁。叶基生，排成莲座状。头状花序黄色，花舌状两性，冠毛白色。

药用部位　全草　**药材名**　蒲公英

功能主治　清热解毒，消肿散结。用于上呼吸道感染，眼结膜炎，流行性腮腺炎。

蒜叶婆罗门参　*Tragopogon porrifolius* Linn.

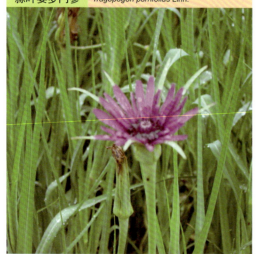

科名：菊科　**别名**：婆罗门参、土洋参

识别要点　草本。根垂直直伸，茎直立。叶线状披针形。头状花序单生，花序梗果期膨大，舌状花紫红色，瘦果黄褐色。

药用部位　叶、根　**药材名**　婆罗门参

功能主治　健脾益气。用于体虚，食积。

毒根斑鸠菊　*Vernonia andersonii* C. B. Clarke

科名：菊科　**别名**：细脉斑鸠菊、过山龙

识别要点　藤本。细枝多，有微毛，茎棕褐色。叶互生，椭圆状披针形，全缘。头状花序聚伞花序式排列，花淡紫红色。

药用部位　藤茎或根　**药材名**　发痧藤

功能主治　祛风解表，舒筋活络。用于关节痛，腰腿痛，跌打损伤。

夜香牛　*Vernonia cinerea* (L.) Less.

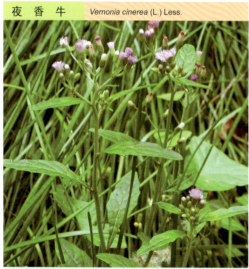

科名：菊科　**别名**：伤寒草、消山虎

识别要点　一年生草本。叶互生，披针形。头状花序排列成伞房花序，全管状花，两性，淡紫红色。

药用部位　种子、茎、叶　**药材名**　夜香牛

功能主治　开胃宽肠，下气消积，消肿毒。用于肠胃积滞，慢性泄泻。

苍耳　*Xanthium sibiricum* Patrin.

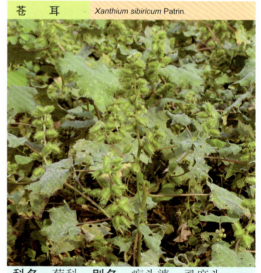

科名：菊科　**别名**：痴头婆、虱麻头

识别要点　一年生草本。叶互生，卵状三角形，基出脉3条。头状花序，总苞片2～3层。瘦果倒卵形，果实外生钩刺。

药用部位　果实　**药材名**　苍耳子

功能主治　通鼻窍，祛风湿，止痛。用于鼻渊头痛，流涕，风寒头痛。

黄鹌菜 *Youngia japonica* (L.) DC.

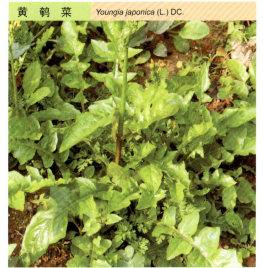

科名：菊科　**别名**：苦菜药、黄花菜

识别要点　一年或二年生草本。基部叶丛生，茎生叶互生，叶片狭长；羽状深裂。头状花序黄色。

药用部位　全草或根　**药材名**　黄鹌菜

功能主治　清热，解毒，消肿，止痛。用于感冒，咽痛，乳腺炎。

泽泻 *Alisma orientale* (Sam.) Juzep.

科名：泽泻科　**别名**：水泻、芒芋、鹄泻

识别要点　多年生草本。块茎圆球形。叶基生，椭圆形，基部成鞘。伞形花序成圆锥花序，花瓣白色，倒卵形。

药用部位　块茎　**药材名**　泽泻

功能主治　利水渗湿，泄热，化浊降脂。用于小便不利，水肿胀满，泄泻尿少，热淋涩痛，高脂血症。

薤白 *Allium macrostemon* Bunge

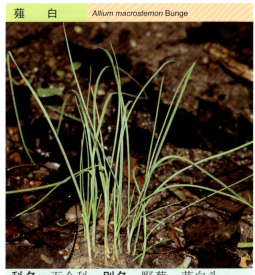

科名：百合科　**别名**：野葱、薤白头

识别要点　草本。鳞茎近球形，外被白色膜质鳞皮。叶基生，叶片线形。伞形花序密而多花，近球形。

药用部位　鳞茎　**药材名**　薤白

功能主治　通阳散结，行气导滞。用于胸痹疼痛，痰饮咳喘，泻痢后重。

韭菜 *Allium tuberosum* Rottler

科名：百合科　**别名**：韭菜仁

识别要点　多年生草本。具特异气味。叶扁平。伞形花序，花被片白色具绿色脉。种子黑色。

药用部位　成熟种子　**药材名**　韭菜子

功能主治　补肝肾，暖腰膝，壮阳固精。用于肾阳虚衰，腰膝酸软冷痛，阳痿。

| 木立芦荟 | *Aloe arborescens* Mill. |

科名：百合科　别名：木本芦荟、木剑芦荟

识别要点　肉质草本。茎木质化。单叶呈莲座状簇生，叶片长披针形，叶缘具刺，绿色。圆锥花序，小花橘红色。

药用部位　全草　　**药材名**　木本芦荟

功能主治　利尿解毒，消炎镇痛。用于预防感冒，咳嗽，便秘。

| 芦　荟 | *Aloe vera* (L.) var. *chinensis* (Haw.) Berger |

科名：百合科　别名：象胆、油葱

识别要点　多年生肉质草本。茎极短。叶近莲座式排列，狭披针形，肥厚多汁，边缘有刺状小齿。总状花序，花黄色。

药用部位　液汁经浓缩而成的干燥品

药材名　芦荟

功能主治　泻下通便，清肝泻火，杀虫疗疮。用于热结便秘，惊痫抽搐，小儿疳积。

| 天　门　冬 | *Asparagus cochinchinensis* (Lour.) Merr. |

科名：百合科　别名：明天冬、石薯子

识别要点　缠绕藤本。块根纺锤形。主茎上常有短刺，叶退化呈鳞片状。花单性，花被裂片6枚，绿色。

药用部位　全草　　**药材名**　天冬

功能主治　滋阴润燥，清肺降火。用于热病伤阴之舌干，津亏消渴，肠燥便秘。

| 羊齿天冬 | *Asparagus filicinus* Ham. ex Don. |

科名：百合科　别名：千锤打、滇百部

识别要点　多年生草本。根肉质，纺锤形。叶状枝扁平，镰刀状，中脉明显。叶退化为鳞叶状，花杂性。浆果。

药用部位　块根　　**药材名**　羊齿天冬

功能主治　润肺止咳，杀虫止痒。用于肺结核久咳，肺脓疡，百日咳，支气管哮喘。

石刁柏 *Asparagus officinalis* L.	**文竹** *Asparagus plumosus* Baker.

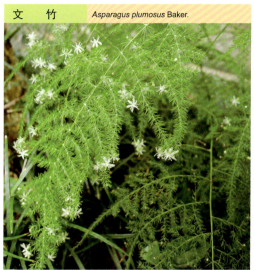

科名：百合科　**别名：**露笋、芦笋

识别要点　多年生草本。茎分枝较柔弱。叶状枝针状，稍弯。叶退化成鳞片状。花单性腋生，浆果球形红色。

药用部位　块根　**药材名**　石刁柏

功能主治　清肺止咳，杀虫止痒。用于肺热咳嗽等；外用治皮肤疥癣。

科名：百合科　**别名：**平面草、云片竹

识别要点　常绿藤本。根稍肉质，细长。叶状枝10～13枚成簇，略具三棱。花1～3朵腋生，白色，浆果熟时紫黑色。

药用部位　根　**药材名**　文竹

功能主治　润肺止咳，凉血解毒，利尿通淋。用于阴虚肺燥咳嗽，咯血，小便淋漓。

蜘蛛抱蛋 *Aspidistra elatior* Bl.	**小花蜘蛛抱蛋** *Aspidistra muricata*. F. C. How ex K. Y. Lang

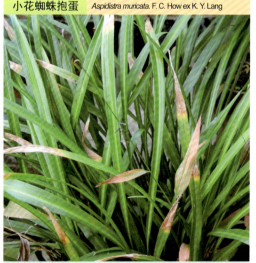

科名：百合科　**别名：**一帆青、一叶兰

识别要点　多年生草本。节间叶鞘抱茎。叶平行脉8～12条，有深沟纹。花茎顶生1花，苞片3，花被8齿裂，杯状，暗紫色。

药用部位　根茎　**药材名**　蜘蛛抱蛋

功能主治　活血散瘀，补虚止咳。用于跌打损伤，风湿筋骨痛，腰痛，肺虚咳嗽，咯血。

科名：百合科　**别名：**斑点蜘蛛抱蛋

识别要点　多年生草本。叶鞘具紫色细点，叶簇生，条形至倒披针状条形。总花梗具鳞片，花被罈状，有紫色细点。

药用部位　全草　**药材名**　斑点蜘蛛抱蛋

功能主治　清热止咳，续伤接骨。用于痰热咳嗽，跌扑闪挫，金疮。

开口箭　　*Campylandra chinensis* Baker.

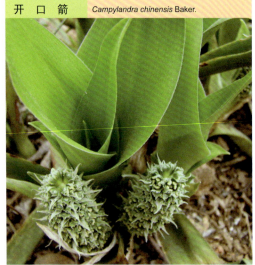

科名：百合科　别名：万年青

识别要点　草本。叶基生，条形，近革质，全缘。穗状花序侧生；苞片绿色；花短钟状，黄色或黄绿色；浆果圆形，紫红色。

药用部位　全草　　**药材名**　开口箭

功能主治　滋阴泻火，祛风除湿。用于劳热咳嗽，风湿痹痛。

吊　兰　　*Chlorophytum capense* (L.) Kuntze

科名：百合科　别名：金边吊兰、硬叶吊兰

识别要点　多年生草本。根肥厚。叶线形。花茎有叶束或幼小植株，花白色，花被轮状，裂片6，蒴果三角形。

药用部位　全草或带根全草　　**药材名**　吊兰

功能主治　化痰止咳，散瘀消肿，清热解毒。用于痰热咳嗽，跌打损伤，骨折，痈肿，痔疮，烧伤。

山菅兰　　*Dianella ensifolia* (L.) DC.

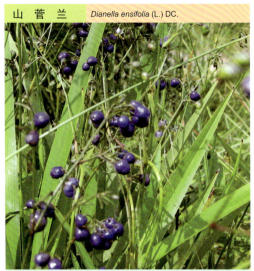

科名：百合科　别名：碟碟草、假射干

识别要点　多年生草本。茎圆柱形。叶互生，线状披针，2列，有稀疏粗糙的细锯齿。圆锥花序顶生。果蓝色。

药用部位　全草或根茎　　**药材名**　山菅兰

功能主治　拔毒消肿。用于痈疮脓肿，癣，淋巴结结核，淋巴结炎。

万寿竹　　*Disporum cantoniense* (Lour.) Merr.

科名：百合科　别名：山竹花、竹根七

识别要点　多年生草本。叶互生，卵状披针形，平行脉。伞形花序，白色或淡紫色，苞片卵形。浆果球形，黑色。

药用部位　根及根茎　　**药材名**　竹叶参

功能主治　清热解毒，活血散瘀。用于肺热咳嗽，小儿高热，风湿、跌打筋骨疼痛。

黄花菜	*Hemerocallis citrina* Baroni

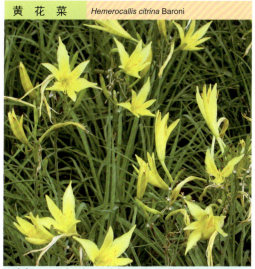

科名：百合科　**别名：**金针菜、金针花

识别要点　草本。根近肉质，中下部常有纺锤状膨大。花多朵，花被淡黄色，有时在花蕾时顶端带黑紫色。

药用部位　花　　**药材名**　黄花菜

功能主治　养血平肝，利尿消肿。用于头晕耳鸣，腰痛，咽痛，水肿，淋病，乳痈。

萱草	*Hemerocallis fulva* L.

科名：百合科　**别名：**金针菜根、谖草根

识别要点　多年生草本。具纺锤状块根。叶阔线形，主脉凸起。花葶高60～100cm，聚伞花序排成圆锥状，花被橘红色。

药用部位　根　　**药材名**　萱草

功能主治　清热利尿，凉血止血。用于尿血，衄血，小便不利。

野百合	*Lilium brownii* var. *viridulum* Barkr

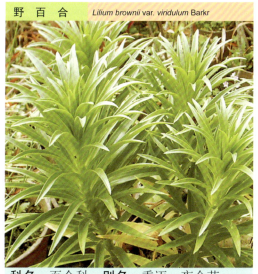

科名：百合科　**别名：**重迈、夜合花

识别要点　多年生草本。鳞茎球形，鳞片披针形。茎有紫色条纹。叶披针形。花喇叭形，乳白色。蒴果长圆形。

药用部位　鳞茎　　**药材名**　野百合

功能主治　润肺止咳，清心安神。用于肺燥或肺热干咳咽痛，劳嗽咯血。

阔叶山麦冬	*Liriope platyphylla* Wang et Tang

科名：百合科　**别名：**短葶山麦冬

识别要点　多年生常绿草本。具纺锤状肉质块根。叶片宽线形，多少带镰刀状，基部渐狭成柄状。总状花序花多而密。

药用部位　块根　　**药材名**　阔叶麦冬

功能主治　补肺养胃，滋阴生津。用于肺燥干咳，虚痨咳嗽，津伤口渴。

山麦冬 *Liriope spicata* (Thunb.) Lour.

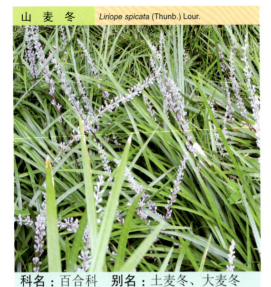

科名：百合科　　**别名**：土麦冬、大麦冬

识别要点　植株丛生，有纺锤形肉质小块根。叶带形，具5条脉，中脉较明显。总状花序，花被淡紫色或淡蓝色。

药用部位　块根　　**药材名**　山麦冬

功能主治　养阴生津，润肺清心。用于肺燥干咳，心烦失眠。

麦冬 *Ophiopogon japonicus* (L. F.) Ker-Gawl.

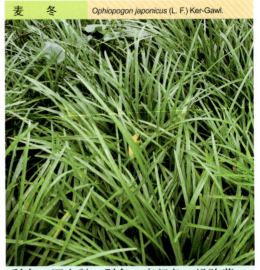

科名：百合科　　**别名**：麦门冬、沿阶草

识别要点　多年生常绿草本。叶丛生于基部，狭线形。花茎常低于叶丛，稍弯垂。总状花序，花淡紫色。果蓝色。

药用部位　块根　　**药材名**　麦冬

功能主治　养阴生津，润肺清心。用于肺燥干咳，阴虚痨嗽，喉痹咽痛，津伤口渴，心烦失眠，肠燥便秘。

七叶一枝花 *Paris polyphylla* Smith

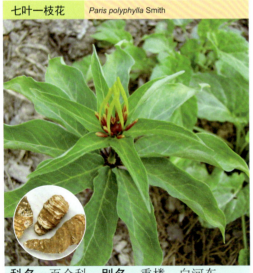

科名：百合科　　**别名**：重楼、白河车

识别要点　草本。根状茎粗厚，茎常带紫红色。叶7～10枚，矩圆形。外轮花被片绿色，狭卵状披针形；内轮花被片狭条形。

药用部位　根状茎　　**药材名**　七叶一枝花

功能主治　消肿止痛，镇咳平喘。用于痈肿，跌打损伤，肺痨久咳。

滇重楼 *Paris polyphylla* Smith var. *yunnanensis* (Franch.) Hand.-Mazz.

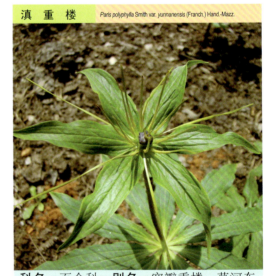

科名：百合科　　**别名**：宽瓣重楼、草河车

识别要点　草本。叶8～10枚，厚纸质、倒卵状披针形。外轮花被片披针形，内轮花被片条形。雄蕊10～12枚，子房球形。

药用部位　根状茎　　**药材名**　重楼

功能主治　清热解毒，消肿止痛。用于疔疮痈肿，毒蛇咬伤。

卷叶黄精　　*Polygonatum cirrhifolium* (Wall.) Royle

科名：百合科　　**别名：**东北黄精、钩叶黄精

识别要点　草本。根状茎肥厚。叶条形，3～6枚轮生，先端拳卷或弯曲成钩状，边常外卷。花序轮生，花被淡紫色，浆果红色。

药用部位　根茎　　**药材名**　卷叶黄精

功能主治　补中益气，润心肺，强筋骨。用于病后体虚，风湿疼痛。

玉　竹　　*Polygonatum odoratum* (Mill.) Druce

科名：百合科　　**别名：**玉竹参、连州竹

识别要点　多年生草本。根状茎肉质。叶互生，叶背有白粉，脉上有乳突；几无柄。花朵腋生，于一侧下垂。浆果球形。

药用部位　根茎　　**药材名**　玉竹

功能主治　养阴润燥，生津止渴。用于肺胃阴伤，燥热咳嗽，咽干口渴，内热消渴。

黄　精　　*Polygonatum sibiricum* Delar. ex Redoute

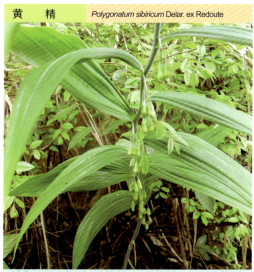

科名：百合科　　**别名：**甜黄精、长叶黄精

识别要点　多年生草本。根茎肥厚。叶互生，叶脉5～7条。伞形花序或单花；花被黄绿色，管状。浆果球形。

药用部位　根茎　　**药材名**　黄精

功能主治　补气养阴，健脾，润肺，益肾。用于脾胃气虚，体倦乏力，胃阴不足，口干食少，肺虚燥咳，腰膝酸软。

吉祥草　　*Reineckea carnea* (Andr.) Kunth

科名：百合科　　**别名：**小叶万年青、小青胆

识别要点　多年生常绿草本。根状茎匍匐，有节。叶簇生，线形。花葶短于叶，穗状花序，花两性，漏斗状，粉红色。

药用部位　全草　　**药材名**　吉祥草

功能主治　清肺止咳，凉血解毒。用于肺热咳嗽，血热吐血；外用治跌打损伤。

万年青　*Rohdea japonica* (Thunb.) Roth

科名：百合科　**别名：**铁扁担、斩蛇剑

识别要点　多年生常绿草本。叶3～6片基生，厚革质，具平行脉，叶背中脉凸起。花葶粗短，穗状花序。浆果橘红色。

药用部位　根状茎　**药材名**　万年青

功能主治　利尿消肿，清热解毒，凉血止血。用于咽喉肿痛，白喉，血热咯血。

菝葜　*Smilax china* L.

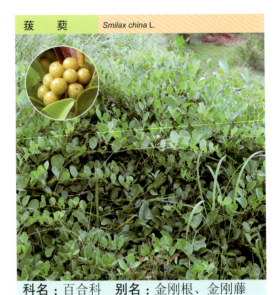

科名：百合科　**别名：**金刚根、金刚藤

识别要点　攀援藤本。根茎肥厚质硬。茎硬具疏刺。叶互生，革质，柄下部两侧有卷须。花单性，伞形花序。

药用部位　根茎及叶　**药材名**　菝葜

功能主治　祛风湿，利小便，消肿毒。用于关节疼痛，肌肉麻木，疔疮，肿毒。

土茯苓　*Smilax glabra* Roxb.

科名：百合科　**别名：**光叶菝葜、硬饭头

识别要点　攀援藤本。根状茎粗厚，块状。茎散生红色斑点。单叶互生，先端短尖，基部圆形或楔形。花序腋生。

药用部位　根状茎　**药材名**　土茯苓

功能主治　清热解毒，除湿，通利关节。用于梅毒及汞中毒所致的肢体拘挛、筋骨疼痛，湿热淋浊，带下，痈肿，疥癣。

牛尾菜　*Smilax riparia* A. DC.

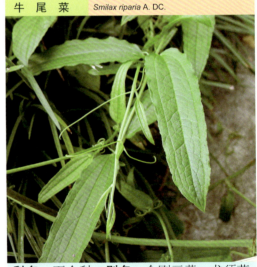

科名：百合科　**别名：**金刚豆藤、龙须菜

识别要点　多年生草质藤本。茎长1～2m，中空，有少量髓，干后凹瘪并具槽。叶形状变化较大。伞形花序总花梗较纤细。

药用部位　根　**药材名**　牛尾菜

功能主治　祛风活络，祛痰止咳。用于风湿性关节炎，支气管炎。

油点草　Tricyrtis macropoda Miq.

科名：百合科　别名：黄瓜香

识别要点　多年生草本。叶互生，矩圆形。聚伞花序，花被片6，黄色或黄绿色，有紫褐色斑点。蒴果棱状矩圆形。

药用部位　全草　　**药材名**　红酸七

功能主治　补虚止咳。用于肺虚咳嗽。

丫蕊花　Ypsilandra thibetica Franch.

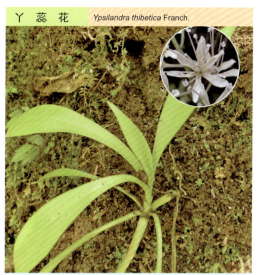

科名：百合科　别名：蛾眉石凤丹、通关散

识别要点　草本。具根状茎。花葶常比叶长，总状花序具几朵至二十几朵花，花被淡紫色，倒披针形，雄蕊至少有1/3伸出花被。

药用部位　全草　　**药材名**　丫蕊花

功能主治　清热，解毒，散结，利小便。用于瘰疬，小便不利，水肿。

百部　Stemona japonica (Bl.) Miq.

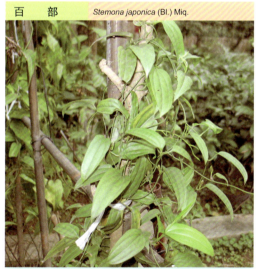

科名：百部科　别名：蔓生百部、婆妇草

识别要点　草本。块根肉质，纺锤形；茎攀援状。叶2～4枚轮生，纸质，卵状披针形。花单生或成聚伞状花序，花被片淡绿色。

药用部位　块根　　**药材名**　百部

功能主治　润肺下气止咳，杀虫灭虱。用于新久咳嗽，肺痨咳嗽，顿咳；外用治头虱，体虱，阴痒。

对叶百部　Stemona tuberosa Lour.

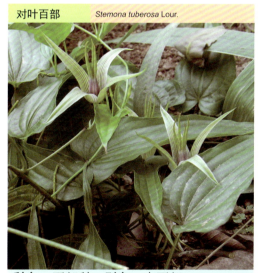

科名：百部科　别名：大百部

识别要点　多年生缠绕草本。块根纺锤形。叶对生，基出主脉7～11条。花序腋生，具披针形苞片。果椭圆状倒卵形。

药用部位　块根　　**药材名**　百部

功能主治　润肺下气止咳，杀虫灭虱。用于新久咳嗽，肺痨咳嗽，顿咳；外用治头虱，体虱，阴痒。

| 剑 麻 | *Agave sisalana* Perr.ex Engelm. |

科名：龙舌兰科　　**别名**：菠萝麻

识别要点　多年生半木质植物。地下茎肉质。叶肉质，剑形，先端具红褐色硬刺。圆锥花序顶生，花被漏斗形，淡黄白色。

药用部位　叶　　**药材名**　剑麻

功能主治　凉血止血，消肿解毒。用于肺痨咯血，衄血，便血，痢疾，疮痈肿毒，痔疮。

| 朱 蕉 | *Cordyline fruticosa* (L.) A.Cheval. |

科名：龙舌兰科　　**别名**：铁树、红铁树

识别要点　灌木。叶聚生于茎顶，披针状椭圆形至矩圆形。圆锥花序，淡红色至青紫色，花被管状。浆果。

药用部位　叶　　**药材名**　朱蕉

功能主治　凉血止血，散瘀定痛。用于咯血，吐血，尿血，崩漏。

| 剑叶铁树 | *Cordyline stricta* Endl. |

科名：龙舌兰科　　**别名**：小叶铁树、剑叶万年青

识别要点　常绿灌木。叶聚生于茎顶，披针形，无柄。圆锥花序，基部苞片3枚，花被管钟形，青紫色。浆果紫色。

药用部位　叶　　**药材名**　剑叶铁树

功能主治　散瘀消肿，凉血止血。用于跌打损伤，外伤出血，便血，尿血。

| 龙 血 树 | *Dracaena angustifolia* Roxb. |

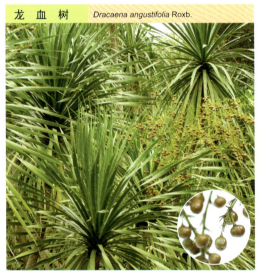

科名：龙舌兰科　　**别名**：马骡蔗树、狭叶龙血树

识别要点　常绿灌木。叶无柄，厚纸质，倒披针形，中脉背部明显，呈肋状。顶生圆锥花序，花白色。浆果球形黄色。

药用部位　树脂　　**药材名**　龙血树

功能主治　润肺止咳，清热凉血。用于支气管炎，肺结核咯血。

剑叶龙血树 *Dracaena cochinchinensis* (Lour.) S. C. Chen

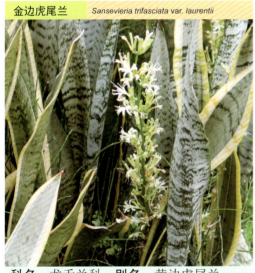

科名：龙舌兰科　　**别名**：龙血树、龙血竭

识别要点　剑叶龙血树茎粗大，分枝多。树皮灰白色，光滑。叶聚生在茎、分枝或小枝顶端。花序轴密生乳突状短柔毛，花丝扁平，上部有红棕色疣点，花柱细长。

药用部位　树脂　　**药材名**　龙血竭

功能主治　活血化瘀，消肿止痛，收敛止血，软坚散结，生肌敛疮。

虎尾兰 *Sansevieria trifasciata* Prain

科名：龙舌兰科　　**别名**：老虎尾

识别要点　常绿多年生草本。根茎匍匐状。叶硬革质；具白绿色相间的横斑纹。花茎基部具淡褐色膜质的鞘。浆果球形。

药用部位　叶　　**药材名**　虎尾兰

功能主治　清热解毒。用于感冒，支气管炎，跌打损伤，疮疡肿毒。

金边虎尾兰 *Sansevieria trifasciata* var. *laurentii*

科名：龙舌兰科　　**别名**：黄边虎尾兰

识别要点　多年生草本。与虎尾兰类似，不同之处在于叶缘具黄色镶边。

药用部位　叶　　**药材名**　金边虎尾兰

功能主治　清热解毒。用于感冒，支气管炎，跌打损伤，疮疡肿毒。

君子兰 *Clivia miniata* Regel

科名：石蒜科　　**别名**：大花君子兰、剑叶石蒜

识别要点　草本。具肉质根。叶带状，排成2列。伞形花序，花被管短，花被片6枚，花药丁字着生；子房下位，球形。

药用部位　鳞茎　　**药材名**　君子兰

功能主治　消炎，抗病毒，抗癌。用于癌症，肝炎，肝硬化腹水。

文殊兰 *Crinum asiaticum* var. *sinicum* (Roxb.ex Herb.) Baker

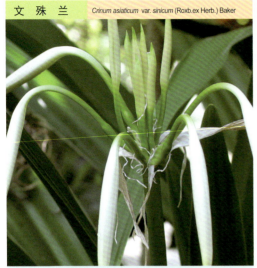

科名：石蒜科　**别名**：秦琼剑、文兰树

识别要点　多年生草本。叶聚生于干顶，剑形。花茎直立，粗壮，伞形花序顶生，佛焰苞直伸，花白色。果近扁球形。

药用部位　叶　**药材名**　文殊兰

功能主治　清热解毒，散瘀消肿。用于风热头痛，痈肿疮毒，跌打损伤。

大叶仙茅 *Curculigo capitulata* (Lour.) O. Kuntze

科名：石蒜科　**别名**：松兰、竹灵芝

识别要点　多年生草本。叶具长柄，披针形，随叶脉而呈折叠状。花茎被褐色长毛，头状或穗状花序曲垂。蒴果棒状。

药用部位　根茎　**药材名**　大叶仙茅

功能主治　补虚调经，祛风湿，行瘀血。用于虚痨咳嗽，遗精，带下，风湿痹痛。

仙　茅 *Curculigo orchioides* Gaertn.

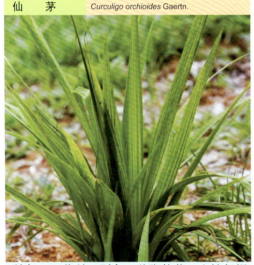

科名：石蒜科　**别名**：独脚仙茅、山棕仔根

识别要点　多年生草本。根状茎肉质。叶基生，披针形。总状花序，苞片披针形，花两性，黄色。浆果椭圆形。

药用部位　根茎　**药材名**　仙茅

功能主治　补肾阳，强筋骨，祛寒湿。用于阳痿滑精，筋骨痿软，腰膝冷痛，阳虚冷泻。

网球花 *Haemanthus multiflorus* Martyn.

科名：石蒜科　**别名**：绣球百合、网球石蒜

识别要点　多年生草本。鳞茎扁球形。叶广披针形，叶柄呈鞘状。花茎先叶抽出，伞形花序顶生，花血红色。浆果球形。

药用部位　鳞茎　**药材名**　虎耳兰

功能主治　消肿止痛。用于疔肿，疖肿，痈肿，无名肿毒。

朱顶兰 *Hippeastrum vittatum* (L'Hér.) Herb.

科名：石蒜科　**别名**：朱顶红、百枝莲

识别要点　草本。鳞茎近球形。外皮淡绿。叶片两侧对生，带状。花茎中空，具有白粉；花被裂片长圆形，洋红，喇叭形。

药用部位　鳞茎　**药材名**　朱顶红

功能主治　活血解毒，散瘀消肿。用于各种无名肿毒，跌打损伤，瘀血红肿疼痛。

水鬼蕉 *Hymenocallis americana* Roem.

科名：石蒜科　**别名**：郁蕉叶

识别要点　多年生草本。有鳞茎。叶阔带状。花葶扁平，佛焰苞基部极阔，伞形花序生于花葶之顶，白色。蒴果。

药用部位　叶　**药材名**　水鬼蕉

功能主治　舒筋活络，散瘀消肿。用于跌打肿痛，风湿痹痛。

忽地笑 *Lycoris aurea* Herb.

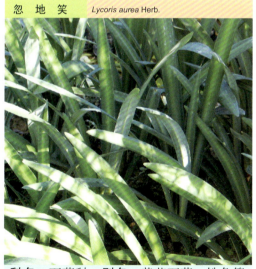

科名：石蒜科　**别名**：黄花石蒜、铁色箭

识别要点　多年生草本。叶基生，质厚，阔线形，中脉上凹，下隆起，叶脉带紫红色。伞形花序，黄色或橙色。蒴果。

药用部位　鳞茎　**药材名**　铁色箭

功能主治　解疮毒，消痈肿。用于痈肿，疔疮，结核，汤火灼伤。

石蒜 *Lycoris radiata* (L'Hér.) Herb.

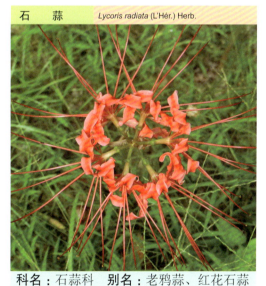

科名：石蒜科　**别名**：老鸦蒜、红花石蒜

识别要点　草本。鳞茎球形，叶狭带状，花茎高约30cm，伞形花序有花4～7朵，花鲜红色，花被反卷，雄蕊伸出花被外。

药用部位　鳞茎　**药材名**　石蒜

功能主治　消肿，杀虫。用于淋巴结结核，水肿，疔疮疖肿，风湿关节痛。

水 仙　*Narcissus tazetta* Linn. var. *chinensis* Roem.

科名：石蒜科　**别名：**金盏银台、雅蒜

识别要点　多年生草本。叶基生，质厚，先端钝。花茎扁平，花4～8朵，排列成伞形花序；花被高脚碟状，裂片倒卵形，白色；副花冠浅杯状，淡黄色。

药用部位　鳞茎　　**药材名**　水仙

功能主治　清心悦神，理气调经。用于神疲头昏，月经不调。

葱 莲　*Zephyranthes candida* (Lindl.) Herb.

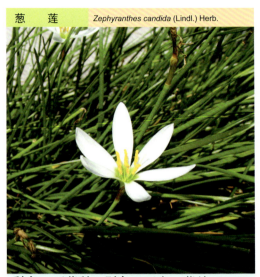

科名：石蒜科　**别名：**玉帘、葱兰

识别要点　多年生草本。鳞茎有明显的颈部。叶线形，扁平。佛焰苞顶端2裂，花白色，外淡红色。蒴果近球形，三瓣裂。

药用部位　全草　　**药材名**　肝风草

功能主治　平肝息风。用于小儿急惊风，小儿癫痫。

风雨花　*Zephyranthes grandiflora* Lindl.

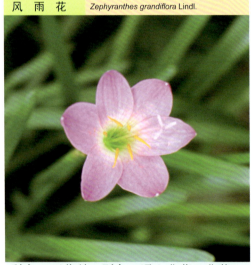

科名：石蒜科　**别名：**通心韭菜、韭莲

识别要点　多年生草本。鳞茎卵形。叶线形。花单生于花葶顶端，佛焰苞淡紫红色，花被粉红色，裂片6片，倒卵形。

药用部位　全草　　**药材名**　韭菜莲

功能主治　清热解毒，活血凉血。用于血热吐血，血崩；外用治跌伤红肿。

箭 根 薯　*Tacca chantrieri* Andre

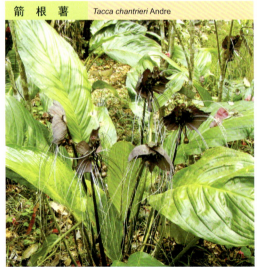

科名：箭根薯科　**别名：**蒟蒻薯、老虎花

识别要点　草本。叶片椭圆形。花葶较长；总苞片4枚，暗紫色；小苞片线形，长约10cm。伞形花序，花丝顶部兜状。

药用部位　根状茎　　**药材名**　蒟蒻薯

功能主治　清热解毒，理气止痛。用于胃肠炎，消化不良，痢疾。

裂果薯 *Tacca plantaginea* (Hance) Prenth.

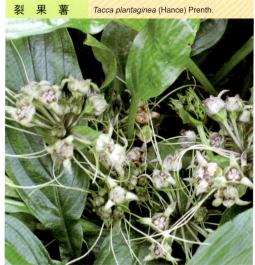

科名：箭根薯科　**别名：**圆头鸡、箭根薯

识别要点　多年生草本。叶基生，狭椭圆形，于叶柄两侧成狭翅。总苞三角状卵形，苞片线形，花被淡紫色。果倒卵形。

药用部位　块茎　**药材名**　水田七

功能主治　凉血止痛，散瘀消肿，去腐生新。用于胃脘胀痛，咽喉痛，风热咳喘，乳蛾，疟腮，牙痛。

参薯 *Dioscorea alata* L.

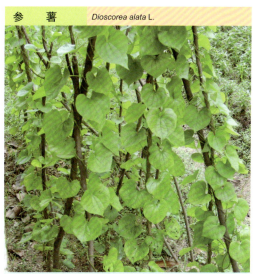

科名：薯蓣科　**别名：**大薯、山药

识别要点　草质藤本。野生的块茎多数为长圆柱形，栽培的变异大。茎右旋，有4条狭翅。单叶，卵形。雌雄异株。

药用部位　块茎　**药材名**　毛薯

功能主治　敛疮生肌。用于溃疡，汤火灼伤，面部烂疮。

黄独 *Dioscorea bulbifera* L.

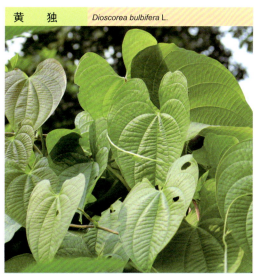

科名：薯蓣科　**别名：**黄药子、金线吊虾蟆

识别要点　多年生藤本。块茎球形。茎左旋。叶腋内有卵形的珠芽。雌雄异株，小花黄白色。蒴果下垂，长椭圆形。

药用部位　块茎　**药材名**　黄药子

功能主治　凉血，降火，消瘿，解毒。用于吐血，衄血，喉痹，瘿气，疮痈瘰疬。

薯莨 *Dioscorea cirrhosa* Lour.

科名：薯蓣科　**别名：**红孩儿、朱砂莲

识别要点　藤本。块茎卵形，外皮黑褐色，断面新鲜时红色，干后紫黑色；茎下部有刺。单叶，叶片革质，宽卵形。

药用部位　块茎　**药材名**　薯莨

功能主治　活血止血，理气止痛。用于咯血，月经不调，跌打肿痛。

白薯莨　*Dioscorea hispida* Dennst.

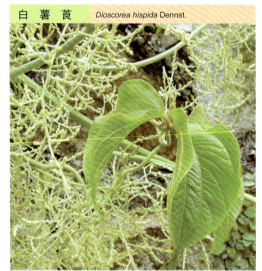

科名：薯蓣科　**别名：**榕薯、野葛薯

识别要点　草质藤本。块茎断面新鲜时白色或微带蓝色。茎有皮刺，掌状三小叶复叶。雄花序圆锥状，蒴果三棱状。

药用部位　块茎　**药材名**　白薯莨

功能主治　解毒消肿，祛瘀止血。用于疮痈肿毒，跌打扭伤。

穿龙薯蓣　*Dioscorea nipponica* Makino

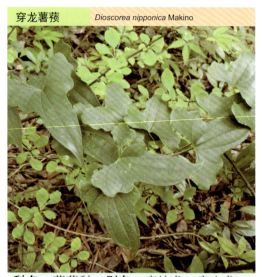

科名：薯蓣科　**别名：**穿地龙、穿山龙

识别要点　缠绕草质藤本。根状茎横生，多分枝，栓皮层显著剥离。茎左旋，近无毛，单叶互生。花雌雄异株，雄花序为腋生的穗状花序。

药用部位　根茎　**药材名**　穿龙薯蓣

功能主治　舒筋活络，祛风止痛。用于风湿痛，风湿关节痛，筋骨麻木，大骨节病，跌打损伤，支气管炎。

薯　蓣　*Dioscorea opposita* Thunb.

科名：薯蓣科　**别名：**山薯、淮山

识别要点　多年生藤本。根状茎圆柱形，茎右旋，常带紫色。叶腋内有珠芽。雌雄异株，雄穗状花序轴"之"字形。蒴果。

药用部位　根茎　**药材名**　山药

功能主治　补脾养胃，生津益肺，补肾涩精。用于脾虚食少，久泻不止，肺虚喘咳，肾虚遗精，带下，尿频，虚热消渴。

凤眼蓝　*Eichhornia crassipes* (Mart.) Solms

科名：雨久花科　**别名：**水浮莲、水葫芦

识别要点　浮水草本。叶在基部丛生，叶片宽卵形。穗状花序；花被裂片6枚，紫蓝色，上方1枚，中央有1黄色圆斑。

药用部位　全株　**药材名**　水葫芦

功能主治　清热解暑，散风发汗。用于皮肤湿疹，风疹，中暑烦渴。

雨久花 *Monochoria korsakowii* Regel et Maack

科名：雨久花科　**别名**：水白花

识别要点　直立水生草本。根状茎粗壮，具柔软须根，茎直立，全株光滑无毛，基部有时带紫红色。叶基生和茎生。总状花序顶生。

药用部位　全草　**药材名**　雨久花

功能主治　清热解毒。用于高热咳喘，小儿丹毒。

射干 *Belamcanda chinensis* (L.) DC.

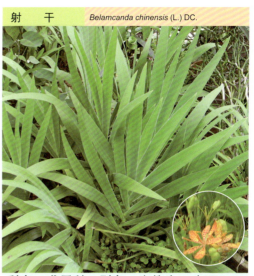

科名：鸢尾科　**别名**：扁竹头、寸干

识别要点　多年生草本。叶2列，剑形，基部套叠。伞房花序顶生，花橙色而有红色斑点，花被片6。蒴果室背开裂。

药用部位　根茎　**药材名**　射干

功能主治　清热解毒，消痰，利咽。用于热毒痰火郁结，咽喉肿痛，痰涎壅盛，咳嗽气喘。

番红花 *Crocus sativus* Linn.

科名：鸢尾科　**别名**：藏红花、红花

识别要点　草本。球茎扁圆球形。叶基生，9～15枚，条形，灰绿色。花淡蓝色，有香味，花药黄色，花柱橙红色。

药用部位　柱头　**药材名**　番红花

功能主治　活血化瘀，凉血解毒，解郁安神。用于经闭癥瘕，产后瘀阻，温毒发斑，忧郁痞闷，惊悸发狂。

红葱 *Eleutherine americana* Merr.ex K. Heyne

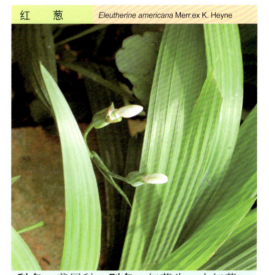

科名：鸢尾科　**别名**：红葱头、小红葱

识别要点　多年生草本。鳞茎卵圆形，鳞片紫红色。叶宽条形，具皱褶。花白色，聚伞花序顶生。蒴果椭圆形，3裂。

药用部位　块根　**药材名**　红葱

功能主治　清热解毒，散瘀消肿，止血。用于风湿性关节痛，跌打肿痛，吐血。

蝴蝶花　*Iris japonica* Thunb.

科名：鸢尾科　**别名：**土知母、鸭儿参

识别要点　多年生草本。具节间。叶基生，基部带红紫色。花淡蓝色，外花被裂片倒卵形，中脉上有隆起的黄色附属物。

药用部位　根茎　　**药材名**　蝴蝶花

功能主治　消食，杀虫，清热，通便。用于食积腹胀，蛔虫腹痛，牙痛，大便不通。

鸢　尾　*Iris tectorum* Maxim.

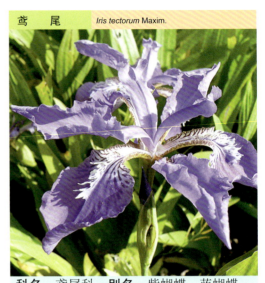

科名：鸢尾科　**别名：**紫蝴蝶、蓝蝴蝶

识别要点　多年生草本。叶渐尖状剑形。总状花序，花蝶形，花冠蓝紫色或紫白色，外列花被有深紫斑点。

药用部位　根状茎　　**药材名**　鸢尾

功能主治　活血祛瘀，祛风利湿。用于跌打损伤，风湿疼痛；外用治痈疖肿毒。

肖鸢尾　*Moraea iridioides* Linn.

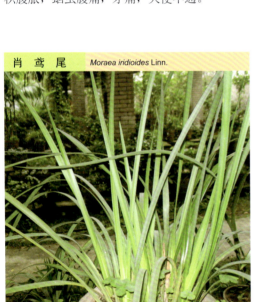

科名：鸢尾科　**别名：**白花鸢尾、摩利兰

识别要点　草本。根状茎短而肥厚。叶基生，2列，条形，坚挺。花白色或带黄色，花被片6，外轮花被中部有黄色毡毛。

药用部位　根茎　　**药材名**　肖鸢尾

功能主治　清热解毒。用于咽喉肿痛，痈肿疮毒。

灯 心 草　*Juncus effusus* L.

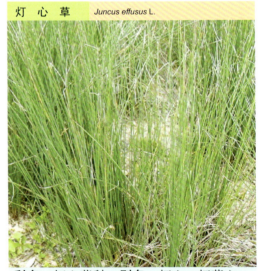

科名：灯心草科　**别名：**灯心、灯草心

识别要点　多年生草本。茎具条纹，具白色髓。叶片呈刺芒状，基部鞘状叶褐色。复聚伞花序。蒴果卵状三棱形。

药用部位　茎髓　　**药材名**　灯心草

功能主治　利水通淋，清心除烦。用于小便不利，热淋涩痛，小儿夜啼。

凤 梨	*Ananas comosus* (Linn.) Merr.

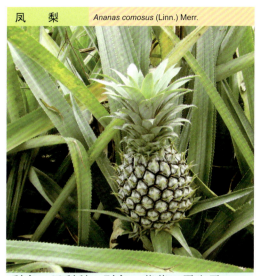

科名：凤梨科　　**别名**：菠萝、露兜子

识别要点　草本。茎短。叶莲座式排列，剑形，叶缘有锐齿，腹面绿色，背面粉绿色。花序于叶丛中抽出，如松球，聚花果肉质。

药用部位　果皮　　**药材名**　菠萝皮

功能主治　清热解毒。用于痢疾，腹痛。

水 塔 花	*Billbergia pyramidalis* (Sims) Lindl.

科名：凤梨科　　**别名**：红苞凤梨、火焰凤梨

识别要点　草本。茎极短。叶莲座状排列，阔披针形，边缘有棕色小刺，上面绿色，背粉绿。穗状花序直立，花粉红色。

药用部位　叶　　**药材名**　水塔花叶

功能主治　消肿排脓。用于痈肿疮毒。

鸭 跖 草	*Commelina communis* L.

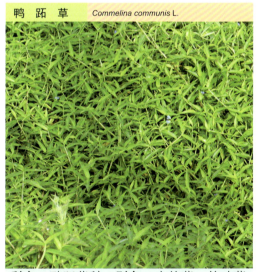

科名：鸭跖草科　　**别名**：水竹草、竹叶草

识别要点　草本。茎匍匐状，节上生根。单叶互生，披针形。佛焰苞心状卵形，聚伞花序略伸出苞外。蒴果椭圆形。

药用部位　全草　　**药材名**　鸭跖草

功能主治　清热解毒，利水消肿。用于外感发热，咽喉肿痛；外用治疮疖肿毒。

聚 花 草	*Floscopa scandens* Lour.

科名：鸭跖草科　　**别名**：水草、竹叶草

识别要点　植株具极长的根状茎，根状茎节上密生须根。植株全体或仅叶鞘及花序各部分被多细胞腺毛。叶无柄或有带翅的短柄。

药用部位　全草

药材名　聚花草

功能主治　清热利水，解毒。主肺热咳嗽，目赤肿痛，淋证，水肿，疮疖肿毒。

痰火草 *Murdannia bracteata O.Kuntze*

科名：鸭跖草科　**别名：**大苞水竹叶、癌草

识别要点　草本。茎被密毛。叶互生，宽针形，直出平行脉。长圆形或球形头状花序，蓝白色；小苞片膜质，圆形，覆瓦状排列。蒴果。

药用部位　全草　　**药材名**　痰火草

功能主治　化痰散结。用于淋巴结结核。

紫万年青 *Rhoeo discolor (L.Her.) Hance*

科名：鸭跖草科　**别名：**蚌花、红蚌兰花

识别要点　多年生草本。叶互生，披针形，叶表暗绿色，背紫色。花白色，为2枚蚌壳状淡紫色的苞片所包覆。

药用部位　花　　**药材名**　紫万年青

功能主治　清肺化痰，凉血止血，清利湿热。用于肺热燥咳，血热咯血。

紫背鸭跖草 *Zebrina pendula schnizl*

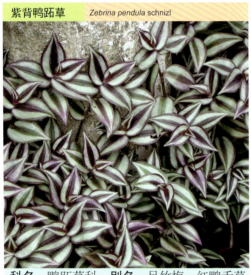

科名：鸭跖草科　**别名：**吊竹梅、红鸭舌草

识别要点　草本。茎稍柔弱，半肉质。叶无柄，披针形，上面紫绿色而杂以银白色，中部边缘有紫色条纹，下面紫红色。

药用部位　全草　　**药材名**　吊竹梅

功能主治　清热解毒，凉血，利尿。用于咳嗽吐血，淋病，痢疾。

华南谷精草 *Eriocaulon sexangulare L.*

科名：谷精草科　**别名：**谷精、谷精珠

识别要点　草本。叶基生，阔线形，横格明显。花葶具4～5棱，头状花序卵形，坚硬，苞片紧密覆瓦状排列，花单性。

药用部位　带花茎或头状花序

药材名　小谷精草

功能主治　疏风散热，明目退翳。用于风热所致的目赤肿痛，羞明多泪，头风痛。

| 薏苡 | *Coix lacryma-jobi* Linn. |

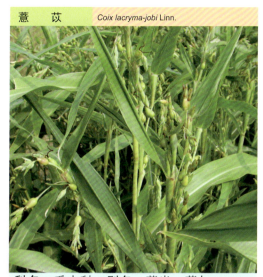

科名：禾本科　别名：薏米、薏仁

识别要点　草本。秆直立。叶片线状披针形。总状花序，腋生成束。果实成熟时念珠状。

药用部位　种仁　药材名　薏苡仁

功能主治　利水渗湿，健脾止泻，除痹，排脓，解毒散结。用于水肿，脚气，小便不利，脾虚泄泻，肠痈，癌肿。

| 香茅 | *Cymbopogon citratus* (DC.) Stapf |

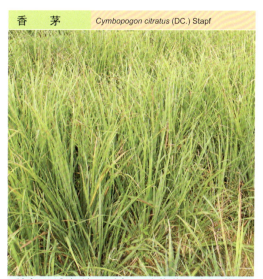

科名：禾本科　别名：香茅草、大风茅

识别要点　多年生草本。丛生，茎短，具柠檬香气。叶片线形，基部抱茎，叶舌鳞片状。

药用部位　全草　药材名　香茅

功能主治　祛风解表，活血通络，行水消肿。用于风寒头痛，胃寒痛，风湿痹痛。

| 马唐 | *Digitaria sanguinalis* (L.) Scop. |

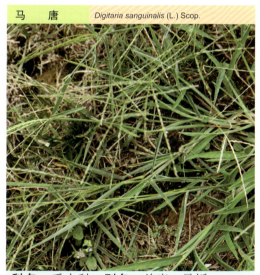

科名：禾本科　别名：羊麻、马饭

识别要点　一年生草本。秆基部常倾斜，着土后易生根。叶鞘常疏生有疣基的软毛，稀无毛；叶片两面疏被软毛或无毛，边缘变厚而粗糙。总状花序细弱。

药用部位　全草　药材名　马唐

功能主治　明目润肺。用于目暗不明，肺热咳嗽。

| 牛筋草 | *Eleusine indica* (L.) Gaertn. |

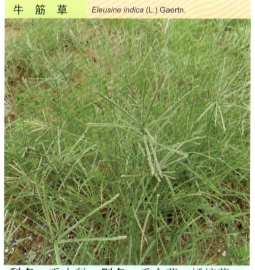

科名：禾本科　别名：千金草、蟋蟀草

识别要点　草本。须根细而密。秆丛生，直立。叶片扁平或卷折。穗状花序，常为数个呈指状排列于茎顶端。

药用部位　带根全草　药材名　牛筋草

功能主治　清热利湿。用于伤暑发热，小儿急惊，黄疸。

白茅　*Imperata cylindrica* var. *major* (Nees)C. E. Hubbard

科名：禾本科　别名：丝茅根、茅根

识别要点　多年生草本。根状茎匍匐。叶线形。圆锥花序柱状，小穗成对生于各节，基部密生白色丝状柔毛。

药用部位　根茎　　**药材名**　白茅根

功能主治　清热利尿，凉血止血。用于湿热黄疸，水肿，小便不利。

淡竹叶　*Lophatherum gracile* Brongn.

科名：禾本科　别名：竹麦冬、长竹叶

识别要点　多年生草本。须根中部膨大呈纺锤形小块根。秆中空，节明显。叶互生，广披针形，平行脉，叶鞘包秆。圆锥花序顶生。颖果深褐色。

药用部位　茎叶　　**药材名**　淡竹叶

功能主治　清热除烦，利尿。用于热病烦渴，小便赤涩淋痛，口舌生疮。

芒　*Miscanthus sinensis* Anderss.

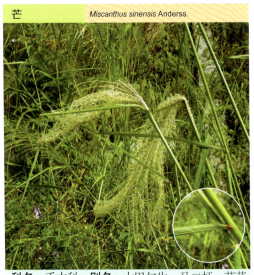

科名：禾本科　别名：大巴尔生、马二杆、芭茅

识别要点　多年生苇状草本。无毛或在花序以下疏生柔毛，叶鞘无毛，长于其节间，叶舌膜质。圆锥花序直立，先雌蕊而成熟。

药用部位　花序、根状茎、气笋子

药材名　芒

功能主治　花序：活血通经，主治月经不调，半身不遂；根状茎：利尿，止渴，主治小便不利，热病口渴；气笋子：调气，补肾，生津，主治妊娠呕吐，精枯阳萎。

芦苇　*Phragmites communis* Trin.

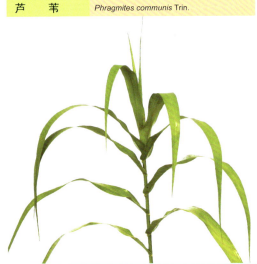

科名：禾本科　别名：苇、芦

识别要点　多年生草本。叶片披针形，顶端渐尖，基部短柄状，具小横脉。圆锥花序，小穗疏离。

药用部位　茎叶　　**药材名**　芦苇

功能主治　清热泻火，生津止渴，除烦，止呕，利尿。用于热病烦渴，肺热咳嗽，肺痈吐脓，胃热呕哕，热淋涩痛。

紫　竹	*Phyllostachys nigra* (Lodd.) Munro

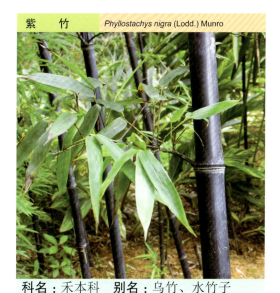

科名：禾本科　　别名：乌竹、水竹子

识别要点　幼竿绿色，密被细柔毛及白粉，一年生以后的竿逐渐先出现紫斑，最后全部变为紫黑色，无毛，箨鞘背面红褐或更带绿色，无斑点或常具极微小不易观察的深褐色斑点。

药用部位　根茎　　**药材名**　紫竹根

功能主治　祛风，破瘀，解毒。用于风湿痹痛，经闭，症瘕，狂犬咬伤。

金丝草	*Pogonatherum crinitum* (Thunb.) Kunth

科名：禾本科　　别名：黄毛草、猫毛草

识别要点　多年生草本。秆丛生，直立，纤细。叶片线形，顶端渐尖，鞘口常有毛。总状花序金黄色。

药用部位　全草　　**药材名**　金丝草

功能主治　清热解暑，利尿消肿。用于中暑发热，热性水肿，小便不利。

甘　蔗	*Saccharum officinarum* Linn.

科名：禾本科　　别名：紫叶蔗、黑蔗

识别要点　多年生高大实心草本。根状茎粗壮发达，下部节间较短而粗大，被白粉。圆锥花序。

药用部位　秆、汁　　**药材名**　甘蔗

功能主治　除热止渴，和中，宽膈，行水。用于发热口干，肺燥咳嗽，咽喉肿痛，心胸烦热，反胃呕吐，妊娠水肿。

假槟榔	*Archontophoenix alexandrae* H.

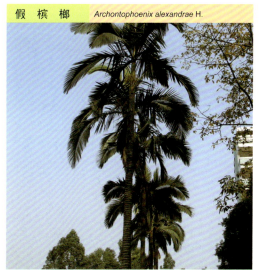

科名：棕榈科　　别名：槟榔葵、亚历山大椰子

识别要点　常绿乔木。高达20m；干有梯形环纹，基部略膨大。叶鞘绿色，光滑。花单性同株，果卵球形，红色。

药用部位　种子、茎、叶　　**药材名**　假槟榔

功能主治　收敛止血。用于外伤出血。

槟　榔	*Areca catechu* L.

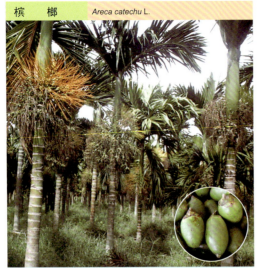

科名：棕榈科　　**别名**：榔肉、白槟

识别要点　乔木。茎上具环状叶痕。羽状复叶大型，裂片顶端齿状裂。肉穗花序基部具黄色佛焰苞。果长圆形，熟时红色。

药用部位　种子　　**药材名**　槟榔

功能主治　杀虫，消积，行气利水，截疟。用于绦虫，蛔虫，虫积腹痛，积滞泻痢，水肿脚气，疟疾。

三药槟榔	*Areca triandra* Roxb.

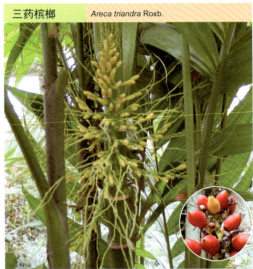

科名：棕榈科　　**别名**：山药槟榔、丛立槟榔

识别要点　灌木。茎丛生，具明显的环状叶痕。叶羽状全裂。佛焰苞1个，开花后脱落。3枚雄蕊。果实比槟榔小，卵状纺锤形。

药用部位　果实　　**药材名**　山药槟榔

功能主治　驱虫杀菌。

黄　藤	*Calamus formosanus* Becc.

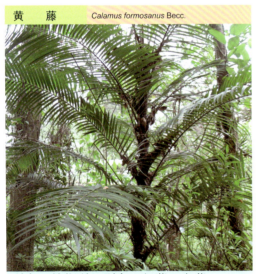

科名：棕榈科　　**别名**：红藤、省藤

识别要点　攀援大藤本。茎干粗壮，老茎淡灰褐色，有不规则纵条纹和横向裂纹。单叶互生，革质。圆锥花序。

药用部位　根、茎或叶　　**药材名**　黄藤

功能主治　清热解毒，利尿，通便。用于热郁便秘，痢疾，肝炎。

散　尾　葵	*Chrysalidocarpus lutescens* Wendl.

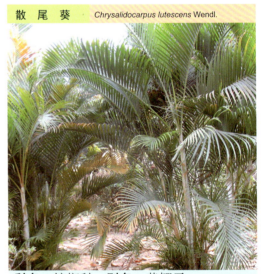

科名：棕榈科　　**别名**：黄椰子

识别要点　常绿灌木。茎干光滑，黄绿色，无毛刺，嫩时披蜡粉，叶痕呈环纹状。花小，金黄色。

药用部位　种子、茎、叶、叶鞘纤维

药材名　散尾葵

功能主治　收敛止血。用于吐血咯血，便血，崩漏。

蒲 葵 *Livistona chinensis* (Jacq.) R.Br.

科名：棕榈科　　**别名：**扇叶葵

识别要点　乔木。干有环纹。叶聚生茎顶，叶片扇形，掌状深裂，有逆刺。肉穗花序排成圆锥花序式；花两性，黄绿色。

药用部位　果实或种子　　**药材名**　蒲葵

功能主治　抗癌，止血。用于食管癌、绒毛膜上皮癌、恶性葡萄胎等。

棕 竹 *Rhapis excelsa* (Thunb.) Henry ex Rehd.

科名：棕榈科　　**别名：**观音竹、筋头竹

识别要点　灌木。叶集生茎顶，掌状深裂几达基部。肉穗花序腋生。花小，淡黄色，单性，雌雄异株。

药用部位　叶　　**药材名**　棕竹

功能主治　收敛止血。用于吐血，咯血，吐血，产后出血过多。

水 菖 蒲 *Acorus calamus* L.

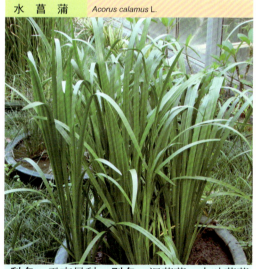

科名：天南星科　　**别名：**泥菖蒲、大叶菖蒲

识别要点　多年生草本。芳香。叶基生，线形，中脉明显隆起。花葶三棱形，佛焰苞叶状，肉穗花序圆柱状。

药用部位　根茎　　**药材名**　水菖蒲

功能主治　开窍豁痰，和中辟秽。用于湿浊痰涎闭窍所致的神志不清，癫痫，痰热惊厥，胸腹胀闷。

石 菖 蒲 *Acorus tatarinowii* Schott

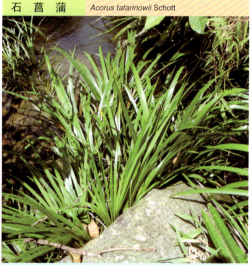

科名：天南星科　　**别名：**山菖蒲、石蜈蚣

识别要点　草本。根茎多节而稍扁，有香气。叶基生，无明显中脉。葶三棱形，佛焰苞叶状，花序穗状。

药用部位　根茎　　**药材名**　石菖蒲

功能主治　开窍豁痰，醒神益智，化湿开胃。用于神昏癫痫，健忘失眠，耳鸣耳聋，脘痞不饥，噤口下痢。

粤万年青	*Aglaonema modestum* Schott

科名： 天南星科　　**别名：** 万年青

识别要点　多年生草本。叶互生，基部有鞘。花腋生，佛焰苞长圆状披针形，花序圆柱形，花单性。浆果红色。

药用部位　根茎　　**药材名**　粤万年青

功能主治　清热消炎，消肿，拔毒。用于喉痛，哮喘，咳嗽，吐血，疔疮肿毒。

尖尾芋	*Alocasia cullata* (Lour.) Schott ex Engl.

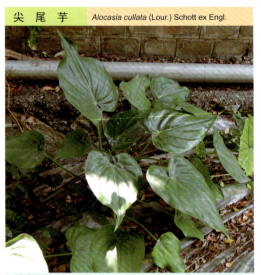

科名： 天南星科　　**别名：** 独脚莲、假海芋

识别要点　多年生常绿草本。叶互生，阔卵形，先端渐尖，叶脉凸起。肉穗花序，黄白色，单性同株，佛焰苞上部狭舟形。

药用部位　根茎　　**药材名**　卜芥

功能主治　解毒退热，消肿散结。用于钩端螺旋体病，毒蛇咬伤，瘰疬。

海　芋	*Alocasia macrorrhiza* (L.) Schott

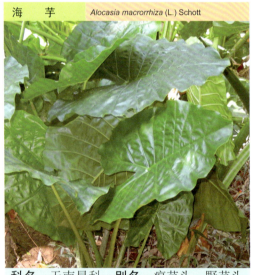

科名： 天南星科　　**别名：** 痕芋头、野芋头

识别要点　多年生草本。叶箭状卵形。佛焰苞下部筒状，上部舟状，黄绿色，肉穗花序圆柱形，雌花白色，雄花淡黄色。

药用部位　根茎　　**药材名**　海芋

功能主治　清热解毒，消肿散结。用于斑痧发热，腹痛吐泻；外用治痈疽肿毒。

魔　芋	*Amorphophallus rivieri* Durieu

科名： 天南星科　　**别名：** 磨芋、鬼芋

识别要点　多年生草本。叶柄具暗紫色斑纹。佛焰苞卵形，下部漏斗状，外绿色具紫斑点，肉穗花序圆柱形，淡黄白色。

药用部位　块茎　　**药材名**　魔芋

功能主治　化痰止咳，祛瘀消肿。用于肺寒咳嗽，血瘀经闭；外用治跌打损伤。

天 南 星 *Arisaema consanguineum* Schott

科名：天南星科　　**别名**：一把伞、南星

识别要点　多年生草本。叶鸟趾状全裂。花单性；佛焰苞绿色，下部筒状；雄花序附属体鼠尾状，伸出佛焰苞。浆果红色。

药用部位　种子、茎、叶　　**药材名**　天南星

功能主治　燥湿化痰，祛风止痉，散结消肿。用于顽痰咳嗽，风痰眩晕，中风痰壅。

五 彩 芋 *Caladium bicolor* (Ait.) Vent.

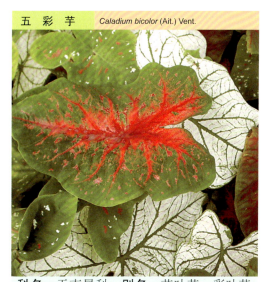

科名：天南星科　　**别名**：花叶芋、彩叶芋

识别要点　草本。块茎扁球形。叶片表面满布各色透明或不透明斑点，背面粉绿色，戟状卵形。肉穗花序。

药用部位　球茎　　**药材名**　红水芋

功能主治　解毒消肿，散瘀止痛。用于风湿疼痛，跌打肿痛。有毒！

花叶万年青 *Dieffenbachia picta* (Lodd.) Schott

科名：天南星科　　**别名**：黛粉叶、银斑万年青

识别要点　多年生草本。叶长椭圆形，杂有白色或金黄色的不规则斑块。肉穗花序生于叶腋间，少花。

药用部位　全草　　**药材名**　花叶万年青

功能主治　清热解毒。用于跌打损伤，筋断骨折，疮疔，丹毒，痈疽。

绿 萝 *Epipremnum aureum* (Linden et Andre) Bunting

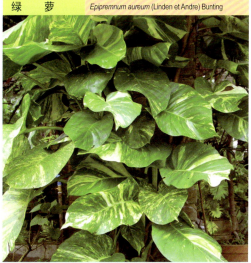

科名：天南星科　　**别名**：黄金葛、魔鬼藤

识别要点　常绿藤本。节间有气根，叶互生，绿色，少数叶片也会略带黄色斑驳，全缘，心形。

药用部位　全株　　**药材名**　黄金葛

功能主治　活血散瘀。用于跌打损伤。

| 麒 麟 叶 | *Epipremnum pinnatum* (Linn.) Engl. |

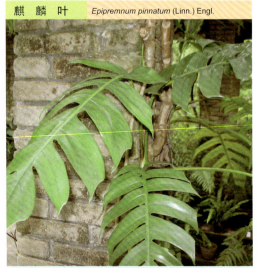

科名：天南星科　**别名：**麒麟尾、爬树龙

识别要点　藤本。叶薄革质，宽矩圆形。佛焰苞长10～12cm，外绿色内黄色；肉穗花序长约10cm，花两性，无花被。

药用部位　全株　**药材名**　麒麟尾

功能主治　祛风除湿，止痛接骨。用于风湿痹痛，劳伤，跌打，骨折。

| 千 年 健 | *Homalomena occulta* (Lour.) Schott |

科名：天南星科　**别名：**一包针、千颗针

识别要点　多年生草本。根茎粗1.5cm。叶片卵状箭形，叶柄下部具鞘。佛焰苞绿白色，花单性。子房3室，浆果。

药用部位　根茎　**药材名**　千年健

功能主治　祛风湿，壮筋骨，止痛消肿。用于风湿痹痛，肢节酸痛，筋骨痿软。

| 刺 芋 | *Lasia spinosa* (L.) Thwait. |

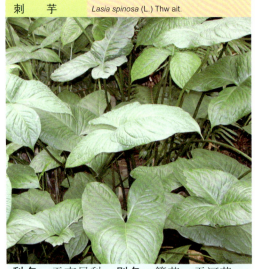

科名：天南星科　**别名：**簕芋、天河芋

识别要点　多年生草本。茎具刺。叶戟形，背具刺。花葶具刺，佛焰苞血红色，肉穗花序圆柱状，花两性。浆果紫色。

药用部位　根茎　**药材名**　笋慈姑

功能主治　消炎止痛，消食健胃。用于慢性胃炎，消化不良；外用治淋巴结结核。

| 龟 背 竹 | *Monstera deliciosa* Liebm. |

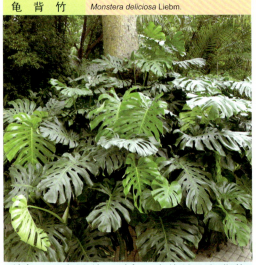

科名：天南星科　**别名：**电线兰、龟背莲

识别要点　攀援草本。茎绿色，粗壮，有半月形叶迹。叶片心状卵形，边缘羽状分裂，侧脉间有1～2个较大的空洞。

药用部位　全草　**药材名**　龟背竹

功能主治　清热解毒，舒筋活络，散瘀止痛。用于疮痈肿毒，风湿痹痛。

水 半 夏	*Pinellia cordata* N. E. Brown

科名：天南星科　**别名**：土半夏、田三七

识别要点　多年生草本。块茎近圆形。叶片戟状长圆形，具宽鞘。佛焰苞管部绿色。肉穗花序，顶端具淡黄绿色的附属器。

药用部位　块茎　　**药材名**　滴水珠

功能主治　燥湿化痰，解毒消肿。用于咳嗽痰多，支气管炎；外用鲜品治痈疮疔肿。

掌叶半夏	*Pinellia pedatisecta* Schott

科名：天南星科　**别名**：独脚莲、独角莲

识别要点　多年生草本。叶片掌状分裂。佛焰苞披针形，无花被；雌雄同株；花序先端附属物线状，稍弯曲。浆果。

药用部位　块茎　　**药材名**　掌叶半夏

功能主治　消肿散结。用于毒蛇咬伤及无名肿毒。

半 夏	*Pinellia ternate* (Thunb.) Beritenbach

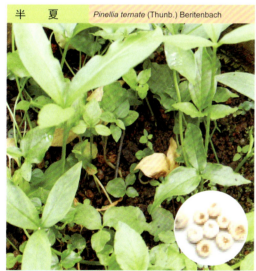

科名：天南星科　**别名**：三叶半夏、半月莲

识别要点　多年生草本。小叶椭圆形至披针形，叶柄内侧生珠芽。肉穗花序，佛焰苞绿色，花序附属物鼠尾状。浆果。

药用部位　块茎　　**药材名**　半夏

功能主治　燥湿化痰，降逆止呕，消痞散结。用于湿痰寒痰，咳喘痰多，痰饮眩悸，风痰眩晕，痰厥头痛。有毒。

大 藻	*Pistia stratiotes* Linn.

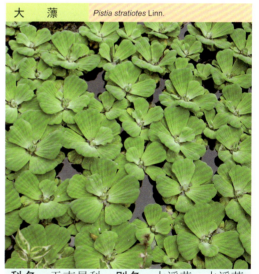

科名：天南星科　**别名**：大浮萍、水浮莲

识别要点　水生草本。叶簇生成莲座状，叶片倒卵形，被浓密毛；叶脉扇状伸展，背面明显隆起成褶皱状。佛焰苞白色。

药用部位　全草　　**药材名**　大浮萍

功能主治　祛风发汗，利尿解毒。用于感冒，水肿，小便不利。

石柑子 *Pothos chinensis* (Raf.) Merr.

科名：天南星科　别名：石气柑、石蒲藤

识别要点　藤本。叶革质，矩圆形，网脉两面凸起，叶柄有翅。花序柄下弯，苞片卵状。肉穗花序球形，浆果红色。

药用部位　全草　　药材名　石柑子

功能主治　理气止痛，祛风湿。用于心胃气痛，疝气，脚气，风湿骨痛。

蜈蚣藤 *Pothos repens* (Lour.) Merr.

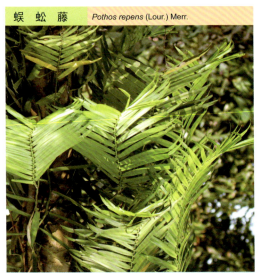

科名：天南星科　别名：蜈蚣草、百足草

识别要点　藤本。节上生根。叶2列，互生，顶部 1/4 处有结节，革质。肉穗花序柄下有叶状苞片3～5枚。浆果红色。

药用部位　茎叶　　药材名　百足藤

功能主治　消肿，止痛。用于跌打损伤，痈肿疮毒。

狮子尾 *Rhaphidophora hongkongensis* Schott

科名：天南星科　别名：崖角藤、百足草

识别要点　附生藤本。茎稍肉质，有气生根。叶片纸质或亚革质，镰状椭圆形。花序顶生或腋生，肉穗花序，佛焰苞白色。

药用部位　全草　　药材名　青竹标

功能主治　清热润肺，消炎解毒，舒筋活络，散瘀止痛。用于发热，咳嗽，胃痛，跌打瘀肿，风湿痹痛。

犁头尖 *Typhonium divaricatum* (L.) Decne.

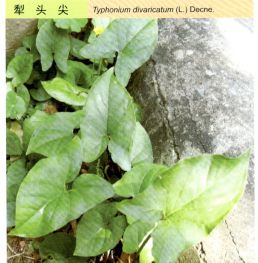

科名：天南星科　别名：芋头草、土半夏

识别要点　多年生草本。叶具长柄，戟形。佛焰苞红色下部绿色，极臭，上部卵状披针形；苞片深紫色。浆果。

药用部位　全草或块茎　　药材名　犁头尖

功能主治　散瘀，止血，消肿，解毒。用于跌打损伤，外伤出血。

浮　萍	*Lemna minor* L.

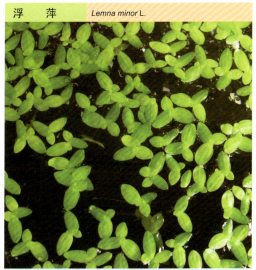

科名：浮萍科　　**别名**：青萍、浮萍草

识别要点　飘浮植物。叶上表面淡绿色至灰绿色，下表面紫绿色至紫棕色，着生数条须根。

药用部位　全草　　**药材名**　浮萍

功能主治　宣散风热，透疹，利尿。用于麻疹不透，风疹瘙痒，水肿尿少。

紫　萍	*Spirodela polyrrhiza*（L.）Schleid.

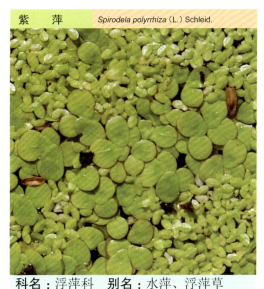

科名：浮萍科　　**别名**：水萍、浮萍草

识别要点　多年生漂浮植物。叶状茎扁平，呈倒卵形或椭圆形。花序由2个雄花及1个雌花组成，白色或淡绿色。

药用部位　全草　　**药材名**　浮萍

功能主治　发汗解表，透疹止痒，利水消肿。用于麻疹不透，隐疹瘙痒，水肿，癃闭，疮癣，丹毒，烫伤。

露　兜	*Pandanus tectorius* Soland.

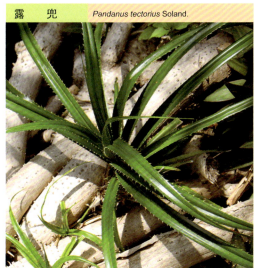

科名：露兜树科　　**别名**：露兜簕、假菠萝

识别要点　灌木或小乔木，具气生根。叶簇生于枝顶，带状，顶端渐狭尖，具锐刺。雌雄异株；肉穗花序；聚花果。

药用部位　根、果、果核　　**药材名**　露兜簕

功能主治　解表清热，利水化湿。用于风热感冒，水肿尿少，小便涩痛。

红刺露兜	*Pandanus utilis* Borg.

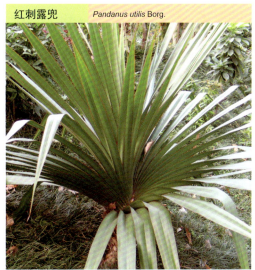

科名：露兜树科　　**别名**：红林投、麻露兜树

识别要点　灌木或小乔木。叶簇生茎顶，带状，具白粉，边缘及中脉有红色锐刺。花单性异株，无花被，花稠密。

药用部位　根、叶、花、果

药材名　露兜树

功能主治　利水消肿。用于肾炎水肿。

香蒲　*Typha orientalis* Presl

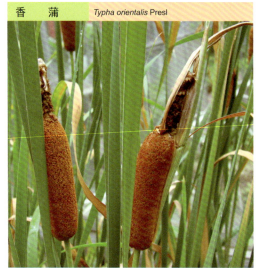

科名：香蒲科　**别名：**东方香蒲、水蜡烛

识别要点　草本。根状茎乳白色。叶片条形，叶鞘抱茎。雌雄花序紧密连接；雄花序长3～9cm；雌花序长4～15cm。

药用部位　花粉　**药材名**　香蒲

功能主治　止血，化瘀，通淋。用于吐血，衄血，咯血，崩漏，外伤出血，经闭痛经，胸腹刺痛，跌扑肿痛，血淋涩痛。

风车草　*Cyperus alternifolius* subsp. *flabelliformis*

科名：莎草科　**别名：**伞莎草

识别要点　多年生草本。无叶片，叶鞘棕色，包裹茎基部。苞片近20枚，风车状。聚伞花序多次复出。

药用部位　茎、叶　**药材名**　伞莎草

功能主治　清热，利尿，消肿，解毒。用于肺热咳喘，赤白下痢，小便不利，咽喉肿痛，痈疖疔肿。

莎草　*Cyperus rotundus* L.

科名：莎草科　**别名：**香附子、雷公头

识别要点　多年生草本。具块茎，茎三棱形，基部膨大。叶多数基出，狭线形，叶鞘纤维状。花序由小穗组成。

药用部位　块茎　**药材名**　香附子

功能主治　疏肝解郁，理气宽中，调经止痛。用于肝郁气滞，胸胁胀痛，疝气疼痛，脾胃气滞，月经不调。

荸荠　*Eleocharis tuberosa* (Roxb.) Roem. et Schult.

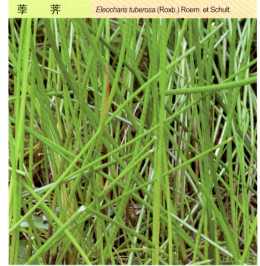

科名：莎草科　**别名：**马蹄

识别要点　多年生水生草本。有细长的匍匐根状茎和球茎。无叶片，基部有叶鞘。小穗顶生，小坚果。

药用部位　球茎　**药材名**　荸荠

功能主治　清热，化痰，消积。用于温病，消渴，黄疸，热淋，痞积。

两歧飘拂草　*Fimbristylis dichotoma* (L.) Vahl

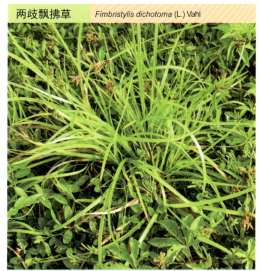

科名：莎草科　　**别名**：飘拂草

识别要点　一年生草本。茎细，线形至狭线形，鞘革质，上端近于截形。伞形花序单生或复生。小坚果矩圆状卵形。

药用部位　全草　　　**药材名**　飘拂草

功能主治　清热利尿，解毒。用于小便不利，湿热浮肿，淋病，小儿胎毒。

水蜈蚣　*Kyllinga brevifolia* Rottb.

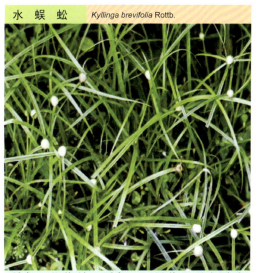

科名：莎草科　　**别名**：三星草、无头厚香

识别要点　多年生草本。茎三棱形。叶线形。穗状花序卵形，内具多数小穗，披针形，背面凸起具小刺。

药用部位　全草　　　**药材名**　水蜈蚣

功能主治　疏风止咳，消肿止痛。用于外感风寒头痛，咳嗽，筋骨疼痛。

大高良姜　*Alpinia galanga* (L.) Willd.

科名：姜科　　**别名**：山姜子、大良姜

识别要点　多年生草本。根茎块状，淡红棕色。叶2列，长圆形，叶柄短，叶舌近圆形。圆锥花序轴被毛。果实长圆形。

药用部位　根状茎、果实　　**药材名**　红豆蔻

功能主治　散寒燥湿，醒脾消食。用于脘腹冷痛，食积胀痛，呕吐泄泻，饮酒过多。

草豆蔻　*Alpinia katsumadai* Hayata

科名：姜科　　**别名**：草扣、草蔻仁

识别要点　多年生草本。叶2列，叶片披针形，叶舌被粗毛。总状花序轴密生粗毛，花萼钟状，花冠白色。蒴果球形。

药用部位　成熟的种子团　　**药材名**　草豆蔻

功能主治　燥湿行气，温中止呕。用于寒湿内阻，脘腹胀痛冷痛，嗳气呕逆，不思饮食。

假益智　*Alpinia maclurei* Merr.

科名：姜科　　**别名：**红蔻

识别要点　多年生草本。叶片披针形，叶舌2浅裂，被绒毛。圆锥花序直立，小苞兜状，唇瓣长圆状卵形，花梗极短，花萼管状，被短柔毛。蒴果球形。

药用部位　根茎与果实　　**药材名**　假豆蔻

功能主治　行气。用于腹胀，呕吐。

高良姜　*Alpinia officinarum* Hance

科名：姜科　　**别名：**良姜、小良姜

识别要点　多年生草本。根状茎圆柱形。叶2列，线形，叶舌披针形。总状花序轴被绒毛，蒴果球形，熟时橘红色。

药用部位　根茎　　**药材名**　高良姜

功能主治　温肾止呕，散寒止痛。用于寒凝气滞所致的脘腹冷痛，胃痛呕吐，嗳气吞酸。

益智　*Alpinia oxyphylla* Miq.

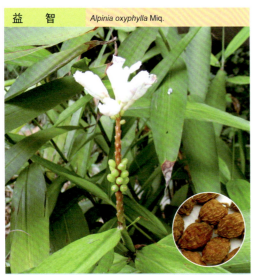

科名：姜科　　**别名：**益智仁、益智子

识别要点　多年生草本。叶2列，披针形。叶柄短，叶舌2裂。总状花序，花萼管先端具3齿裂，花冠白色。蒴果椭圆形。

药用部位　果实　　**药材名**　益智

功能主治　暖肾固精缩尿，温脾止泻摄唾。用于肾气不足所致之遗精遗尿，脾寒泄泻，腹中冷痛，口多垂涎。

艳山姜　*Alpinia zerumbet* (Pers.) Burtt. et Smith

科名：姜科　　**别名：**砂红、土砂仁

识别要点　多年生草本。株高2～3米。叶片披针形。圆锥花序，花序轴紫红色；唇瓣宽卵形，有紫红色纹彩。蒴果卵圆形。

药用部位　根茎　　**药材名**　艳山姜

功能主治　温中燥湿，行气止痛。用于心腹冷痛，胸腹胀满。

爪哇白豆蔻　*Amomum compactum Soland. ex Maton*

科名：姜科　**别名：**三角蔻、白蔻

识别要点　多年生草本。茎基的叶鞘紫红色。叶揉之有松节油味，叶舌2裂。穗状花序圆柱形，花冠白色，唇瓣淡黄色。

药用部位　成熟果实

药材名　豆蔻

功能主治　行气化湿，温中止呕，开胃消食。用于湿浊中阻，不思饮食，寒湿呕逆，胸腹胀痛，食积不消。

海南砂仁　*Amomum longiligulare T.L.Wu*

科名：姜科　**别名：**海南壳砂仁、壳砂

识别要点　多年生草本。叶披针形，叶舌长2～4.5cm。苞片褐色，花萼白色，3齿裂，唇瓣圆匙形，中脉紫色。果卵圆形。

药用部位　果实　　**药材名**　海南砂仁

功能主治　理气开胃，消食。用于脘腹胀痛，食欲减退、呕吐。

九翅豆蔻　*Amomum maximum Roxb*

科名：姜科　**别名：**红蔻、假砂仁

识别要点　多年生草本。叶舌2裂，淡黄绿色。穗状花序近圆球形，鳞片卵形，花冠白色。蒴果卵圆形，果皮具明显九翅。

药用部位　果实　　**药材名**　九翅豆蔻

功能主治　开胃，消食，行气止痛。用于脾胃虚寒，脘腹冷痛。

阳　春　砂　*Amomum villosum Lour.*

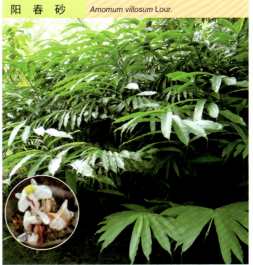

科名：姜科　**别名：**春砂仁

识别要点　多年生草本。具根状茎。叶舌长1～1.5cm，叶鞘抱茎。穗状花序有花7～13朵，萼顶3浅裂，花冠白色。

药用部位　成熟果实　　**药材名**　春砂仁

功能主治　化湿开胃，温脾止泻，理气安胎。用于湿浊中阻，脘痞不饥，脾胃虚寒，呕吐泄泻，胎动不安。

闭 鞘 姜 *Costus speciosus* (Koen.) Smith

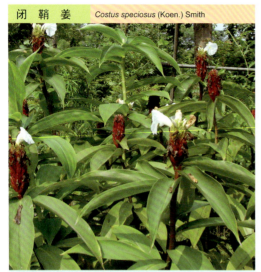

科名：姜科　**别名：**樟柳头、广商陆

识别要点　多年生草本。叶螺旋状排列，长圆形，叶鞘封闭。穗状花序顶生，苞片球果状，花萼3裂，红色。蒴果球形。
药用部位　根状茎　　**药材名**　闭鞘姜
功能主治　利水消肿，拔疮毒。用于水肿腹满，二便闭结；外用治痈疮肿毒。

郁 金 *Curcuma aromatica* Salisb.

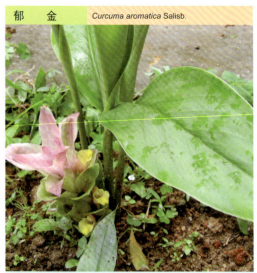

科名：姜科　**别名：**毛姜黄

识别要点　多年生草本。根茎椭圆形，断面黄色，根端膨大呈纺锤状。叶基生。穗状花序，苞片阔卵圆形。
药用部位　块根　　**药材名**　郁金
功能主治　活血止痛，行气解郁，清心凉血，利胆退黄。用于胸肋刺痛，胸痹心痛，闭经痛经，乳房胀痛，热病神昏。

姜 黄 *Curcuma longa* L.

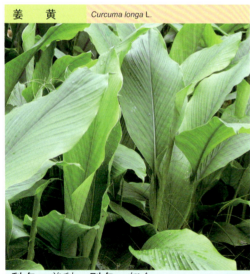

科名：姜科　**别名：**郁金

识别要点　多年生草本。根状茎橙黄色。叶基生2列，长圆形。花序球果状，苞片卵形，花萼绿白色，花冠淡黄色。
药用部位　根茎　　**药材名**　姜黄
功能主治　破血行气，通经止痛。用于胸胁刺痛，经闭痛经，癥瘕，风湿肩臂疼痛，跌扑肿痛。

莪 术 *Curcuma zedoaria* Rosc.

科名：姜科　**别名：**蓬莪茂、山姜黄

识别要点　多年生草本。主根茎断面蓝绿色。叶基生，叶中脉具紫色带。花葶由根茎发出，穗状花序球果状，花冠黄色。
药用部位　根茎。　　**药材名**　莪术
功能主治　行气破血，消积止痛。用于癥瘕痞块，瘀血经闭，胸痹心痛，食积胀痛。

姜花　*Hedychium coronarium* Koenig

科名：姜科　**别名**：土羌活、路边姜

识别要点　多年生草本。叶2列，披针形，叶舌薄膜质。穗状花序顶生，苞片呈覆瓦状排列，花冠管裂片3。蒴果球形。

药用部位　根茎　**药材名**　土羌活

功能主治　解表发汗，祛风散寒，消肿止痛。用于风寒头痛，风湿骨痛，跌打损伤。

紫花山柰　*Kaempferia elegans* (Wall.) Bak

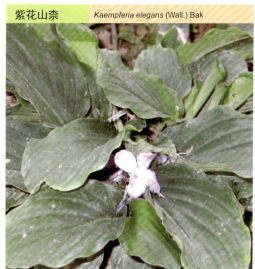

科名：姜科　**别名**：美丽山柰

识别要点　多年生草本。根茎块状。叶基生，中脉两侧淡褐色。头状花序，苞片绿色，长圆状披针形，花瓣4，淡紫色。

药用部位　根茎　**药材名**　紫花山柰

功能主治　温中止痛，行气消食。用于胸膈胀满，脘腹冷痛；外用治跌打损伤。

山柰　*Kaempferia galanga* L.

科名：姜科　**别名**：沙姜、三柰

识别要点　多年生草本。叶近圆形，干时叶面可见红色小点。穗状花4～12朵，顶生，苞片披针形，绿色。果为蒴果。

药用部位　根茎　**药材名**　山柰

功能主治　温中止痛，行气消食。用于胸膈胀满，脘腹冷痛；外用治跌打损伤。

海南三七　*Kaempferia rotunda* L.

科名：姜科　**别名**：羽花姜、圆唇番郁

识别要点　多年生草本。叶片椭圆状矩圆形，叶背紫色。穗状花序先叶抽出，苞片紫褐色，唇瓣蓝紫色近圆形，深2裂。

药用部位　根状茎　**药材名**　海南三七

功能主治　行气止痛，活血止血。用于跌打损伤。

土田七　*Stahlianthus involucratus* (King. ex Bak.) Craib

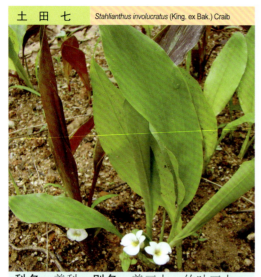

科名：姜科　**别名**：姜三七、竹叶三七

识别要点　多年生草本。根茎呈不规则圆形，芳香有辛辣味。叶基生，形似竹叶，有多数弧形平行脉。花黄色。

药用部位　块茎　**药材名**　土田七

功能主治　散瘀消肿，活血止血，行气止痛。用于风湿骨痛，吐血，虫蛇咬伤。

姜　*Zingiber officinale* Rosc.

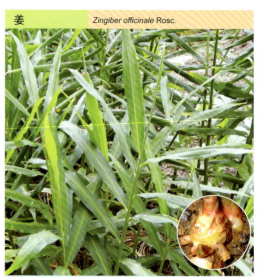

科名：姜科　**别名**：白姜、均姜、干生姜

识别要点　多年生草本。根状茎有辛辣味。叶片披针形，叶舌膜质。穗状花序球果状，苞片卵形，淡绿色，花冠黄绿色。

药用部位　根茎　**药材名**　姜

功能主治　温中逐寒，回阳通脉。用于胃腹冷痛，虚寒吐泻，肢冷脉微，寒饮喘咳。

球姜　*Zingiber zerumbet* (L.) Smith

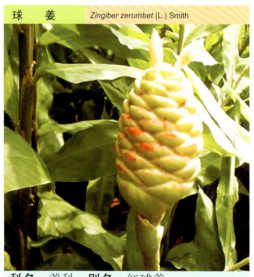

科名：姜科　**别名**：红球姜

识别要点　多年生草本。叶鞘抱茎，长圆状披针形。穗状花序，松果状，苞片密集，覆瓦状排列，幼时绿色，后转红色。

药用部位　根茎　**药材名**　球姜

功能主治　活血祛瘀，行气止痛，温中止泻，消积导滞。用于瘀血证，胃痛，腹痛。

蕉芋　*Canna edulis* Ker

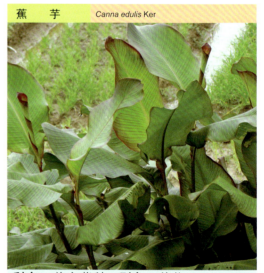

科名：美人蕉科　**别名**：姜芋

识别要点　多年生草本。茎直立粗壮，紫色。叶长圆形，背面及叶缘有紫晕。总状花序，花鲜红色。蒴果三瓣开裂，瘤状。

药用部位　块茎　**药材名**　蕉芋

功能主治　清热利湿，解毒。用于痢疾，泄泻，黄疸，痈疮肿毒。

美人蕉 *Canna indica* L.

科名：美人蕉科　　**别名：**兰蕉、水蕉

识别要点　多年生草本。被蜡质白粉。单叶互生，具有鞘的叶柄。总状花序，萼片3，绿白色，花冠红色。蒴果长圆形。

药用部位　根茎和花　　**药材名**　美人蕉

功能主治　清热利湿，舒筋活络。用于黄疸型肝炎，风湿麻木，外伤出血，跌打损伤。

柊叶 *Phrynium capitatum* Willd.

科名：竹芋科　　**别名：**冬叶、粽叶

识别要点　根茎块状。叶基生，长圆形或长圆状披针形。头状花序无柄，自叶鞘内生出，苞片长圆状披针形，果梨形。

药用部位　全草　　**药材名**　粽粑叶

功能主治　清热解毒，凉血止血，利尿。用于感冒发热，痢疾，吐血，衄血，血崩，口腔溃疡，音哑，小便不利。

花叶开唇兰 *Anoectochilus roxburghii* (Wall.) Lindl.

科名：兰科　　**别名：**金线莲、金线凤

识别要点　草本。茎肉质，披短柔毛。叶卵形，脉金黄色，背紫红色。花序顶生，萼片与花瓣白色，中萼片卵形。

药用部位　全草　　**药材名**　金线兰

功能主治　清热润肺，消炎解毒。用于小儿急惊风，咯血，支气管炎，肾炎。

竹叶兰 *Arundina chinensis* Bl.

科名：兰科　　**别名：**竹兰、石玉

识别要点　多年生草本。叶互生，阔线形，叶鞘抱茎。总状花序顶生，不分枝，苞片小，凹陷，花白色或粉红色。蒴果。

药用部位　全草或根茎　　**药材名**　山荸荠

功能主治　清热解毒，祛风湿，消炎，利尿。用于风湿性腰腿痛，胃痛。

白　及　*Bletilla striata* (Thunb. ex A. Murray) Rchb. f.

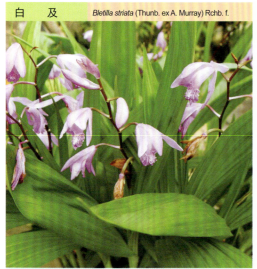

科名：兰科　　**别名**：甘根、白给

识别要点　多年生草本。假鳞茎扁球形，上面具马蹄状环带。叶披针形，叶基部鞘状抱茎。总状花序顶生，紫红色，唇瓣倒卵长圆形。蒴果圆柱状。

药用部位　块茎　　**药材名**　白及

功能主治　收敛止血，消肿生肌。用于咯血吐血，外伤出血，疮疡肿毒，皮肤皲裂。

密花石斛　*Dendrobium densiflorum* Wall. ex Lindl.

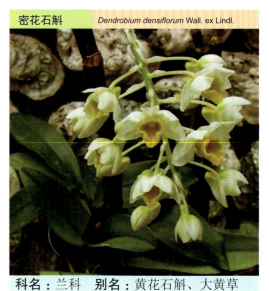

科名：兰科　　**别名**：黄花石斛、大黄草

识别要点　草本。茎粗壮，呈棒状；叶近顶生，长圆状披针形。总状花序下垂；萼片和花瓣淡黄色，花瓣近圆形，唇瓣金黄色。

药用部位　茎　　**药材名**　粗黄草

功能主治　滋阴益胃，生津止渴。用于热病伤津，口干烦渴，病后虚热。

霍山石斛　*Dendrobium huoshanense* C. Z. Tang et S. J. Cheng

科名：兰科　　**别名**：龙头凤尾草、皇帝草

识别要点　多年生草本。茎肉质嚼之粘牙。单叶互生，叶梢紧抱茎，叶长卵状披针形。总状花序，淡黄色。

药用部位　茎　　**药材名**　石斛

功能主治　益胃润肺，养阴生津。用于阴虚火旺，眼目昏暗，胃热烦渴。

铁皮石斛　*Dendrobium officinale* Kimura et Migo

科名：兰科　　**别名**：铁皮兰、黑节草

识别要点　多年生草本。叶鞘带肉质，矩圆状披针形。总状花序，淡黄绿色，唇瓣卵状披针形，近上部有圆形紫色斑块。

药用部位　茎　　**药材名**　石斛

功能主治　益胃生津，滋阴清热。用于热病津伤，口干烦渴，胃阴不足，食少干呕，病后虚热不退。

高斑叶兰　　*Goodyera procera* (Ker-Gawl.) Hook.

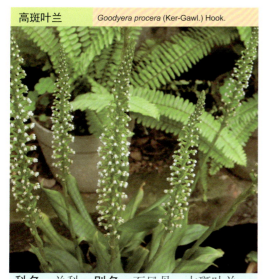

科名：兰科　　**别名：**石风丹、大斑叶兰

识别要点　多年生草本。叶质厚，长圆形，柄下半部鞘状抱茎。总状花序顶生，小花多数，苞片膜质。蒴果椭圆形。

药用部位　全草　　**药材名**　石风丹

功能主治　止咳平喘，祛风除湿，养血活血，舒筋通络。用于寒性咳嗽，哮喘，风湿关节痛，肾虚腰痛，跌打损伤。

石　斛　　*Herba Dendrobii* Nobilis

科名：兰科　　**别名：**金钗石斛

识别要点　多年生草本。茎上部略呈回折状，稍偏，具槽纹。叶近革质，短圆形。总状花序，花白色，顶端淡紫色。

药用部位　茎　　**药材名**　石斛

功能主治　益胃生津，滋阴清热。用于热病津伤，口干烦渴，胃阴不足，食少干呕，病后血热不退。

见 血 青　　*Liparis nervosa* (Thunb.) Lindl.

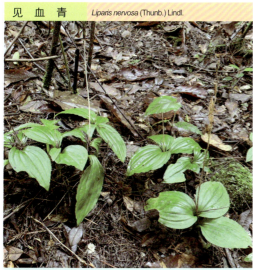

科名：兰科　　**别名：**见血莲、矮胖儿

识别要点　草本。根状茎发达，褐色。假鳞茎数枚，短，肉质，基部稍厚，表面有节，先端渐尖，全缘。总状花序疏散，苞片细小。

药用部位　全草　　**药材名**　见血清

功能主治　清热，凉血，止血。用于肺热咯血，吐血；外用治创伤出血，疮疖肿毒。

血 叶 兰　　*Ludisia discolor* (Ker-Gawl.) A. Rich.

科名：兰科　　**别名：**石蚕、真金草

识别要点　多年生草本。根状茎肉质，匍匐伸长，紫红色或黄绿色。叶互生，卵形，上面暗绿色或紫红色，背面红色。总状花序，花白色或粉红色。

药用部位　全草　　**药材名**　血叶兰

功能主治　开胃宽肠，下气消积，消肿毒。用于胃肠积滞，慢性泄泻。

| 毛唇芋兰 | *Nervilia fordii* (Hance) Schltr. |

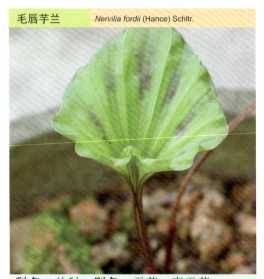

科名： 兰科　　**别名：** 天葵、青天葵

识别要点　多年生草本。叶鞘管状、紫红色，叶边缘波状。总状花序先于叶开放，下垂，淡绿色，唇瓣白色带紫。

药用部位　全草　　**药材名**　青天葵

功能主治　润肺止咳，清热解毒。用于肺痨咯血，肺热咳嗽，咽喉肿痛。

| 鹤顶兰 | *Phaius tankervilliae* (Aiton) Bl. |

科名： 兰科　　**别名：** 大白及、猴兰、鹤兰

识别要点　多年生草本。叶披针形。花葶从假鳞茎的基部生出，花外面白色，内面紫色或赭色，唇瓣管状，具红棕色斑点。

药用部位　假鳞茎　　**药材名**　鹤顶兰

功能主治　祛痰止咳，活血止血。用于咳嗽痰多，咯血，跌打肿痛，外伤出血。

| 石仙桃 | *Pholidota chinensis* Lindl. |

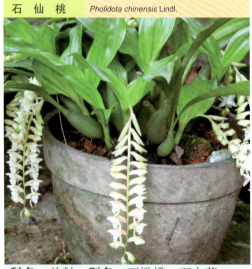

科名： 兰科　　**别名：** 石橄榄、石上莲

识别要点　多年生草本。假鳞茎卵形，肉质。叶倒卵形，具弧形脉3～5条。花葶生于假鳞茎顶端，总状花序。

药用部位　全草　　**药材名**　石仙桃

功能主治　养阴清热，润肺止咳。用于热病津伤口渴，阴虚燥咳。

| 独蒜兰 | *Pleione bulbocodioides* (Franch.) Rolfe |

科名： 兰科　　**别名：** 山慈菇、一叶兰

识别要点　草本。假鳞茎上端渐狭成明显的颈，顶端具1枚叶。花葶从无叶的老假鳞茎基部发出，花粉红色。

药用部位　假鳞茎　　**药材名**　山慈菇

功能主治　清热解毒，消肿散结。用于疮疔痈肿，毒蛇咬伤。

［1］中国科学院植物研究所．中国高等植物图鉴．北京：科学出版社，1985．

［2］中国植物志编委会．中国植物志．北京：科学出版社，1961～2004．

［3］中国科学院华南植物研究所．广东植物志．广州：广东科技出版社，1987～2011．

［4］国家药典委员会．中华人民共和国药典（一部）2020年版．北京：中国医药科技版社，2020．

［5］江苏新医学院．中药大辞典．上海：科学技术出版社，1986．

［6］全国中草药汇编编写组．全国中草药汇编（上、下册）．北京：人民卫生出版社，1982．

［7］国家中医药管理局中华本草编委会．中华本草．上海：上海科学技术出版社，1999．

［8］罗献瑞．实用中草药彩色图集．广州：广东科技出版社，1997．

［9］丁景和．药用植物学．上海：上海科学技术出版社，1995．

［10］郑汉臣，蔡少青．药用植物学与生药学．北京：人民卫生出版社，2003．

［11］蔡岳文．药用植物识别技术．北京：化学工业出版社，2008．

药用植物识别图鉴（第三版）

A

R

S